Informatik-Fachberichte 160

Herausgegeben von W. Brauer
im Auftrag der Gesellschaft für Informatik (GI)

Hubert Mäncher

Fehlertolerante dezentrale Prozeßautomatisierung

Springer-Verlag
Berlin Heidelberg New York
London Paris Tokyo

Autor

Hubert Mäncher
MAGNUM GmbH
Kiesstraße 63, D–6100 Darmstadt

CR Subject Classifications (1987): C.2.4, C.3, D.4.5, D.4.7, J.7

ISBN-13:978-3-540-18754-7   e-ISBN-13:978-3-642-73324-6
DOI: 10.1007/978-3-642-73324-6

CIP-Titelaufnahme der Deutschen Bibliothek.
Mäncher, Hubert:
Fehlertolerante dezentrale Prozessautomatisierung / Hubert Mäncher. – Berlin; Heidelberg;
New York; Tokyo: Springer, 1987
    (Informatik-Fachberichte; 160)
      Zugl.: Darmstadt, Techn. Hochsch., Diss. u. d. T.: Mäncher, Hubert: Ein fehlertolerantes
      Mikrorechnersystem für die dezentrale Prozessautomatisierung
      ISBN-13:978-3-540-18754-7

NE: GT

2145/3140 – 543210

VORWORT

Das vorliegende Buch gibt die Darmstädter Dissertation (D17)
"Ein fehlertolerantes Mikrorechnersystem für die dezentrale Prozeßautomatisierung" mit einer erweiterten Einführung und einem
verkürzten Anhang wieder. Sie entstand während meiner Tätigkeit
als wissenschaftlicher Mitarbeiter bei Herrn Prof. Dr.-Ing. R.
Isermann am Institut für Regelungstechnik (Fachgebiet Regel-
systemtechnik und Prozeßlenkung) an der Technischen Hochschule
Darmstadt.

Mein besonderer Dank gilt daher Herrn Prof. Dr.-Ing. R. Isermann
für die Anregung zu dieser Arbeit, für die Gelegenheit zu ihrer
Durchführung und für die stete Förderung.

Herrn Prof. Dr.rer.nat. M. Glesner danke ich für das der Arbeit
entgegengebrachte Interesse und die Übernahme des Korreferats.

Mein weiterer Dank gilt allen Kollegen für die anregenden Diskussionen und kritischen Anmerkungen zu dieser Arbeit, der In-
stitutswerkstatt und zahlreichen Studenten für ihre Hilfe beim
Aufbau des Experimentiersystems.

Schließlich danke ich auch meiner Familie, die mich oft entbeh-
ren mußte, für ihre Geduld und Rücksichtnahme.

Die finanziellen Mittel für die Durchführung dieser Arbeit
stellte die Deutsche Forschungsgemeinschaft im Rahmen des
Schwerpunktprogrammes "Technische Grundsatzfragen beim Einsatz
von Mikroprozessoren" (Forschungsvorhaben Is 14/28 und Is 14/30)
zur Verfügung. Auch für diese Unterstützung sei gedankt.

Darmstadt, im Oktober 1987   Hubert Mäncher

KURZFASSUNG

Es werden Verfahren zur Implementierung von Fehlertoleranz in
dezentralen Automatisierungssystemen untersucht. Ausgehend von
einer Analyse der angestrebten Ziele Zuverlässigkeit, Sicherheit
und Wirtschaftlichkeit wird eine modifizierte Fehlertoleranz-
Klassifizierung angegeben. Die exemplarische Realisierung eines
fehlertoleranten Mikrorechnersystems basiert auf der globalen
Grundstruktur dezentraler Automatisierungssysteme, in der durch
die Zusammenfassung lokaler Subsysteme eine Rekonfiguration zur
Tolerierung bestimmter Hardware-Fehler möglich wird. Dezentral
realisierte Vergleichs- und Votiereinrichtungen erlauben auch
die Tolerierung beliebiger Einfachfehler. Das zugehörige Echtzeitbetriebssystem ist mit der für Anwendungsprogramme transparenten Kommunikation in der Lage, alle Aufträge unabhängig vom
Ort des Systemaufrufs und des Zielobjektes auszuführen. Zur Unterstützung des Betriebs von Echtzeitprogrammen werden Funktionszustände zur flexiblen Anpassung an äußere Abläufe behandelt. Anwenderprogramme in Form konfigurierbarer Software-Bausteine zeigen beispielartig die Realisierung fehlertoleranter
Funktionen verschiedener Klassen, die gleichzeitig betrieben
werden können. Ihre Erprobung an analog simulierten Testprozessen demonstriert die Anwendbarkeit der vorgestellten Konzepte.

SCHLAGWÖRTER

Fehlertoleranz; Fehlertoleranzklassen; Zuverlässigkeit;
Sicherheit; Mikrorechner; Fehlertolerantes Mikrorechnersystem;
Dezentrales Automatisierungssystem; Fehlertolerantes
Automatisierungssystem; Bussystem; Kommunikation;
Rekonfiguration; Dezentraler Voter; Echtzeit-Betriebssystem;
Mehrrechner-Betriebssystem; Fehlertolerante digitale Regelung.

ABSTRACT

This work investigates methods to implement fault-tolerance in
distributed automation systems. Starting with an analysis of the
intended goals reliability, security, and economy a modified
fault-tolerance classification is shown. The realization of a
fault-tolerant microcomputer system as an example uses the basic
global structure of distributed automation systems, in which
collecting local subsystems enables a system reconfiguration to
tolerate particular hardware-faults. Tolerance against unspeci-
fied single faults is also achieved by distributed voting and
comparing mechanisms. Using its transparent communication functions the according real-time operating system is able to per-
form all system services independent of the location of the
calling task and the destination object. Function-states of
real-time programs, supporting their flexible adaption to the
outside technical process, are treated. Some user programs in
form of configurable software show the realization of fault-
tolerant functions in different classes, which may be used
simultaneously. Their closed-loop test with analog computers
demonstrates the applicability of the presented conceptions.

KEYWORDS

Fault-Tolerance; Fault-Tolerance Classification; Reliability;
Security; Microcomputer; Fault-Tolerant Microcomputer System;
Distributed Automation System; Fault-Tolerant Automation System;
Bussystem; Communication; Reconfiguration; Distributed Voter;
Real-Time Operating System; Multicomputer Operating System;
Fault-Tolerant Digital Control.

INHALTSVERZEICHNIS

VERZEICHNIS DER WICHTIGSTEN FORMELZEICHEN UND ABKÜRZUNGEN

Allgemeine Sonderzeichen

$\underline{A}$, $\underline{a}$	Matrix A, Vektor a
$\underline{A}^T$, $\underline{a}^T$	transponierte Matrix $\underline{A}$, transponierter Vektor $\underline{a}$
$\hat{a}$	Schätzwert für a
a^*	numerischer Wert von a
Σ	Summe
Π	Produkt

Zuverlässigkeits- und Sicherheitstheorie

$F(t)$	Ausfallwahrscheinlichkeit
$G(t)$	Gefährdungswahrscheinlichkeit
$P(\text{Ereignis})$	Wahrscheinlichkeit von Ereignis
t	variable Zeit
T	feste Zeit
U_S	Sicherheitsunverfügbarkeit
U_Z	Unverfügbarkeit
V_S	Sicherheitsverfügbarkeit
V_Z	Verfügbarkeit

MTBF	mean time between failures	mittlere ausfallfreie Zeit
MTTD	mean time to danger	mittlerer zeitlicher Abstand zw. Gefährdungen
MTTR	mean time to repair	mittlere Reparaturzeit
MTTSR	mean time to safe repair	mittlere Zeit zur Sicherheitswiederherstellung

Weitere Symbole und Abkürzungen der Zuverlässigkeits- und
Sicherheitstheorie und eine ausführlichere Erklärung finden
sich in Kap. 2.2.1, Tabelle 2.1.

Regelungs- und Automatisierungstechnik

a_i	Nennerparameter der Prozeß-Übertragungsfunktion
$A(z)$	Nennerpolynom der Prozeß-Übertragungsfunktion
$\underline{A}$	Systemmatrix des Zustandsraummodells
b_i	Zählerparameter der Prozeß-Übertragungsfunktion
$B(z)$	Zählerpolynom der Prozeß-Übertragungsfunktion
$\underline{B}$, $\underline{b}$	Steuermatrix (-vektor) des Zustandsraummodells
$\underline{C}$, $\underline{c}$	Ausgangsmatrix (-vektor) des Zustandsraummodells
d	diskrete Totzeit
e	Regelabweichung oder Vorhersagefehler
$\underline{I}$	Einheitsmatrix
k	diskrete Zeit $k = t/T_o$
$\underline{K}$, $\underline{k}$	Rückführmatrix (-vektor) des Zustandsreglers
m	Prozeßmodellordnung
P_i, q_i	Parameter eines Ein/Ausgangsreglers
t	kontinuierliche Zeit
T_o	Abtastzeit
U	Stellgröße, absolut
u	Stellgröße, arbeitspunktbezogen
$\underline{U}$, $\underline{u}$	Stellgrößenvektoren
U_o, $\underline{U}_o$	Stellgrößen-Beharrungswerte
W	Sollwert, absolut
w	Sollwert, arbeitspunktbezogen
$\underline{W}$, $\underline{w}$	Sollwertvektoren
W_o, $\underline{W}_o$	Sollwert-Beharrungswerte
X	Zustandsgröße, absolut
x	Zustandsgröße, arbeitspunktbezogen
$\underline{X}$, $\underline{x}$	Zustandsgrößenvektoren
X_o, $\underline{X}_o$	Zustandsgrößen-Beharrungswerte
Y	Regelgröße, absolut
y	Regelgröße, arbeitspunktbezogen
$\underline{Y}$, $\underline{y}$	Regelgrößenvektoren
Y_o, $\underline{Y}_o$	Regelgrößen-Beharrungswerte
z	Variable der z-Transformation

DB	Regler mit Deadbeat-Verhalten	
P, PI, PID	Regler mit proportionalem (P), integrierendem (I) und differenzierendem Verhalten	
ZR	Zustandsregler	

Datentechnik und Informatik

A/D	analog to digital	analog in digital
CPU	central processing unit	Zentraleinheit
D/A	digital to analog	digital in analog
EPROM	erasable programmable read-only memory	löschbarer programmierbarer Festwertspeicher
INT	interrupt	Interrupt, Unterbrechung
I/O	input/output	Ein/Ausgabe
NDP	numeric data processor	Numerikprozessor
NMI	non-maskable interrupt	nicht maskierbarer Int.
PIC	programmable interrupt controller	programmierbarer Int.-Steuerungsbaustein
RAM	random access memory	Schreib/Lese-Speicher
ROM	read-only memory	Festwertspeicher

Beschreibung des fehlertoleranten Mikrorechnersystems FIPS

FIPS	Fault-tolerance Implementation in distr. Processautomation Systems	Fehlertoleranz-Implementierung in dezentr. Prozeßautomatisierungs-Systemen
REX	regional executive	regionale Exekutive
AIO, A-I/O	analog input/output	analoge Ein/Ausgabe
BIO, B-I/O	binary input/output	binäre Ein/Ausgabe
CI	console interface	Konsolen-Interface
G...	global...	global...
GB	global bus	Globalbus
GBC	global bus coupler	Globalbuskopplung

GS	global system	Globalsystem
L...	local...	lokal...
LB	local bus	Lokalbus
LBC	local bus coupler	Lokalbuskopplung
LOP	local operator panel	lokale Bedienkonsole
LS	local system	Lokalsystem
M	memory	Speicher
MIC	microcomputer	Mikrorechner
PS	power supply	Stromversorgung
R...	regional...	regional...
RB	regional bus	Regionalbus
RBC	regional bus coupler	Regionalbuskopplung
RS	regional system	Regionalsystem
S	switch	Schalter
SE	special extension	spezielle Erweiterung

1. <u>EINFÜHRUNG</u>

Ein Automatisierungssystem ist zwar nicht das Herz eines technischen Systems, aber es stellt dessen Hirn und Nerven dar. Und auf diese ist ein modernes technisches System, sei es eine industrielle Produktionsanlage oder eine "intelligente" Maschine, genauso angewiesen wie ein hochentwickelter biologischer Organismus. Durch sie werden die Leistungsfähigkeit und die Effizienz des Gesamtsystems wesentlich mitbestimmt. Und ihre Funktionsfähigkeit entscheidet mit über sein nach außen sichtbares, seine Leistung und Sicherheit bestimmendes Verhalten und sein Überleben.

Diese Aufgabe als Nervensystem eines komplexen technischen Gesamtsystems und die möglichen Auswirkungen seines Ausfalls oder Fehlverhaltens erfordern die besondere Betrachtung eines Automatisierungssystems unter den Aspekten der Zuverlässigkeit und der Sicherheit und gegebenenfalls deren Verbesserung. Eine der verschiedenen Verbesserungsmöglichkeiten ist die Einführung von Fehlertoleranz, um die es in dieser Arbeit vorwiegend geht.

Klassische Formen der Fehlertoleranz, wie beispielsweise heiße und kalte Reserven oder votierende Anordnungen aus gleichen Komponenten, sind bereits seit längerem aus verschiedenen Bereichen der Technik bekannt. Ihre direkte Übertragung auf ein komplexes Rechensytem, z. B. in Form einer manuellen oder halbautomatischen Umschaltung auf einen Reserverechner, ist bei höheren Anforderungen, insbesondere in Echtzeitsystemen, jedoch unbefriedigend. So wurden grundlegende Forschungsvorhaben zur Fehlertoleranz in digitalen Rechensystemen durchgeführt. Wegweisend wurden unter anderem die von der NASA in Auftrag gegebenen Projekte: Anfang der 70er Jahre wurde STAR (Self Testing and Repairing Computer System) für den Einsatz in unbemannten, langjährigen Weltraummissionen entwickelt, während die nachfolgenden Projekte FTMP (Fault-Tolerant Multiprocessor System) und SIFT (Software Implemented Fault Tolerance) auf eine Anwendung in der bemannten Luft- und Raumfahrt mit entsprechend kurzen Missionszeiten, aber hohen Echtzeitanforderungen abzielten. Übersichten

über diese und weitere Projekte geben z. B. Randell (1978),
Trauboth (1984) oder ein Sonderheft der Electronics (1983).

In der Folgezeit wurden, auch in der Bundesrepublik Deutschland,
verschiedene Arbeiten über Fehlertoleranz in Rechensystemen
durchgeführt. Sie beinhalten teilweise theoretische Untersuchungen, beschreiben Systemlösungen mit neuen Fehlertoleranzkonzep-
ten oder stellen kommerziell erhältliche fehlertolerante Rechensysteme vor.

Die theoretischen Arbeiten liefern, basierend auf den grundle-
genden mathematischen Methoden, angepaßte Mittel zur Modellie-
rung und Bewertung von Rechensystemen hinsichtlich ihrer Zuverlässigkeit (z. B. Dal Cin 1979) und Sicherheit (z. B. Konakovski
1977). Sie untersuchen grundsätzliche Prinzipien zur Realisierung von Fehlertoleranz, z. B. durch Recovery-Verfahren für die
allgemeine Datenverarbeitung (Grosspietsch, Kaiser, Kröger,
Nett, Pedar, Speicher 1983) oder durch Methoden der Fehlermaskierung in verteilten Systemen (Gunningberg 1983; Echtle 1984).
Eine nicht zu unterschätzende Bedeutung für zukünftige Arbeiten
haben die noch andauernden Bemühungen um eine Klärung und Ver-
einheitlichung der Begriffswelt auf dem gesamten Gebiet der
fehlertolerierenden Rechensysteme, worüber Görke (1983) einen
Überblick gibt.

Bei vielen wissenschaftlichen Untersuchungen wird jedoch ein
eher experimenteller Weg beschritten, indem anhand einer Muster-
realisierung neue Konzepte verwirklicht und erprobt werden.
Abhängig vom vorgesehenen Einsatzgebiet eines Rechensystems und
der jeweiligen Zielsetzung der Arbeit entstehen sehr unterschiedliche Lösungen, von denen hier nur wenige Beispiele ge-
nannt werden koennen. Grundsätzlich ist zwischen Systemen für
die *allgemeine Datenverarbeitung*, Systemen für *nicht spezifische
Automatisierungsanwendungen* und *dedizierten Systemen* zur Steuerung, Regelung oder Überwachung bestimmter Prozesse zu unterscheiden.

Zur ersten Gruppe zählen insbesondere das an der Universität Erlangen entstandene Baukastensystem DIRMU (Distributed Reconfigurable Multiprocessor Kit), das eine flexible Strukturanpassung ermöglicht und umfangreiche Selbsttest- und Rekonfigurationsmöglichkeiten bietet (Maehle, Joseph 1982), sowie das von einer Forschungsgruppe der Firma Siemens entwickelte BFS (Basic Fault-Tolerant System) mit der Möglichkeit zur Fehlertoleranz bei der Transaktionsverarbeitung (Klein, Will 1983). Mit dem System ATTEMPTO (A Testable Experimental Multiprocessor System with Fault-Tolerance) wird an der Universität Tübingen die Einführung von wählbaren Zuverlässigkeiten für Tasks auf Arbeitsplatzrechnern angestrebt (Brause, Amman, Dal Cin, Dilger, Lutz, Risse 1983).

Während bei den bisher genannten Systemen die Verbesserung der Wirtschaftlichkeit bei ihrer interaktiven Anwendung im Fordergrund steht, ist das Mikrorechnersystem MARS (Maintainable Realtime System) der TU Berlin als ein Vertreter der zweiten Gruppe für die Erfüllung von Echtzeitbedingungen in der *allgemeinen Prozeßautomatisierung* ausgelegt (Kopetz, Lohnert, Merker, Pauthner 1982). Dies gilt, ebenso wie für eine Reihe anderer Systeme (siehe zum Überblick Weiß 1983), auch für die weiter unten erwähnten Beispiele und das in dieser Arbeit vorgestellte Mikrorechnersystem.

Dedizierte fehlertolerante Rechensysteme erfüllen meist ganz spezielle Anforderungen bezüglich ihrer Einsatzzeiten (siehe die oben erwähnten Systeme für unbemannte und für bemannte Raumfahrtprojekte) oder ihres äußeren Verhaltens (z. B. zur sicheren Abschaltung von Kernreaktoren). Sie können aber auch auf die Struktur und das dynamische Verhalten des automatisierten Prozesses zugeschnitten sein und so beispielsweise mit einem Flugzeug ein fehlertolerierendes Gesamtsystem bilden, wie es von Lüers (1983) beschrieben wird.

Neben den im Rahmen von Forschungsprojekten entstandenen Systemen, die hauptsächlich für Experimente dienen, sind in der Zwischenzeit auch etliche kommerziell erhältliche fehlertolerante

Rechensysteme im Einsatz. Die bekanntesten Vertreter dürften die
TANDEM-Rechner sein, die beispielsweise zur allgemeinen Datenverarbeitung in Krankenhäusern eingesetzt werden. Es werden jedoch auch Systeme vertrieben, die auf der Basis von Entwicklun-
gen im Rahmen von Forschungsprojekten entstanden sind (z. B.
August, Series 300). Ein Überblick über einige zum damaligen
Zeitpunkt erhältliche Systeme ist in Seifert (1984) enthalten.

1.1 MOTIVATION

Jede Maßnahme zur Verbesserung der Zuverlässigkeit oder der
Sicherheit verursacht durch die dazu notwendige Redundanz zusätzliche Kosten, die ihrem möglichen Nutzen gegenübergestellt
werden müssen. Der Nutzen wiederum hängt vom jeweiligen Einsatz-
fall und der Umgebung ab und ist nur statistisch erfaßbar. Die
Festlegung bzw. die Projektierung der Zuverlässigkeit eines Automatisierungssystems für eine bestimmte Anwendung stellt also
im Prinzip eine Optimierungsaufgabe dar, bei der nur wenige
Randbedingungen und Parameter genau bekannt sind. In modernen
digitalen Systemen ergibt sich jedoch die Möglichkeit, Fehlertoleranz gezielt für einzelne, besonders wichtige Funktionen ein-
zusetzen und so eine punktuelle Anpassung vorzunehmen.

Einige neuere Forschungen, insbesondere wenn sie auf eine Anwendung von Fehlertoleranz in der industriellen Prozeßautomatisierung abzielen, versuchen daher hauptsächlich die Effektivität
des Redundanz-Einsatzes zu verbessern. In Schmidt, Sendler
(1980a) werden dazu verschiedene Konzepte für den Einsatz von
Hardware-Redundanz verglichen. Die dabei aufgezeigten Vorteile
der dynamischen Redundanz werden in der Fehlertolerierenden
Reglerstation FTR an der TU München exemplarisch verwirklicht.
Ebenfalls an der TU München entsteht das Mehrrechnersystem
FUTURE, in dem Tasks mit unterschiedlichen Zuverlässigkeiten
gleichzeitig ablaufen können. Zu diesem Zweck wird von Färber
(1981) die Bildung von Zuverlässigkeitsklassen für Tasks vorgeschlagen.

Die heute eingeführten dezentralen Automatisierungssysteme auf
der Basis von Mikroprozessoren erfüllen durch ihre Systemstruktur und die ausgeprägte Gliederung in einzelne, räumlich verteilte Untersysteme bereits recht hohe Ansprüche an ihre Zuverlässigkeit und Sicherheit. Schließlich waren diese Aspekte mit
entscheidend für ihre Entwicklung und industrielle Verbreitung.
Sie bilden jedoch auch eine sehr gute Basis für die zusätzliche
Implementierung von Fehlertoleranz und erlauben deren harmoni-
sche Einbindung in das gesamte Systemkonzept. Ein Beispiel dafür
stellt das RDC-System (Really Distributed Control Computer) mit
seinen umfangreichen Rekonfigurationsmöglichkeiten dar (Heger,
Steusloff, Syrbe 1979).

Die vorliegende Arbeit befaßt sich nun mit der

- Weiterentwicklung und Erprobung von Systemstrukturen und
  -komponenten,

- der Schaffung geeigneter Softwaresysteme,

- der Auswahl, Anpassung bzw. Entwicklung adäquater Fehlertoleranzverfahren sowie

- deren Integration unter Ausnutzung der bereits gegebenen Möglichkeiten dezentraler Automatisierungssysteme.

Damit soll auch für diese Systeme eine effektive Form der Fehlertoleranz gezeigt werden, die sich an verschiedene Ziele und
unterschiedliche Anforderungen anpaßt. Dabei ist auch an die
Einführung von Fehlertoleranz als Option gedacht, die eine nach-
trägliche Anpassung der Zuverlässigkeit und Sicherheit eines Automatisierungssystems erlaubt. Die nachfolgenden Betrachtungen
sollten daher hauptsächlich unter diesen Gesichtspunkten gesehen
werden und weniger als Vorstellung eines Mikrorechnersystems.

Das beschriebene System dient als konkretes Realisierungsbei-
spiel. Es soll als Forschungsobjekt die experimentelle Überprü-

fung und Verifikation der gefundenen und hier angegebenen Lösungen erlauben. Seine Bezeichnung lautet dementsprechend:

FIPS - Fehlertoleranz-
Implementierung in dezentralen
Prozeßautomatisierungs-
Systemen,

FIPS - Fault-Tolerance
Implementation in distributed
Processautomation
Systems.

Sie leitet sich aus der genannten Aufgabenstellung ab und kann
auch als Leitthema des Forschungsvorhabens angesehen werden, in
dessen Rahmen das System entstand und dessen wesentliche Ergebnisse hier zusammengefaßt sind.

1.2 ÜBERSICHT

Im anschließenden Kapitel 2 geht es zunächst um die Auswahl geeigneter Fehlertoleranzverfahren für die Anwendung in Automatisierungssystemen. Dazu werden die angestrebten Ziele *Zuverlässigkeit*, *Sicherheit* und *Wirtschaftlichkeit* näher erläutert und
einige Kenngrößen zu ihrer Bewertung zusammengestellt. Daraus
wird eine modifizierte Klassifizierung der Fehlertoleranz abge-
leitet und es werden jeweils geeignete Realisierungsprinzipien
angegeben.

In Kapitel 3 stehen strukturelle Überlegungen zur Hardware und
eine systematische Gliederung dezentraler Automatisierungssysteme im Vordergrund. Es folgt eine kurze Beschreibung der Basis-
komponenten des realisierten Mikrorechnersystems. Ausführlichere
Betrachtungen gelten den für die Implementierung von Fehlertoleranz wichtigen Elementen: Eine zusätzliche Busverbindung mit den
zugehörigen Koppelelementen stellt angepaßte Kommunikationswege

mit speziellen Fähigkeiten zur Verfügung, während verteilte
Votiersysteme Signalvergleiche und die Durchführung von Ent-
scheidungsprozessen ermöglichen.

Der System-Software ist Kapitel 4 gewidmet, wobei eine Anforde-
rungsdefinition vorangestellt wird. Es folgen wieder strukturelle Überlegungen zur Gliederung von Funktionen, Aufgaben und Zu-
griffsrechten innerhalb des Betriebssystems sowie zur dezentralen Datenhaltung. Die weiteren Ausführungen behandeln insbesondere die durch das Betriebssystem unterstützte Kommunikation
zwischen den beteiligten Untersystemen und den für die transparente Ausführung von Systemfunktionen verantwortlichen Exekutiv-
teil. Die für die Anwendungsprogrammierung benötigten und auf
das Betriebssystem abgestimmten speziellen Entwicklungshilfen
werden in Kapitel 5 beschrieben.

In verschiedenen Fehlertoleranzklassen realisierte Regelungspro-
gramme dienen einerseits als Anwendungsbeispiele und andererseits zur Erprobung und zur Demonstration der unterschiedlichen
Eigenschaften der einzelnen Fehlertoleranzklassen. Sie werden in
Kapitel 6 zusammen mit einigen Experimenten behandelt. Dort wird
auch die Kombination der Fehlertoleranz mit einer adaptiven
Mehrgrößenregelung gezeigt, die durch die asynchrone Bearbeitung
des Regelalgorithmus auf zwei verschiedenen Mikrorechnern auch
an sehr schnellen Prozessen einsetzbar ist. Die Arbeit schließt
nach einem Vergleich der Fehlertoleranzklassen in Kapitel 7 mit
einer Zusammenfassung.

2. <u>AUSWAHL DER FEHLERTOLERANZVERFAHREN</u>

Mit der Einführung von Fehlertoleranz bzw. Redundanz in Automatisierungssystemen können drei verschiedene Ziele verfolgt werden, die teilweise in engem Zusammenhang stehen, sich zum Teil aber auch widersprechen. Es handelt sich um die Verbesserung der

- Zuverlässigkeit
- Sicherheit
- Wirtschaftlichkeit

des Automatisierungssystems selbst und seines Zusammenwirkens mit dem zu automatisierenden Prozeß. Die Bedeutung der einzelnen Ziele hängt von der konkreten Anwendung ab. Es ist eine Aufgabe der Projektierung, festzulegen, welche Ziele jeweils mit welchem Aufwand verfolgt werden.

Die für eine Implementierung in Frage kommenden Verfahren der Fehlertoleranz müssen daher an den genannten Zielen gemessen und gegebenenfalls auch quantitativ bewertet werden. Gleichzeitig muß für industrielle Anwendungen der Aufwand für die Projektierung bzw. den Entwurf von fehlertoleranten Regelkreisen bzw. Steuerfunktionen und für die eventuelle Optimierung des Redundanzeinsatzes begrenzt bleiben. Ebenso muß aus Gründen der Übersichtlichkeit die Vielzahl der möglichen Realisierungsformen fehlertoleranter Anordnungen eingeschränkt werden. Es ist daher naheliegend, Fehlertoleranz in konfektionierten Funktionseinheiten (Hard- und Softwaremoduln) zu implementieren, die jeweils eines oder auch verschiedene der drei möglichen Ziele bevorzugt berücksichtigen.

In Bild 2.1 sind schematisiert die für die Festlegung auf bestimmte Fehlertolerenzverfahren wichtigen Einflußgrößen, die speziellen Randbedingungen in der Automatisierungstechnik und die daraus bisher entstandenen Kenngrößen und Klassifizierungen dargestellt (obere Hälfte). Daran schließen sich die Neudefinitionen und Festlegungen für die vorliegende Arbeit an. Sie sollen zu einer möglichst eindeutigen Zuordnung von Projektierungs-

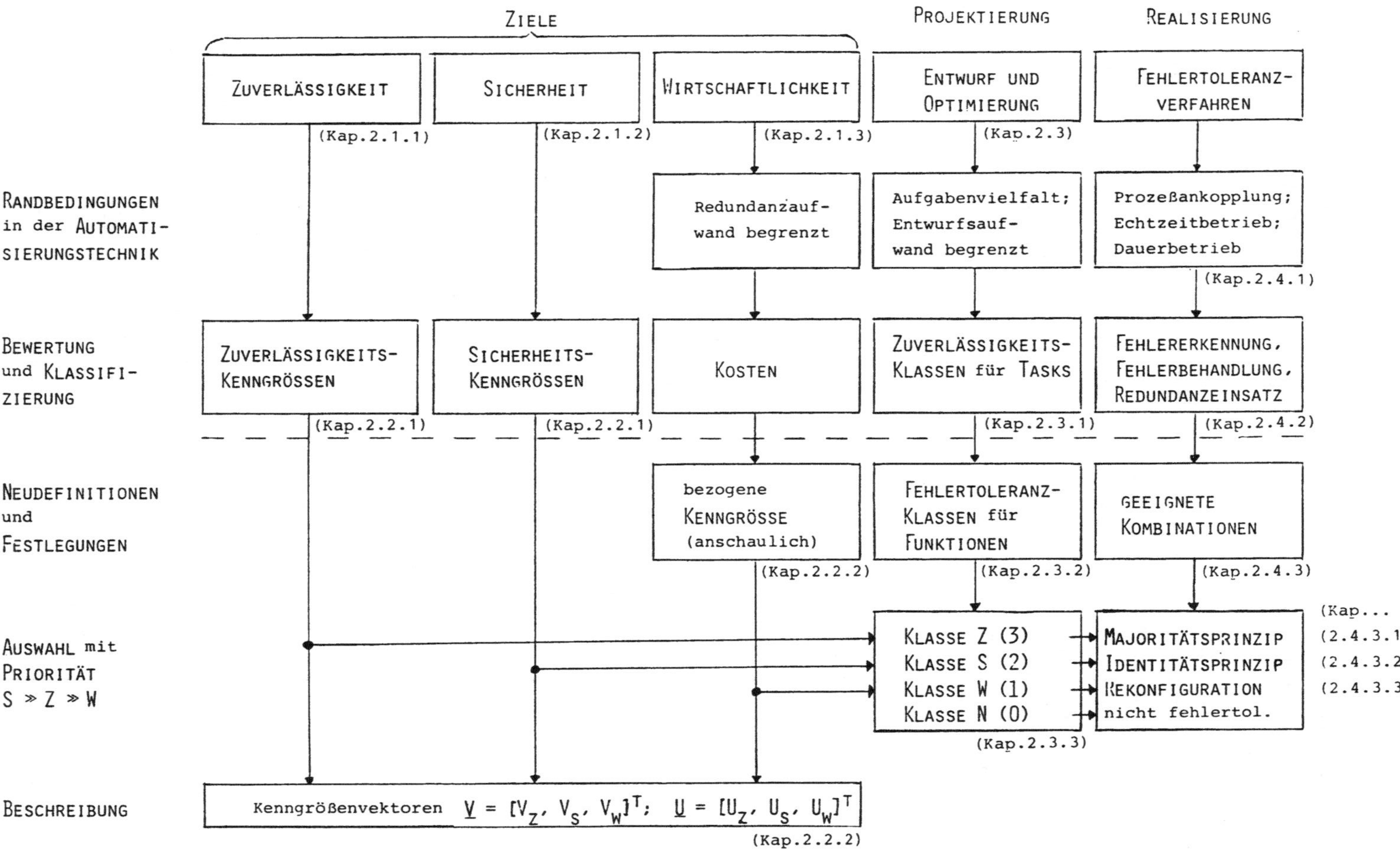

Bild 2.1: Schema zur Bewertung und Auswahl von Fehlertoleranz-verfahren.

kriterien bzw. -zielen zu Fehlertoleranzklassen und den zugehörigen Realisierungsformen führen. Dabei wird auch eine geschlossene Beschreibung der jeweiligen Eigenschaften angestrebt, indem die korrespondierenden Kenngrößen für die drei Ziele zusammengefaßt werden.

Das Auswahlschema nimmt teilweise die in Kap. 2 abgeleiteten Ergebnisse vorweg. Es steht dennoch an seinem Anfang, um als Wegweiser durch die folgenden Diskussionen zu dienen und deren bessere Einordnung in die Zusammenhänge zu ermöglichen. Zur Orientierung sind bei verschiedenen Blöcken die Kapitelnummern angegeben, unter denen sie besprochen werden.

2.1 ZIELE DER FEHLERTOLERANZ

2.1.1 Zuverlässigkeit

Zur Beschreibung der Zuverlässigkeit eines technischen Systems existiert eine umfassende Theorie. Die darin verwendeten Begriffe und Kenngrößen sind in einschlägigen Normen festgelegt. In DIN 40041 ist der Begriff Zuverlässigkeit folgendermaßen definiert:

> Die Fähigkeit einer Betrachtungseinheit, innerhalb der vorgegebenen Grenzen denjenigen, durch den Verwendungszweck bedingten Anforderungen zu genügen, die an das Verhalten ihrer Eigenschaften während einer gegebenen Zeitdauer gestellt sind.

An ein Automatisierungssystem werden aus unterschiedlichen Gründen Zuverlässigkeitsforderungen gestellt. Einerseits kann die zuverlässige Funktion des Automatisierungssystems für das sichere Verhalten des Gesamtsystems notwendig sein (z. B. in Flugzeugen). In diesem Fall ist der erforderliche Aufwand von untergeordneter Bedeutung. Andererseits können die Kosten zwar ungefährlicher, aber teurer Ausfälle so hoch sein, daß sie den notwen-

digen Aufwand für eine höhere Zuverlässigkeit wirtschaftlich
rechtfertigen. Hier liegt in der Regel eine Optimierungsaufgabe
für die Summe der durch Ausfälle entstehenden Kosten und die
Aufwendungen für Redundanz vor (siehe z. B. Schneeweiss (1980a),
Färber (1982)). Die Zielrichtung bei der Implementierung von
Fehlertoleranz ist es nun, zur Annäherung des Optimums die Zuverlässigkeit zu steigern. Dabei variieren die Aufwendungen für
die Redundanz und die Gesamtkosten.

2.1.2 <u>Sicherheit</u>

An Normen für die Begriffe und Kenngrößen zur Beschreibung der
Sicherheit eines technischen Systems wird zur Zeit noch gearbeitet. Es können daher nur Definitionen aus der Literatur herangezogen werden.

In Meyna (1982) sind verschiedene Definitionen für die Sicherheit eines technischen Systems und verschiedene Rechengrößen zu
ihrer Beschreibung angegeben. Empfohlen und auch eingehend ma-
thematisch behandelt werden jedoch Definitionen und Kenngrößen,
die sich an die Zuverlässigkeitstheorie anlehnen. Diese werden
wegen der Analogien zu den Kenngrößen der Zuverlässigkeitstheorie und der sich daraus ergebenden Übersichtlichkeit auch hier
zugrunde gelegt. Die dort zitierte und vom VDI/VDE/GMR-Ausschuß
"Sicherheitstechnische Begriffe für Automatisierungssysteme" gegebene Definition für Sicherheit lautet:

   Die Fähigkeit einer Betrachtungseinheit innerhalb vorge-
   gebener Grenzen für eine gegebene Zeitdauer keine Gefährdung für Leib und Leben zu bewirken oder eintreten
   zu lassen.

Ein Automatisierungssystem alleine bringt selbstverständlich nur
die üblichen Gefahren elektrischer Geräte mit sich. Eine für die
jetzigen Betrachtungen relevante Gefährdung kann es erst im Zusammenwirken mit einem ihm nachgeordneten technischen Prozeß
bewirken. Von Interesse sind dabei die durch ein mögliches Fehl-

verhalten des Automatisierungssystems neu hinzukommenden und die
Sicherheit des Gesamtsystems beeinträchtigenden Gefahren. Es
gilt also bei der mathematischen Beschreibung des Automatisie-
rungssytems die Wahrscheinlichkeit eines solchen Fehlverhaltens
zu kalkulieren und bei seinem Entwurf durch geeignete Maßnahmen
der Fehlertoleranz soweit wie möglich zu reduzieren.

2.1.3 Wirtschaftlichkeit

Für die Wirtschaftlichkeit einer Maßnahme der Fehlertoleranz
existiert keine eindeutige Definition wie für die Sicherheit
oder die Zuverlässigkeit. Sie soll daher als eine abstrakte
Zielrichtung verstanden werden, bei der es darauf ankommt, den
wirtschaftlichen Nutzen einer Maßnahme zu erhöhen. Ihre Bedeutung wird am ehesten verständlich, wenn man die zur Begründung
von Zuverlässigkeitsforderungen angegebene Optimierungsaufgabe
durch eine andere ersetzt. Es geht jetzt darum, die in einem
Automatisierungssystem bereits vorhandene Redundanz so einzu-
setzen, daß sich die Zuverlässigkeit des Gesamtsystems erhöht
und damit die Kosten möglicher Ausfälle verringern. Die eingesetzte Redundanz verursacht dabei keine zusätzlichen Kosten.
Eine mögliche Optimierung könnte jedoch darin bestehen, die
Redundanz so zu verteilen, daß die Zuverlässigkeit derjenigen
Automatisierungsfunktionen gesteigert wird, deren Ausfall am
kostspieligsten ist (Schneeweiss 1980a).

2.2 BEWERTUNG VON FEHLERTOLERANZ

2.2.1 Gegenüberstellung der Begriffe und Kenngrößen

Um die Analogien zwischen der Zuverlässigkeitstheorie und der
Sicherheitstheorie deutlich zu machen, werden die Begriffe bei-
der Gebiete sowie die jeweiligen Kenngrößen und die zugehörigen
Rechenvorschriften im folgenden nebeneinander dargestellt. Die
Kenngrößen der Sicherheitstheorie beschreiben ebenso wie die der
Zuverlässigkeitstheorie binäre Zufallsprozesse, die im allgemei-
nen zeitlich variante Parameter haben.

Der Ausgangspunkt für alle Zuverlässigkeitskenngrößen ist die
Untersuchung der *Lebensdauer* T einer Betrachtungseinheit, also
der Zeit von ihrer Inbetriebnahme bis zu ihrem Ausfall. Von
Interesse ist jedoch die *Wahrscheinlichkeit eines Ausfalls* bis
zum Betrachtungszeitpunkt t (Ausfallwahrscheinlichkeit)

$$F(t) = P(T \leq t),$$

die sich unter der Annahme, daß jede Einheit einmal ausfällt,
als die Verteilungsfunktion der Lebensdauer mit $F(\infty) = 1$ ergibt.

Bei Sicherheitsbetrachtungen ist die *sicherheitsbezogene Lebensdauer* T' bis zum Eintritt einer direkten oder indirekten Gefährdung durch eine Betrachtungseinheit relevant. Für die *Wahrscheinlichkeit einer Gefährdung* bis zum Zeitpunkt t (Gefährdungswahrscheinlichkeit) gilt entsprechend

$$G(t) = P(T' \leq t).$$

Da eine Einheit auch ausfallen kann, ohne eine Gefährdung zu
verursachen, ist hier im Unterschied zu den Zuverlässigkeits-
betrachtungen $G(\infty) \leq 1$.

Die weiteren Kenngrößen, ihr formaler Zusammenhang und die Voraussetzungen zu ihrer Ableitung sind in Tabelle 2.1 aufgeführt.
Auf eine ausführliche formelmäßige Herleitung der einzelnen

Größen und Rechenvorschriften wird dabei jedoch verzichtet, da sie nicht Gegenstand dieser Arbeit sind. Stattdessen wird versucht, eine möglichst übersichtliche Zusammenstellung zu bieten. Dazu werden die Formelzeichen, die zugehörigen Begriffe sowie eine kurze Interpretation der jeweils korrespondierenden Kenngrößen aus der Zuverlässigkeits- und der Sicherheitstheorie gegenübergestellt. Die Gleichungen geben den Zusammenhang mit vorher definierten Größen wieder und enthalten Relationen, die zur Abschätzung der Sicherheitskenngrößen durch Zuverlässigkeitskenngrößen verwendet werden können.

Die verwendeten Begriffe und die Nomenklatur der Zuverlässigkeitstheorie sind z. B. in Gaede (1977) näher beschrieben, die der Sicherheitstheorie lehnen sich an Meyna (1982) an. An diesen Stellen wird auch in ausführlicher Form auf die mathematischen Ableitungen und die dabei notwendigen Annahmen und Voraussetzungen eingegangen. Für eingehendere Betrachtungen sei deshalb auf die Literatur verwiesen, inbesondere auf:

- DIN 40041 und DIN 40042 für Begriffe und Kenngrößen der Zuverlässigkeitstheorie,

- Gaede (1977), Höfle-Isphording (1978), Rau (1970), Reinschke (1973), Schneeweiss (1980a), Störmer (1970) für die Berechnung von Zuverlässigkeitskenngrößen,

- Konakovsky (1977), Lange (1976), Meyna (1982), Schneider (1974) zur Definition und Berechnung von Kenngrößen der Sicherheitstheorie.

Zur Zeit der Abfassung dieser Arbeit wurde ein Entwurf (Gründruck) der VDI/VDE-Richtlinie 3542 über "sicherheitstechnische Begriffe für Automatisierungssysteme" vorgelegt, der auch Bezug auf eine Vornorm für DIN 31004 "Begriffe der Sicherheitstechnik" nimmt. Die hier verwendeten Definitionen und Bezeichnungen entsprechen weitgehend diesen *vorläufigen* Richtlinien.

Tabelle 2.1: Gegenüberstellung korrespondierender Zuverlässigkeits- und Sicherheitskenngrößen

Abk. Formelzeichen	Zuverlässigkeitskenngröße *Erläuterung; Kommentar* Berechnung	Abk. Formelzeichen	Sicherheitskenngröße *Erläuterung; Kommentar* Berechnung; Relation
$F(t)$	Ausfallwahrscheinlichkeit *gibt die Wahrscheinlichkeit eines Ausfalls bis zum Zeitpunkt t an; Verteilungsfunktion der Lebensdauer der Betrachtungseinheiten* $G(t) \leqq F(t)$	$G(t)$	Gefährdungswahrscheinlichkeit *gibt die Wahrscheinlichkeit einer Gefährdung bis zum Zeitpunkt t an; nicht alle Ausfälle sind gefährlich:* $G(t) \leqq F(t)$
$R(t)$	Überlebenswahrscheinlichkeit *gibt die Wahrscheinlichkeit des Überlebens bis zum Zeitpunkt t an; Komplement zur Ausfallwahrscheinlichkeit* $R(t) = 1 - F(t)$	$S(t)$	Sicherheitswahrscheinlichkeit *gibt die Wahrscheinlichkeit der Sicherheit bis zum Zeitpunkt t an; Komplement zur Gefährdungswahrscheinlichkeit* $S(t) = 1 - G(t) \geqq R(t)$
$f(t)$	Ausfalldichte *bezogen auf die Gesamtmenge der Betrachtungseinheiten* $f(t) = \dfrac{dF(t)}{dt}$	$g(t)$	Gefährdungsdichte *bezogen auf die Gesamtmenge der Betrachtungseinheiten* $g(t) = \dfrac{dG(t)}{dt} \leqq f(t)$

Abk. Formel- zeichen	Zuverlässigkeitskenngröße *Erläuterung; Kommentar* Berechnung	Abk. Formel- zeichen	Sicherheitskenngröße *Erläuterung; Kommentar* Berechnung; Relation
$\lambda(t)$	Ausfallrate *bezogen auf die Restmenge der Betrachtungseinheiten* $\lambda(t) = \dfrac{1}{1 - F(t)} \cdot \dfrac{dF(t)}{dt}$	$\varrho(t)$	Gefährdungsrate *bezogen auf die Restmenge der Betrachtungseinheiten* $\varrho(t) = \dfrac{1}{1 - G(t)} \cdot \dfrac{dG(t)}{dt} \leq \lambda(t)$
Für reparierbare Systeme kann man zur wahrscheinlichkeitstheoretischen Beschreibung und zur zahlenmäßigen Auswertung des zeitlichen Ablaufs von Reparaturen ebenfalls Kenngrößen definieren. Für Sicherheitsbetrachtungen ist dabei nicht die Wiederherstellung eines funktionsfähigen, sondern eines sicheren Zustands von Bedeutung.			
$H(t)$	Reparaturwahrscheinlichkeit *gibt die Wahrscheinlichkeit der Wiederherstellung des funktionsfähigen Zustands einer ausgefallenen Betrachtungseinheit bis zum Zeitpunkt t an;*	$W(t)$	Sicherheitswiederherstellungs-wahrscheinlichkeit *gibt die Wahrscheinlichkeit der Wiederherstellung des sicheren Zustands einer gefährlichen Betrachtungseinheit bis zum Zeitpunkt t an;* $W(t) \geq H(t)$

Abk. Formel- zeichen	Zuverlässigkeitskenngröße *Erläuterung; Kommentar* Berechnung	Abk. Formel- zeichen	Sicherheitskenngröße *Erläuterung; Kommentar* Berechnung; Relation
$h(t)$	Reparaturdichte *bezogen auf die Gesamtmenge der Betrachtungseinheiten* $h(t) = \dfrac{dH(t)}{dt}$	$w(t)$	Sicherheitswiederherstellungsdichte *bezogen auf die Gesamtmenge der Betrachtungseinheiten* $w(t) = \dfrac{dW(t)}{dt} \geqq h(t)$
$\mu(t)$	Reparaturrate *bezogen auf die Restmenge der Betrachtungseinheiten* $\mu(t) = \dfrac{1}{1 - H(t)} \cdot \dfrac{dH(t)}{dt}$	$v(t)$	Sicherheitsrestitutionsrate *bezogen auf die Restmenge der Betrachtungseinheiten* $v(t) = \dfrac{1}{1 - W(t)} \cdot \dfrac{dW(t)}{dt} \geqq \mu(t)$

Anhand ihrer Folgen lassen sich mögliche Ausfälle in gefährliche und ungefährliche mit den Anteilen P_G bzw. P_S aufteilen, wobei

$$P_G + P_S = 1$$

gelten muß. Nur die gefährlichen Ausfälle bestimmen die Gefährdungswahrscheinlichkeit. Die pessimistische Annahme, daß alle Ausfälle gefährlich sind, ist hier zulässig und für die meisten der nachfolgenden Abschätzungen auch ausreichend. Unter dieser Annahme sind die oben angegebenen korrespondierenden Kenngrößen für die Zuverlässigkeit und die Sicherheit gleich. Die Gefährdungswahrscheinlichkeit ist damit wie die Ausfallwahrscheinlichkeit eine Verteilungsfunktion mit $G(\infty) = 1$ und es lassen sich weitere Größen ableiten.

Abk. Formelzeichen	Zuverlässigkeitskenngröße *Erläuterung; Kommentar* Berechnung	Abk. Formelzeichen	Sicherheitskenngröße *Erläuterung; Kommentar* Berechnung; Relation
	Zusätzlich werden im folgenden die üblichen Exponentialverteilungen mit konstanten Ausfall- und Reparaturraten $\lambda(t) = \lambda$, $\mu(t) = \mu$, $\varrho(t) = \varrho$ und $\nu(t) = \nu$ angenommen (Markoff-Charakter).		
MTBF	Mittlere ausfallfreie Zeit (mean time between failures) $MTBF = E\{T_F\} = \int_0^\infty (1-F(t))dt = \frac{1}{\lambda}$	MTTD	Mittlerer zeitlicher Abstand zwischen Gefährdungen (mean time to danger) $MTTD = E\{T_G\} = \int_0^\infty (1-G(t))dt = \frac{1}{\varrho} \geqq MTBF$
MTTR	Mittlere Ausfalldauer (mean time to repair) $MTTR = E\{T_H\} = \int_0^\infty (1-H(t))dt = \frac{1}{\mu}$	MTTSR	Mittlere Zeit für Sicherheitswiederherstellung (mean time to safe repair) *Wiederherstellung der Sicherheit bedeutet nicht unbedingt auch Wiederherstellung der Funktionsfähigkeit.* $MTTSR = E\{T_W\} = \int_0^\infty (1-W(t))dt = \frac{1}{\nu} \leqq MTTR$

Abk. Formelzeichen	Zuverlässigkeitskenngröße *Erläuterung; Kommentar* Berechnung	Abk. Formelzeichen	Sicherheitskenngröße *Erläuterung; Kommentar* Berechnung; Relation
V_Z	Verfügbarkeit *Wahrscheinlichkeit, ein System zu einem vorgegebenen Zeitpunkt in einem funktionsfähigen Zustand anzutreffen* $$V_Z = \frac{MTBF}{MTTR + MTBF} = \frac{\mu}{\lambda + \mu}$$	V_S	Sicherheitsverfügbarkeit *Wahrscheinlichkeit, ein System zu einem vorgegebenen Zeitpunkt in einem sicheren Zustand anzutreffen* $$V_S = \frac{MTTD}{MTTSR + MTTD} = \frac{\nu}{\varrho + \nu}$$
U_Z	Unverfügbarkeit *Komplement der Verfügbarkeit; erleichtert oft Berechnungen und Vergleiche* $$U_Z = 1 - V = \frac{MTTR}{MTBF + MTTR} = \frac{\lambda}{\lambda + \mu}$$	U_S	Sicherheitsunverfügbarkeit *Komplement der Sicherheitsverfügbarkeit* $$U_S = 1 - V_S = \frac{MTTSR}{MTTD + MTTSR} = \frac{\varrho}{\varrho + \nu}$$

2.2.2 Geschlossene Darstellung der Fehlertoleranzkenngrößen

Für Vergleiche zwischen den verschiedenen Fehlertoleranzverfahren eignen sich am besten die den einzelnen Zielen zugeordneten *bezogenen Kenngrößen* Verfügbarkeit und Sicherheitsverfügbarkeit bzw. deren Komplemente Unverfügbarkeit und Sicherheitsunverfügbarkeit. Ihre Werte sind am wenigsten von den teils betriebsbedingten Eingangsgrößen abhängig.

Betrachtet man die durch ein Automatisierungssystem entstehenden 'Kosten' und den durch seinen Einsatz anfallenden wirtschaftlichen 'Nutzen', so kann zur *qualitativen Beurteilung der Wirtschaftlichkeit* in analoger Weise eine bezogene Kenngröße

$$V_W = \frac{\text{Nutzen}}{\text{Nutzen + Kosten}}$$

mit der komplementären Kenngröße

$$U_W = 1 - V_W = \frac{\text{Kosten}}{\text{Nutzen + Kosten}}$$

definiert werden. Eine *quantitative* Auswertung in allgemeiner Form ist wegen der starken Abhängigkeit von der jeweiligen Anwendung nicht möglich. Die Kenngrößen sollen jedoch hier zur anschaulichen Darstellung der Projektierungsziele herangezogen werden. Dazu werden die korrespondierenden bezogenen Größen zu Vektoren zusammengefaßt. Der Verfügbarkeitsvektor

$$\underline{V} = \begin{bmatrix} V_Z \\ V_S \\ V_W \end{bmatrix} \qquad \begin{array}{l} \text{Verfügbarkeit} \\ \text{Sicherheitsverfügbarkeit} \\ \text{Wirtschaftlichkeit} \end{array}$$

und dessen Komplement der Unverfügbarkeitsvektor

$$\underline{U} = \begin{bmatrix} U_Z \\ U_S \\ U_W \end{bmatrix} = \underline{1} - \underline{V} \qquad \begin{array}{l} \text{Unverfügbarkeit} \\ \text{Sicherheitsunverfügbarkeit} \\ \text{Unwirtschaftlichkeit} \end{array}$$

beschreiben dann jeweils einen Punkt innerhalb eines dreidimen-

sionalen Würfels mit der Seitenlänge 1 (Bild 2.2). Dieser Punkt
wird durch jeden Eingriff zur Veränderung einer Kenngröße (z. B.
der Verfügbarkeit) in einer bestimmten Richtung verschoben, wobei sich die beiden anderen Kenngrößen (z. B. Sicherheitsverfügbarkeit und Wirtschaftlichkeit) zwangsläufig mit verändern. Die
jeweilige Aufgabenstellung bestimmt die bevorzugte Zielrichtung
und damit die sinnvollen Veränderungen. Bei den später zur Auswahl vorgeschlagenen modifizierten Fehlertoleranzklassen wird
jeweils eine der drei Dimensionen bevorzugt verbessert.

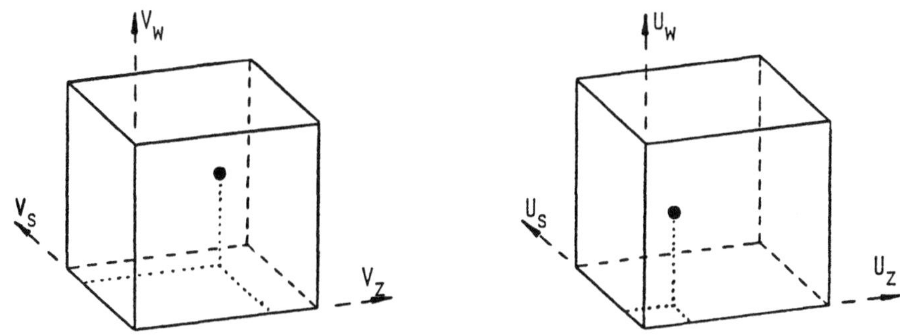

Bild 2.2: Kenngrößenvektoren zur Beschreibung von Zielen der
Fehlertoleranz

2.3 KLASSENAUSWAHL ALS PROJEKTIERUNGSVERFAHREN FÜR DIE ANWENDUNG

Für die Projektierung sicherer bzw. zuverlässiger Regelkreise
und Steuerfunktionen können selbstverständlich die erwähnten
Theorien direkt herangezogen und dabei die Struktur des Automa-
tisierungssytems mit berücksichtigt werden. Das ist für bestimmte Anwendungen (z. B. Flugzeuge, Kernkraftwerke) auch notwendig,
führt aber zu umfangreichen Modellen und Berechnungen. Für allgemeine industrielle Anwendungen mit ihrer vielfältigen Aufgabenstellung muß dagegen der Projektierungsaufwand im Einzelfall
begrenzt bleiben. Das ist möglich, wenn das Automatisierungssystem als eine Einheit mit wählbaren Kenngrößen betrachtet werden
kann.

2.3.1 Zuverlässigkeitsklassen für Tasks

Für die gemischte Implementierung von Tasks unterschiedlicher Zuverlässigkeit (taskspezifische Fehlertoleranz) in einem Mehr-rechnersystem wurden von Färber (1981) *Zuverlässigkeitsklassen* für die im Rechner bearbeiteten *Tasks* vorgeschlagen. Die Eintei-lung in wenige Klassen schafft gleichzeitig die wesentlichen Voraussetzungen zu einer sehr einfachen Implementierung und Anpassung der Fehlertoleranz. Zum Beispiel wird bei der Erzeu-gung einer Task lediglich eine bestimmte Klasse gewählt und das Rechensystem sorgt dann alleine für die Einhaltung der zuge-hörigen Klassenmerkmale (Demmelmeier, Ries 1982).

Die Zuverlässigkeitsklassen gelten für Tasks als selbständige Programmeinheiten innerhalb des Mehrrechnersystems und gehen von einer weitgehend freien Erreichbarkeit der außerhalb liegenden Prozeßschnittstellen mit speziellen Fähigkeiten (siehe Endl 1982) aus. Sie dienen hier als Ausgangspunkt für die im nachfol-genden Kap. 2.3.2 vorgenommene Definition von zielorientierten *Fehlertoleranzklassen* für die nach außen sichtbaren *Funktionen* eines Automatisierungssystems, die auch die nicht einer Task zuzuordnenden Hardware-Elemente umfassen.

Die einzelnen Zuverlässigkeitsklassen haben folgende Eigenschaf-ten:

Klasse 3

Tasks der Klasse 3 stellen die höchste Zuverlässigkeitsstufe dar:

- Es dürfen keinerlei fehlerhafte Ausgaben erfolgen.

- Die Task muß ohne Unterbrechung weiter bearbeitet werden.

- Alle taskspezifischen Daten müssen nach einem Teilausfall noch zur Verfügung stehen.

Die Erfüllung dieser Anforderungen ist nur über eine statische
(2v3)-Anordnung (TMR) der beteiligten Cotasks auf drei verschiedenen Rechnern möglich.

Klasse 2

Diese Tasks haben folgende Eigenschaften:

- Es sind keine fehlerhaften Ausgaben an den Prozeß erlaubt.

- Kurze Unterbrechungen der Taskbearbeitung sind möglich.

- In bestimmten Situationen erfolgt ein Neustart bzw. eine Wiederholung von einem definierten Fixpunkt aus.

Zur Vermeidung der fehlerhaften Ausgabe sind hier mindestens
zwei Rechner mit einer statischen (2v2)-Anordnung (Vergleich)
der Cotasks beteiligt.

Klasse 1

Hier gelten weniger strenge Anforderungen:

- Ausfälle von Bauteilen oder Baugruppen können fehlerhafte Ausgaben und Daten zur Folge haben.

- Fehler werden nur durch Tests und Diagnosen für den ausführen-
  den Rechner aufgedeckt, transiente Fehler werden nicht anerkannt.

- Nach der Entdeckung eines Fehlers kann die Task angehalten und
  in einem Backup-System wieder gestartet werden; zusätzliche
  Datensicherungsmaßnahmen sind möglich.

Klasse-1-Tasks arbeiten mit dynamischer Redundanz und verursachen daher nur einen sehr geringen Hardware-Aufwand.

<u>Klasse 0</u>

Tasks der Klasse 0 entsprechen den Tasks auf konventionellen Prozeßrechnern und fallen mit dem Rechner aus, der sie bearbeitet.

2.3.2 <u>Fehlertoleranzklassen für Funktionen</u>

Drei Gründe machen für die vorliegende Arbeit eine Neudefinition bzw. Änderung der Klassifizierung notwendig:

- Sie soll sich an den vorher beschriebenen drei Zielen der Fehlertoleranz-Implementierung orientieren, weshalb eine Neuformulierung für die Klasse 2 erforderlich ist.

- Das Ziel *Sicherheit* läßt sich nicht in *Zuverlässigkeitsklassen* einordnen. Deshalb soll hier von *Fehlertoleranzklassen* die Rede sein.

- Fehlertoleranz kann, insbesondere in der Automatisierungstechnik, auch in Subsystemen implementiert werden. Ein Beispiel dafür sind Backup-Regler in Ein/Ausgabebaugruppen (Siemens Teleperm M). Hier besitzt nicht die einzelne, interne *Task* Regelung sondern die nach außen sichtbare *Funktion* Regelung des Gesamtsystems eine erhöhte Zuverlässigkeit. Es werden daher *Fehlertoleranzklassen für Funktionen* definiert.

Das in diesem Zusammenhang von Färber (1981) formulierte Ziel der gemischten, taksspezifischen Implementierung in einem Rechnersystem, welches einen sehr effektiven Redundanzeinsatz ermöglicht, behält auch hier seine Geltung. Den neuen Definitionen entsprechend wird jedoch von funktionsspezifischer Implementierung gesprochen. Ergänzend soll auch die Wirkung der Prozeß-Schnittstellen mit betrachtet werden.

Klasse Z

Ziel: Z - Zuverlässigkeitsverbesserung
Beispiel: Regler in Flugzeugen, Regler für instabile Prozesse

Diese Klasse zielt auf eine sehr hohe Verfügbarkeit (Bild 2.3) und entspricht damit der bestehenden Definition für die Zuverlässigkeitsklasse 3.

- Es dürfen keinerlei fehlerhafte Ausgaben erfolgen.

- Die Funktion muß ohne Unterbrechung weiter zur Verfügung stehen.

- Alle funktionsspzifischen Daten müssen nach einem Teilausfall noch zur Verfügung stehen.

Für eine Realisierung gelten ebenfalls die von der Zuverlässigkeitsklasse 3 her bekannten Bedingungen. Sie muß auf einem *Majoritätsprinzip* beruhen.

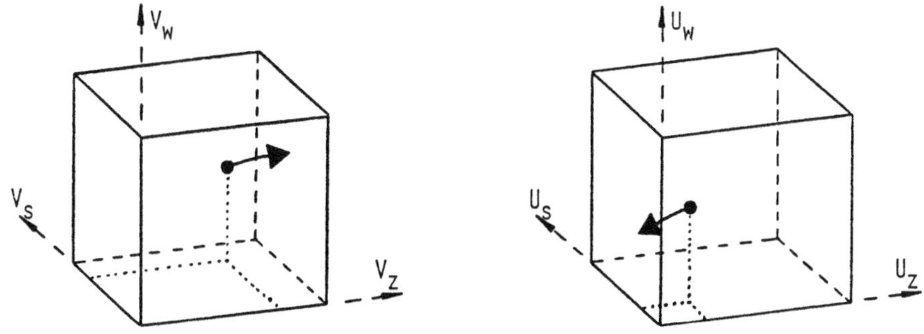

Bild 2.3: Die Klasse Z verändert den Kenngrößenvektor vorwiegend in Richtung einer hohen Zuverlässigkeit.

men würde, wäre ein Verlassen des sicheren Zustands notwendig.
Er würde damit dem gesetzten Ziel direkt entgegenwirken. Die er-
neute Inbetriebnahme darf daher nur durch einen Bediener vorgenommen werden, der zusätzliche Kriterien berücksichtigen kann.

Gefährliche Ausgaben können nur durch einen gegenseitigen Vergleich, also nach einem *Identitätsprinzip*, verhindert werden.
Daran sind wie bisher minimal zwei eigenständige Teilsysteme
beteiligt.

Klasse W

Ziel: W - Wirtschaftlichkeitsverbesserung
Beispiel: industrielle Produktion

Hier wird gegenüber der taskbezogenen Definition die Fehlertoleranz in oder durch Subsysteme mit eingeschlossen.

- Ausfälle von Bauteilen oder Baugruppen können fehlerhafte Ausgaben und Daten zur Folge haben.

- Fehler werden nur durch Tests und Diagnosen aufgedeckt, transiente Fehler werden nicht erkannt.

- Nach der Entdeckung eines Fehlers kann die Funktion ausgesetzt
  und von einem anderen Teilsystem oder Subsystem fortgesetzt
  werden; zusätzliche Datensicherungsmaßnahmen oder Überwa-
  chungsmaßnahmen sind möglich.

Diese Art der Fehlertoleranz zur Verbesserung der Wirtschaftlichkeit (Bild 2.5) durch eine erhöhte Verfügbarkeit verursacht
in einem existierenden System den geringsten Aufwand, wenn die
vorhandene Redundanz im Rahmen einer *Rekonfiguration* dynamisch
verteilt werden kann. Ihre Realisierung führt jedoch über eine
recht komplexe Systemsoftware.

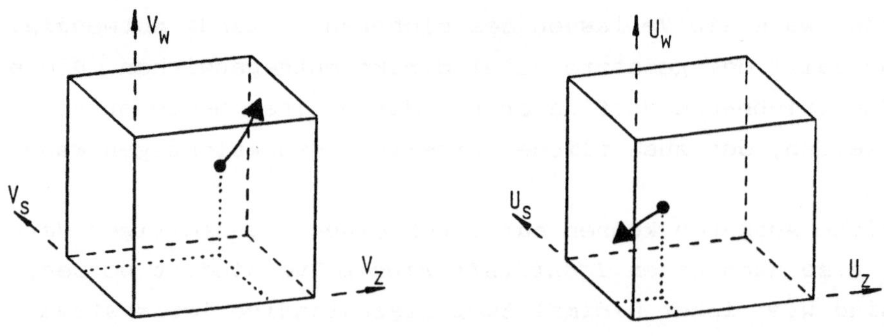

Bild 2.5: Die Fehlertoleranzklasse W verbessert die Wirtschaftlichkeit durch eine erhöhte Verfügbarkeit.

Die Zuverlässigkeit der Fehlertoleranzklasse W ist nur graduell
verbessert. Quantitative Aussagen hierüber haben, im Unterschied
zu den Klassen Z und S, in aller Regel keine für Prüfverfahren
ausreichende Beweiskraft. Dem stehen zu viele Ungewißheiten über
die Vollständigkeit der Tests und die Wahrscheinlichkeit der
Fehlerentdeckung sowie die Abhängigkeit von der jeweiligen Systembelastung entgegen.

<u>Klasse N</u>

Ziel: N - Normale Zuverlässigkeit
Beispiel: Komfortfunktionen

Funktionen der Fehlertoleranzklasse N haben eine normale Zuverlässigkeit, die derjenigen in nicht fehlertoleranten System
entspricht.

2.3.3 Auswahl einer Fehlertoleranzklasse

Wird eine Klassifizierung der Fehlertoleranz zugrunde gelegt, so
besteht die Aufgabe eines Anwenders des fehlertoleranten Systems
in der Auswahl der für seinen Zweck geeigneten Klasse. Bei der
für eine freie Programmierung gedachten taskspezifischen Fehlertoleranz-Implementierung geschieht das durch eine entsprechende
Angabe bei der Erzeugung bzw. Installation einer Task. In einem
dezentralen Automatisierungssytem kann das gleiche durch die
Auswahl passender Software-Bausteine, die im Rahmen des Bau-
steinkatalogs für unterschiedliche Klassen angeboten werden,
während des Konfigurationsvorgangs erreicht werden. Dazu ist
eine eindeutige Zuordnung der drei Ziele zu den Fehlertoleranzklassen und damit indirekt auch zu den dahinter stehenden Realisierungsprinzipien gegeben:

Ziel	- Klasse	- Realisierungsprinzip
Zuverlässigkeit	- Klasse Z	- Majoritätsprinzip
Sicherheit	- Klasse S	- Identitätsprinzip
Wirtschaftlichkeit	- Klasse W	- Rekonfiguration
- - -	- Klasse N	- nicht fehlertolerant

Bei der Auswahl einer Fehlertoleranzklasse für eine bestimmte
Anwendung bestehen eindeutige Prioritäten: bestehende Forderungen nach Sicherheit haben Vorrang vor der Zuverlässigkeit und
bestehende Zuverlässigkeitsforderungen wiederum Vorrang vor der
Wirtschaftlichkeit.

2.4 REALISIERUNGSPRINZIPIEN

2.4.1 Industrielle Randbedingungen

Im Unterschied zur reinen Datenverarbeitung steht in der industriellen Prozeßautomatisierung nicht das Automatisierungssystem selbst, sondern der automatisierte Prozeß im Vordergrund. Zusätzlich ergeben sich einige spezielle Randbedingungen, die bei der Implementierung von Fehlertoleranz zu beachten sind. Sie hängen meistens mit der direkten Ankopplung an einen technischen Prozeß zusammen.

- Die schwierigsten Probleme entstehen im Zusammenhang mit den Prozeßschnittstellen, insbesondere den Ausgängen:

  o Signalausgänge sind im Rahmen einer Rekonfiguration in der Regel nicht oder nur mit sehr hohem Aufwand durch andere zu ersetzen.

  o Stellsignale dürfen durch Tests nicht verändert werden, weshalb das Testergebnis nur beschränkt und nur für den jeweiligen Betriebspunkt aussagefähig ist.

  o Analogsignale sind immer mit kleinen Abweichungen behaftet und daher nicht einfach auf Gleichheit zu prüfen.

  o Eingehende Signale vom Prozeß ändern sich ständig. Das mögliche Erfassen über verschiedene Kanäle und Vergleichen muß daher synchronisiert erfolgen.

- Die Automatisierung eines technischen Prozesses stellt hohe Anforderungen an das Echtzeitverhalten eines Rechensystems, was zusätzliche Randbedingungen bei der Implementierung von Fehlertoleranz mit sich bringt:

  o Viele Stelleingriffe zum Prozeß müssen sofort, das heißt ohne große Verzögerungen durch Diagnose- oder Recovery-Maßnahmen, vorgenommen werden.

o Werden asynchron eingehende Signale verarbeitet, so ist die
  momentane Systembelastung nicht vorhersehbar. Es müssen dann
  klare Prioritäten gegeben sein.

o Die Zustände eines technischen Prozesses verändern sich
  durch die Prozeßdynamik auch ohne Stelleingiffe weiter,
  weshalb eine Datensicherung und ein späteres Wiederaufsetzen
  (Backward-Recovery) häufig problematisch sind.

o Einige Regelalgorithmen (z. B. Dead-Beat-Regler) verlangen
  möglichst exakte Zykluszeiten, da eine merkliche Vergröße-
  rung der Abtastzeit unter Umständen zur Instabilität eines
  Regelkreises führen kann.

- Die technischen Prozesse, an denen ein Automatisierungssystem
  einmal eingesetzt wird, sind bei seiner Entwicklung nicht bekannt. Ihre Redundanz (bzw. Toleranz) kann daher nicht berücksichtigt werden. Die implementierten Fehlertoleranzverfahren
  müssen also allgemeinen Anforderungen gerecht werden.

- Im industriellen Einsatz ist Dauerbetrieb die Regel, weshalb
  ausgiebige periodische Tests zur Vorbeugung weitgehend aus-
  scheiden.

- Im Unterschied zu einigen anderen Anwendungsgebieten fehlertoleranter Rechensysteme spielen bei der industriellen Prozeßautomatisierung auch die Kosten eine wichtige Rolle.

In der Informatik ist heute sehr vieles an Fehlertoleranz
selbstverständlich und wird gar nicht mehr als solche wahrgenommen. So sind z. B. Datenbanksysteme ohne Sicherungsmöglichkeiten
nicht mehr denkbar. Hinzu kommen viele neue Verfahren zur Sicherung von Rechenprozessen im laufenden Betrieb (Recovery-Block,
Atomic Action usw.) oder zur Vermeidung des Auftretens von Fehlern durch objektorientierte Prozessoren, Betriebssysteme und
Sprachen. Sie sind auch für die Prozeßautomatisierung nützlich.

Die meisten dieser Verfahren beziehen sich jedoch nur auf den Rechnerkern, auf Massenspeicher und auf Kommunikationswege. Sie versuchen in der Regel, aufgetretene und erkannte Fehler durch eine Wiederholung der betroffenen Aktionen zu korrigieren (Backward Recovery) und sind daher für strenge Echtzeitanforderungen nur bedingt geeignet. Sie lassen sich bei einer Anwendung in der Prozeßautomatisierung grundsätzlich in die Fehlertoleranzklasse W bzw. 1 einordnen.

2.4.2 Gliederung der Verfahren

Eine mögliche Gliederung der Fehlertoleranz (Syrbe 1981) berücksichtigt drei Gesichtspunkte, wobei sich zwei auf Verfahrensschritte, der dritte auf die verwendeten Resourcen (siehe auch Schmidt, Sendler 1980a) beziehen. Es sind dies die Art und Weise von:

- Fehlererkennung, bestehend aus
  o Fehlerdetektion und
  o Fehlerdiagnose (Lokalisierung),
- Fehlerbehandlung bzw. -umgehung,
- Redundanzeinsatz.

Die Verfahrensschritte Fehlererkennung (aufgeteilt in Fehlerdetektion und Fehlerdiagnose) und Fehlerbehandlung lassen sich in jedem Fehlertoleranzverfahren wiederfinden. Sie bestimmen beide gleichermaßen die erreichbare Verbesserung der Zuverlässigkeit bzw. der Sicherheit und müssen deshalb beide bewertet werden. Die Art des Redundanzeinsatzes entscheidet dagegen wesentlich über den erforderlichen Aufwand. Das angegebene Schema wird im folgenden zur Gliederung und qualitativen Bewertung der ausgewählten Verfahrenskombinationen herangezogen.

Es ließe sich eine Vielzahl von Kombinationsmöglichkeiten angeben, von denen jedoch nur ein Teil realistisch ist. Die statistischen Kenngrößen der einzelnen Verfahrensschritte müssen zueinander passen (z. B. die Wahrscheinlichkeit der Fehlererken-

nung zur Zuverlässigkeit der Fehlerbehandlung) und den Aufwand
an Redundanz, insbesondere im Vergleich zu anderen Verfahren,
rechtfertigen. Ein Überblick über die einzelnen Verfahren kann
hier nicht gegeben werden, da an dieser Stelle jeder Versuch dazu nur unvollständig sein könnte und damit eher verwirrend als
klärend wirkte.

2.4.3 Ausgewählte Verfahrenskombinationen

Um den zuvor definierten Fehlertoleranzklassen mit ihren unterschiedlichen Zielen gerecht zu werden, müssen geeignete Kombinationen aus Verfahren der Fehlererkennung, der Fehlerbehandlung
und des Redundanzeinsatzes gebildet werden. Dabei ist aufgrund
der verschiedenartigen Anforderungen und der gegebenen Randbedingungen, die einige Kombinationen ausschließen, eine eindeutige Zuordnung von Verfahrenskombinationen bzw. Realisierungsprinzipien zu Fehlertoleranzklassen möglich. Die weitere Beschreibung ist nach Fehlertoleranzklassen und nicht nach Verfahren geordnet, um eine bessere Zuordnung und einen einfacheren
Vergleich mit anderen Arbeiten zur Fehlertoleranz in der Prozeßautomatisierung zu ermöglichen.

2.4.3.1 Klasse Z - Zuverlässigkeit

Die Kenngrößen für die Zuverlässigkeit einer Automatisierungsfunktion der Klasse Z sollen wahrscheinlichkeitstheoretisch
nachweisbar sein, wozu entsprechende Angaben für die einzelnen
Verfahrensschritte vorliegen müssen. Das ist bei Beachtung der
in der industriellen Automatisierungstechnik gegebenen Randbedingungen realistischerweise nicht mit Selbsttests und mit Re-
konfigurationen möglich. Es muß ein höherer Aufwand in Kauf
genommen werden. Die Klasse Z soll Funktionsfähigkeit gewährleisten, was bedeutet, daß gültige aktive Stelleingriffe herbeigeführt werden müssen. Eine anerkannte Möglichkeit dazu ist
die Fehlermaskierung (unsichtbar machen der Fehler) nach dem
Majoritätsprinzip:

Aus den in unabhängigen Einheiten (Teilsystemen) berechneten Ergebnissen und ausgegebenen Werten (Stellsignalen, Daten) werden durch eine Mehrheitsentscheidung (Votum) gültige Werte gebildet.

Dazu muß eine zu Entscheidungen fähige ungerade Anzahl von unabhängigen Einheiten zur Verfügung stehen. Zur Tolerierung von Einfachfehlern sind mindestens drei in einer (2v3)-Anordnung (auch bekannt als TMR - triple modular redundancy) zusammenwirkende Teilsysteme notwendig. Erweiterungen zu größeren Anzahlen oder zu rekonfigurierbaren (2v3)-Anordnungen sind ebenfalls möglich, werden hier jedoch nicht betrachtet.

Die Einordnung in die Gliederung der Fehlertoleranzverfahren läßt sich folgendermaßen vornehmen:

Fehlerdetektion: durch *Vergleich* der unabhängig voneinander zustandegekommenen Ergebnisse.

Dem liegt ein implizites Fehlermodell zugrunde mit der Annahme, daß jeder relevante Fehler zu einem abweichenden Ergebnis führt. Fehler, die keine abweichenden Ergebnisse verursachen, werden zwar nicht erkannt, haben aber auch keine Auswirkungen auf den Prozeß.

Fehlerdiagnose: besteht in der Lokalisierung des fehlerhaften Teilsystems.

Bei der Mehrheitsentscheidung wird implizit angenommen, daß diejenige Einheit, die ein abweichendes Ergebnis hervorbringt, fehlerhaft arbeitet und damit die betreffende Einheit als Fehlerort diagnostiziert.

Fehlerbehandlung: erfolgt durch die Maskierung des abweichenden Ergebnisses mit Hilfe des *Votums*.

Redundanzeinsatz: ist zunächst statisch, da mehrere Teilsysteme
unabhängig voneinander arbeiten.

Die mögliche Rekonfiguration der entschei-
dungsfähigen Anordnung durch die Hinzunahme
von weiteren, bis dahin unbeteiligten Einheiten (in FIPS nicht realisiert) ist jedoch eine
Form der dynamischen Redundanz.

Die für FIPS vorliegenden Realisierungen der Fehlertoleranzklasse Z wurden teilweise auch anhand der dabei verwendeten wesentlichen Verfahrensschritte als Verfahren VV (Vergleich - Votum)
bezeichnet. Im Unterschied zu vielen in anderen Arbeiten vorgestellten vergleichbaren Verfahren werden hier die Prozeßschnittstellen, insbesondere die Ausgänge, mit in die Mehrheitsbildung
einbezogen.

2.4.3.2 <u>Klasse S - Sicherheit</u>

Ebenso wie für die Klasse Z die Zuverlässigkeitskenngrößen sollen für die Klasse S die Sicherheitskenngrößen nachweisbar sein.
Es wird jedoch nur sicherheitsgerichtetes Verhalten und nicht
Funktionsfähigkeit gefordert. Da angenommen wird, daß ein sicherer Prozeßzustand existiert und mit definierten Stellsignalen zu
erreichen ist, kann für die Realisierung einer Automatisierungsfunktion der Klasse S das *Identitätsprinzip* zugrunde gelegt
werden:

Die in unabhängigen Einheiten (Teilsystemen) berechneten
Ergebnisse und ausgegebenen Werte (Stellsignale, Daten)
müssen identisch sein.

Dazu müssen mehrere unabhängige Teilsysteme vorhanden sein, für
die in FIPS realisierte Tolerierung von Einfachfehlern minde-

Fehlerdetektion: durch *Vergleich* der unabhängig voneinander zustandegekommenen Ergebnisse.

Es wird angenommen, daß jeder relevante Fehler zu einem abweichenden Ergebnis führt, und damit das gleiche implizite Fehlermodell wie für die Klasse Z zugrunde gelegt.

Fehlerdiagnose: hat keine Bedeutung, da die Fehlerbehandlung unabhängig von einer Diagnose ist.

Man kann jedoch die Annahme, daß jeder Fehler gefährlich ist und eine Abschaltung erfordert, als eine Art pessimistische Diagnose ansehen.

Fehlerbehandlung: besteht aus dem sofortigen Anfahren eines sicheren Zustandes, der durch definierte sichere Stellsignale festgelegt ist. Nach dem Erreichen des sicheren Zustands wird jede weitere Aktivität eingestellt.

Redundanzeinsatz: erfolgt statisch, da immer mindestens zwei voneinander unabhängige Einheiten arbeiten müssen, um ihre Ergebnisse zu vergleichen.

Jeder Versuch einer Rekonfiguration muß aus den bei der Definition der Fehlertoleranzklasse S genannten Gründen unterbleiben. Die ursprünglich vorgesehene Erweiterung in Richtung einer erhöhten Verfügbarkeit ist daher nicht möglich.

Das Verbot einer Rekonfiguration resultiert aus den bei der Realisierung gewonnenen Erfahrungen. Ohne eine erhebliche Steigerung des Aufwands, z. B. durch die Hinzunahme zusätzlicher unabhängiger Einheiten, wird keine Maßnahme zur automatischen Rekonfiguraton den gestellten hohen Anforderungen an die Sicherheit gerecht. Die Erweiterung um zusätzliche Einheiten zur Erhöhung der Zuverlässigkeit führt jedoch zu einer Anordnung, die bezüglich ihres Aufwands mit einer Realisierung der Klasse Z vergleichbar ist. Sie kann also durch diese ersetzt werden und ist damit überflüssig.

Die in einigen Berichten über Fehlertoleranz im Mikrorechnersystem FIPS verwendete Verfahrensbezeichnung VDR (Vergleich - Diagnose - Rekonfiguration) ist wegen des Verbots der Rekonfiguration nicht mehr treffend. Das ist mit ein Grund für die hier vorgenommene Ordnung nach Fehlertoleranzklassen.

2.4.3.3 <u>Klasse W - Wirtschaftlichkeit</u>

Um eine möglichst wirtschaftliche Form der Fehlertoleranz zu erhalten, muß dem Aufwand für die Redundanz eine größere Bedeutung beigemessen werden. Die erreichbare erhöhte Verfügbarkeit ergibt sich erst anhand des erlaubten Aufwands. Ein relativ geringer Aufwand an Hardware-Redundanz ist notwendig, wenn nur die Ausfälle solcher Einheiten toleriert werden, die sich im Rahmen einer *Rekonfiguration* leicht durch entsprechende Einheiten in anderen Teilsystemen ersetzen lassen:

> Nach der Erkennung (Detektion und Diagnose) eines Fehlers in einem Teilsystem werden die Aufgaben innerhalb des Gesamtsystems neu verteilt und dadurch die vom intakten Restsystem noch ausführbaren Funktionen weiter bereitgestellt.

Die Neuzuweisung von reinen Rechenfunktionen und von Bedienfunktionen ist relativ einfach möglich, ebenso die Bereitstellung von Datenkopien. Dagegen ist eine Rekonfiguration zur Tolerierung von Fehlern in Prozeßschnittstellen nahezu ebenso aufwendig wie die Fehlertoleranzverfahren der Klassen Z und S und daher wegen des im Vergleich zu diesen schlechteren Ergebnisses nicht sinnvoll. Es bleibt die Fehlertoleranz durch Rekonfigurationsmaßnahmen für genau bestimmte Ausfälle. Sie ist folgendermaßen einzuordnen:

Fehlerdetektion: durch *Selbsttest* und *Nachbarschaftstest*, die
                     von Hintergrundprogrammen ausgeführt werden.

                     Die dabei detektierbaren Fehler hängen von der
                     Vollständigkeit der Tests und dem zugrunde ge-
                     legten expliziten Fehlermodell ab. Dieses ist
                     rechnergebunden.

Fehlerdiagnose: besteht aus einer Verknüpfung der Ergebnisse
                     von Tests und der Anforderungen der jeweiligen
                     Funktion an die Hardware.

                     Die Gegenüberstellung der zur Bereitstellung
                     einer Funktion benötigten Moduln und ihrer
                     momentanen Funktionsfähigkeit läßt erkennen,
                     ob eine Weiterbearbeitung möglich ist oder
                     nicht.

Fehlerbehandlung: erfolgt im Rahmen einer *Rekonfiguration* durch
                     eine Neuverteilung von Aufgaben oder durch
                     einen Wiederanlauf.

                     Für bestimmte Ausfälle (z. B. den eines Pro-
                     zessors) ist eine Rekonfiguration durch das
                     Betriebssystem möglich. Sie kann jedoch auch
                     aufgabenspezifisch durch die anwendungsbezoge-
                     nen Software-Bausteine vorgenommen werden.

Redundanzeinsatz: ist dynamisch und damit sehr effektiv.

                     Da die benötigte Redundanz zum größten Teil
                     erst beim Auftreten eines Fehlers in Anspruch
                     genommen wird, kann sie im Normalbetrieb auch
                     für andere Aufgaben genutzt werden (funktions-
                     beteiligte dynamische Redundanz).

Wegen der großen Zahl moderner Verfahren, die in vielen anderen
Arbeiten behandelt werden, ist diese Form der Fehlertoleranz im

Mikrorechnersystem FIPS nur in Teilbereichen verwirklicht, wobei
jedoch noch Erweiterungen denkbar sind. Die hier teilweise auch
verwendete Bezeichnung TDR (Test - Diagnose - Rekonfiguration)
für Fehlertoleranz der Klasse W orientiert sich an den wichtigsten daran beteiligten Verfahrenskomponenten.

2.5 GEGENÜBERSTELLUNG AUSGEWÄHLTER VERFAHREN

Die für die einzelnen Fehlertoleranzklassen ausgewählten Verfahren sind in Tabelle 2.2 noch einmal gegenübergestellt. In Stich-
worten sind das jeweilige Ziel, das Realisierungsprinzip und die
Gesichtspunkte zur Verfahrenseinordnung wiedergegeben. Ein wichtiges Merkmal zur Bewertung sind die tolerierbaren Fehler und
das Zeitverhalten bei ihrer Behandlung bzw. -umgehung. Hier zeigen sich bei der nur auf Wirtschaftlichkeit ausgerichteten Fehlertoleranzklasse W deutliche Einschränkungen. Sie sind jedoch
wegen des nur geringfügig erhöhten Aufwands einerseits und der
Ausweichmöglichkeit auf die Klasse Z andererseits gerechtfer-
tigt. Die Grenzen jedes Verfahrens ergeben sich aus der jeweiligen kritischen Stelle bei seiner Implementierung.

In den nachfolgenden Kapiteln werden der Aufbau des Mikrorechnersystems FIPS, die Implementierung von Fehlertoleranz und die
Realisierung fehlertoleranter Anwendungsprogramme behandelt.
Dabei wird auf die in diesem Kapitel definierten Fehlertoleranzklassen eingegangen und auf deren jeweilige Ziele und die zu
ihrer Verwirklichung zugrunde gelegten Prinzipien Bezug genommen.

Fehlertoleranzklasse	Z	S	W
Ziel	Zuverlässigkeit	Sicherheit	Wirtschaftlichkeit
Realisierungsprinzip	Majoritätsprinzip	Identitätsprinzip	Rekonfiguration
Fehlerdetektion	Vergleich	Vergleich	Test
Fehlerdiagnose	implizit	---	Testauswertung
Fehlerbehandlung	Maskierung	sicherheitsgerichtet	Rekonfiguration
Redundanzeinsatz	statisch	statisch	dynamisch
tolerierbare Fehler (Fehlermodell)	beliebige Hardware-Ausfälle (implizit)	beliebige Hardware-Ausfälle (implizit)	bestimmte Modul-Ausfälle (explizit)
Zeitverhalten	sofort wirksam	sofort wirksam	mit Verzögerung
Aufwand	> 3-fach	> 2-fach	> 1-fach
kritische Stelle	Voter/Schalter	Abschalteinrichtung	Fehlererkennung

Tabelle 2.2: Gegenüberstellung ausgewählter Verfahren.

3. <u>DIE SYSTEM-HARDWARE</u>

3.1 <u>DIE FIPS-HARDWARE-STRUKTUR</u>

Mit der Entwicklung der FIPS-Hardware-Struktur soll ein Weg gezeigt werden, wie aus einem Automatisierungssystem mit einfacher
Zuverlässigkeit durch das Hinzufügen ergänzender Moduln ein fehlertolerantes System werden kann. Zur Verwirklichung dieses Zie-
les der Fehlertoleranz-Implementierung in Prozeßautomatisie-
rungs-Systemen wird von autarken, einfachen Untersystemen eines
dezentralen Automatisierungssystems ausgegangen, die zu einem
fehlertoleranten System zusammengefaßt werden. Dabei soll als
Nebenbedingung der erforderliche Aufwand begrenzt werden und die
Flexibilität des Systems erhalten bleiben:

- An das Basissytem sollen möglichst wenig zusätzliche Anforderungen gestellt werden.

- Der Zusatzaufwand für die Implementierung von Fehlertoleranz
  soll gegenüber Einzelsystemen minimal sein und beim Verzicht
  auf Fehlertoleranz weitgehend wegfallen. Dies gilt vor allem
  für die Hardware, aber auch für die Rechenleistung und ebenso
  für den Planungs- und Installationsaufwand bei einer Anwendung.

- Das System soll für kleine Aufgabenstellungen voll funktionsfähig und wirtschaftlich einsetzbar sein, aber auch einen
  Ausbau für große und räumlich verteilte Anlagen erlauben.

Mit diesen Randbedingungen müssen die Grundprinzipien fehlertoleranter Systeme hoher Zuverlässigkeit und deren notwendige
Eigenschaften in Einklang gebracht werden:

- Zentrale und übergeordnete Elemente in der Hardware, die nicht
  umgangen werden können, müssen vermieden werden.

- Fehlertolerante Rechensysteme stellen spezielle Anforderungen

an die Kommunikation zwischen den einzelnen Teilsystemen. Dazu
muß die Hardware die nötigen Voraussetzungen bieten und es muß
die Möglichkeit zur Ergänzung entsprechender Kommunikationswege bestehen.

Mit dem Mikrorechnersystem FIPS wird versucht, beiden Zielrich-
tungen gerecht zu werden.

3.1.1 Globale Grundstruktur dezentraler Automatisierungssysteme

Bei allen heute eingeführten dezentralen Automatisierungssystemen läßt sich eine weitgehend einheitliche globale Grundstruktur
erkennen (Bild 3.1). Die Systeme bestehen aus einer Leitstation
zur zentralen Bedienung und Protokollierung, die über einen seriellen Bus zur Nachrichtenübermittlung (hier mit Globalbus GB
bezeichnet) mit den prozeßnah angeordneten Untersystemen verbunden ist. Die Untersysteme sind normalerweise direkt mit dem Prozeß gekoppelt und führen die eigentlichen Automatisierungsfunktionen aus. Für die Untersysteme sind verschiedene Bezeichnungen
üblich: Prozeßstation, Reglerstation, Automatisierungseinheit
usw. Hier werden sie, entsprechend der anschließend in Kap.
3.1 vorgenommenen räumlichen Gliederung, als Lokalsysteme (LS)
bezeichnet.

Die Hierarchie (Leitstation - Unterstation) existiert in der
Regel nur für die nach außen sichtbare Bedienung, während in
Hardware und Software der Informationsaustausch aus Gründen der
Zuverlässigkeit zwischen gleichberechtigten Teilnehmern abge-
wickelt wird. Prinzipiell können sogar mehrere Leitstationen
angeschlossen werden. Die Realisierung und die Zuverlässigkeit
der Leitstation und des globalen Bussystems und die dazu dort
integrierte Fehlertoleranz sind jedoch nicht Untersuchungsgegen-
stand dieser Arbeit.

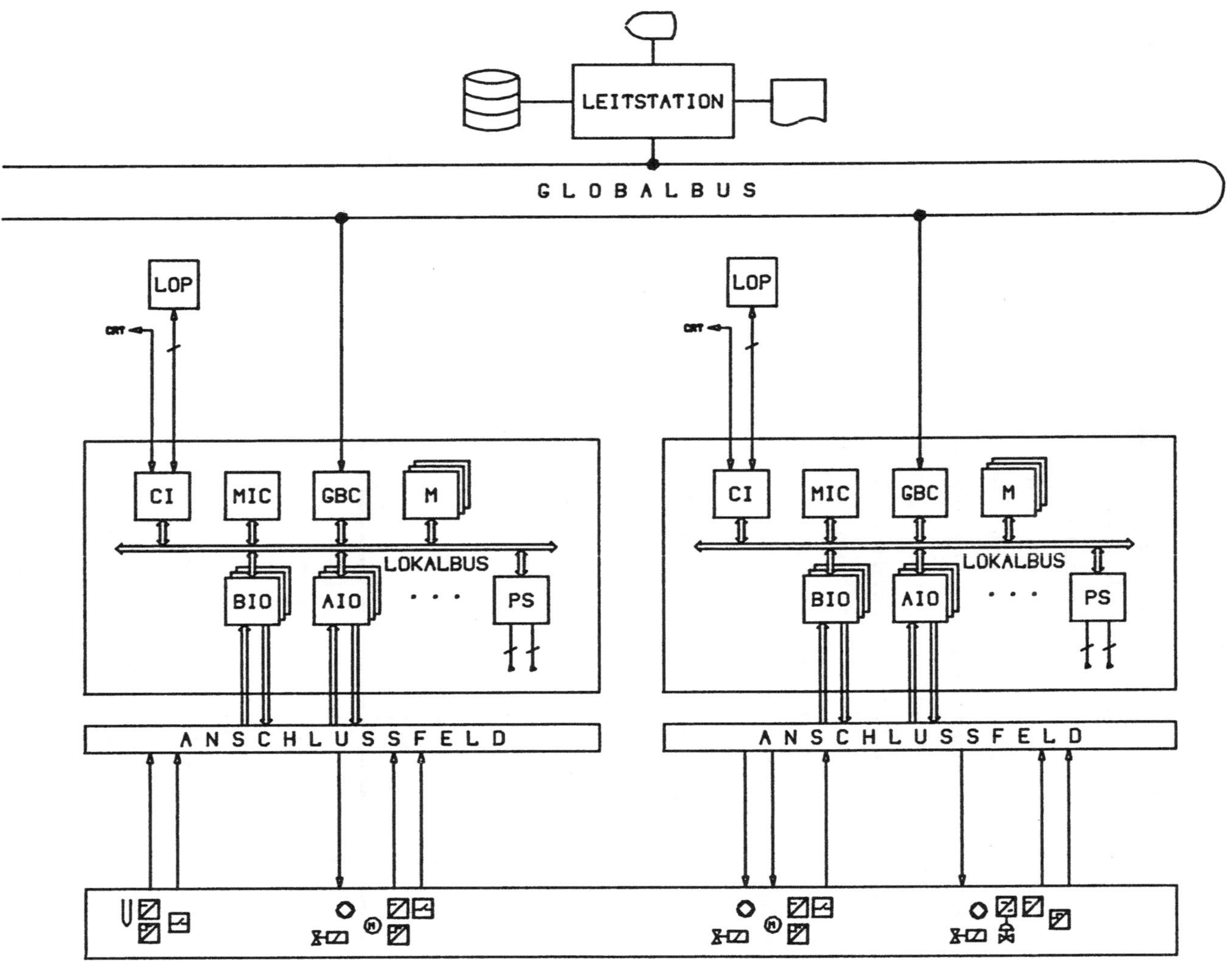

Bild 3.1: Die heute übliche globale Grundstruktur dezentraler Automatisierungssysteme

3.1.2 Ergänzungen für die Fehlertoleranz

Der erste Schritt zur Implementierung von Fehlertoleranz ist die
Einführung einer parallelen Busverbindung (Regionalbus RB). Der
Regionalbus stellt einen zusätzlichen Kommunikationsweg bereit,
mit dessen Hilfe mehrere benachbarte Lokalsysteme zu einem räumlich begrenzten Regionalsystem zusammengefaßt werden (Bild 3.2).
Die dabei eingesetzten Regionalbuskoppler (RBC) sind intelligente Schalter, die auf Anforderung eine Kopplung zwischen zwei
Lokalsystemen aufbauen, diese überwachen und nach Beendigung
eines Zugriffs wieder auflösen. Der anfordernde Mikrorechner hat
zwischenzeitlich vollen Zugriff auf die Moduln des angesprochenen Lokalsystems. Er ist dadurch in der Lage, im Rahmen einer
Rekonfiguration Funktionen von diesem zu übernehmen und weiterhin die zugehörigen Schnittstellen anzusprechen. Es können so im
Sinne der Fehlertoleranzklasse W die Ausfälle einzelner Moduln
toleriert werden.

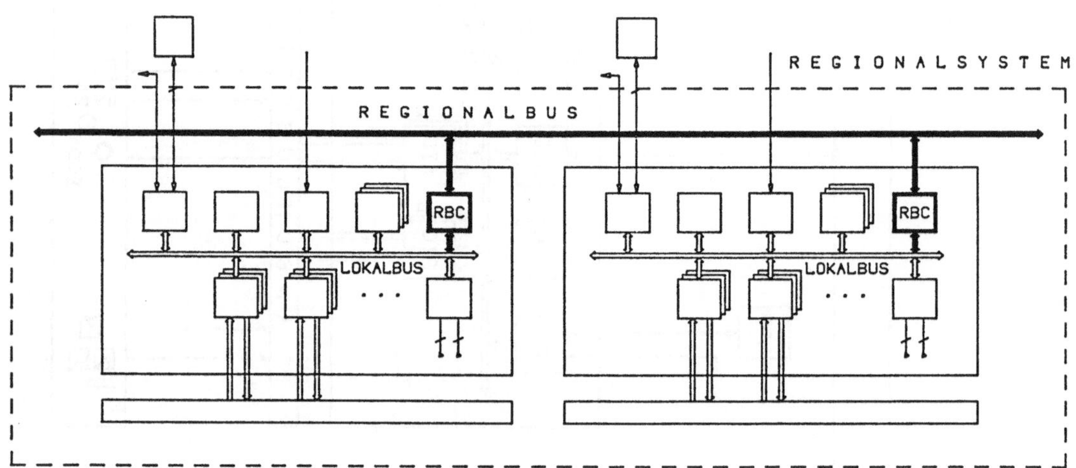

Bild 3.2: Der parallele Regionalbus faßt mehrere Lokalsysteme zu
einem räumlich begrenzten, zur Tolerierung von Modul-
Ausfällen fähigen Regionalsystem zusammen.

Die Funktionsweise des Regionalbus selbst wird eingehender in
Kap. 3.3 behandelt, während seine Anwendung als ein wesentlicher
Bestandteil der System-Software aus Kap. 4 (speziell Kap. 4.4)
ersichtlich ist.

Für die Fehlertoleranzklassen Z und S, die beliebige Einfachfehler in der Hardware tolerieren sollen, ist es notwendig, auch
Ausfälle der Prozeßschnittstellen, einer Spannungsversorgung,
die Blockade eines Busses oder den Ausfall eines ganzen Lokalsystems zu behandeln. Dazu sind zusätzliche Verbindungen auf der
Seite der Prozeßsignale vorgesehen (Bild 3.3). Diese erlauben
den funktionsspezifischen Einsatz von Signalvergleichen zur
Fehlererkennung und ein Votum unter Einbeziehung der Prozeß-
Ausgabe-Moduln (siehe Kap. 3.4). Die zur Ausführung eines Votums
eingesetzten Schalterbaugruppen (S) sind, ebenso wie die Regionalbuskoppler, Moduln innerhalb der Lokalsysteme.

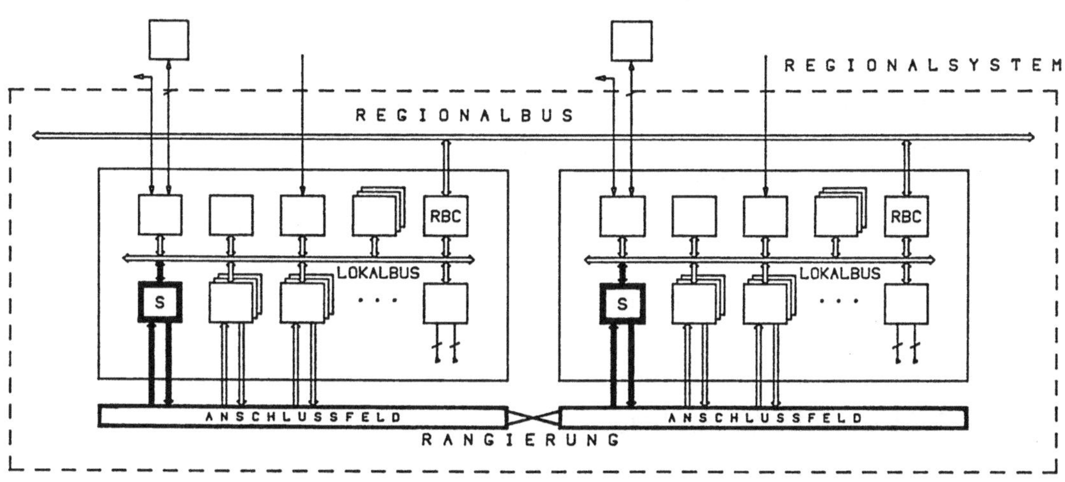

Bild 3.3: Mit Hilfe von Schalterbaugruppen werden votierende
Anordnungen für Stellsignale gebildet.

3.1.3 Systematische Gliederung und mögliche Ausbaustufen

Mit dem Ziel einer besseren Übersicht wird vor weiteren Betrachtungen eine systematische Gliederung des Systems FIPS vorgenommen, wozu neutrale, räumliche Begriffe eingeführt werden. Damit läßt sich das gesamte System in vier Ebenen gliedern, die sich in ihrer räumlichen Ausdehnung und in ihrer Leistungsfähigkeit unterscheiden. Die jeweils angegebenen Ausbaustufen sollen die Möglichkeit der flexiblen Systemerweiterung zeigen.

3.1.3.1 Die Modulebene

Die *Moduln* (Baugruppen eines Lokalsystems) sind die kleinsten austauschbaren Einheiten und stellen damit die unterste sinnvolle Unterteilung des Systems dar. Sie sind gleichzeitig auch die kleinsten bei Zuverlässigkeitsuntersuchungen betrachteten Einheiten. Einzelne Moduln können im Unterschied zu den Einheiten der darüberliegenden Ebenen (Lokalsystem, Regionalsystem, Globalsystem) nicht eigenständig betrieben werden.

Die Modulebene enthält nur Einheiten mit jeweils fest umrissenen Teilfunktionen. Die vorgenommene Beschränkung auf Funktionen eines Typs oder auf zusammenhängende Funktionen einer Schnittstelle ist eine wichtige Voraussetzung für die Einführung von Fehlertoleranz. Sie begrenzt außerdem die Auswirkungen von Fehlern und verkürzt die Reparaturzeiten.

3.1.3.2 Die Lokalsystemebene

Ein *Lokalsystem* (LS) ist die kleinste zur Prozeßlenkung eigenständig einsetzbare Einheit. Es ist selbst aus den jeweils benötigten Moduln zusammengesetzt, die durch den *Lokalbus* (LB) miteinander verbunden sind. Sein Funktionsumfang ergibt sich aus der verfügbaren Rechenleistung der eingesetzten Mikrorechner und der beschränkten Anzahl von Schnittstellen. Der Aufbau eines Lokalsystems wird in Kap. 3.2 ausführlicher behandelt.

Zu dem in Bild 3.4 dargestellten Minimalausbau eines eigenstän-
digen Lokalsystems und damit des FIPS-Systems überhaupt gehören
die folgenden Moduln:

- Baugruppenträger und Lokalbus,
- Stromversorgungseinheit (PS),
- Mikrorechner (MIC),
- Speichermodul (M) mit RAM- und ROM-Bausteinen.

Zur Ausführung sinnvoller Aufgaben ist mindestens ein weiterer
Modul mit Schnittstellen-Funktionen erforderlich, z. B. eine
analoge Ein/Ausgabe-Einheit (AIO) zur direkten Prozeßankopplung.
Die von dieser Konfiguration auszuführenden Funktionen können in
einer Systemtabelle (siehe Kap. 4.3.3, Lokalsystembeschreibung)
im EPROM festgelegt werden. Eine besondere Bedieneinheit ist
dadurch auch entbehrlich.

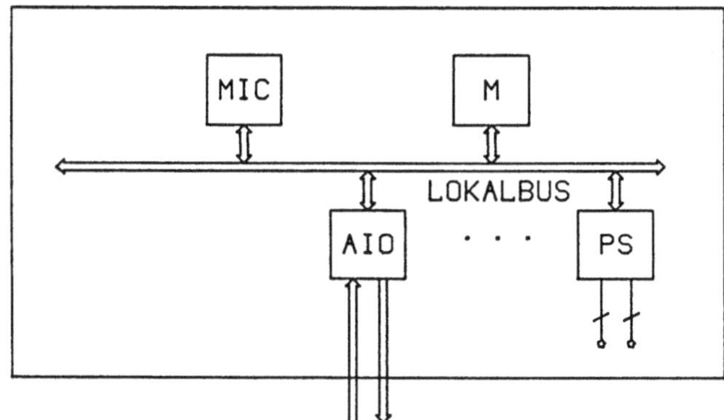

Bild 3.4: Der Minimalausbau eines Lokalsystems ist gleichzeitig
          die kleinste Ausbaustufe des Mikrorechnersystems FIPS.

3.1.3.3 Die Regionalsystemebene

Ein *Regionalsystem* (RS) wird aus einer Anzahl (max. 16) von
Lokalsystemen gebildet (Bild 3.5). Es hat wegen der parallelen
Kopplung der Lokalsysteme über den *Regionalbus* (RB) nur eine
begrenzte räumliche (regionale) Ausdehnung, z. B. innerhalb

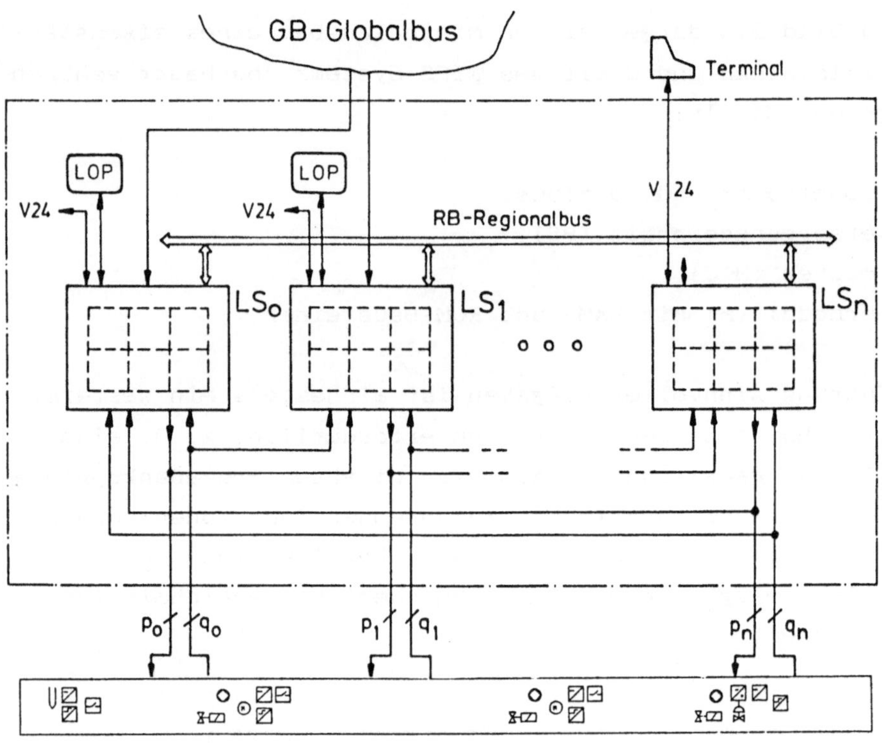

Bild 3.5: Strukturschema eines räumlich begrenzten Regionalsystems aus n+1 Lokalsystemen LS_0 bis LS_n.

eines 19"-Gestelles, ist jedoch nach Bedarf variabel ausbaubar.
Die Begrenzung der räumlichen Ausdehnung bedeutet aus zwei Gründen keine große Einschränkung:

- Für die räumliche Verteilung ist die Ebene eines Globalsystems
  vorgesehen.

- Zur Tolerierung von Fehlern in den Prozeßschnittstellen, wie
  sie für die Fehlertoleranzklassen Z und S gefordert wird,
  müssen die Prozeßsignale für mehrere Lokalsysteme erreichbar
  sein. Da die zusätzliche Weiterleitung der an einem Lokalsystem bereits konzentrierten Prozeßsignale nicht sinnvoll ist,
  gilt das gleiche auch für die räumliche Verteilung der anzu-
  schließenden Lokalsysteme.

Alle hier betrachteten Möglichkeiten der Fehlertoleranz und der Parallelverarbeitung beziehen sich auf die Ebene eines Regionalsystems. Seine Hardware-Struktur, sein Aufbau und das darauf ausgerichtete regionale Betriebssystem sind daher der eigentliche Gegenstand dieser Arbeit.

3.1.3.4 <u>Die Globalsystemebene</u>

Als *Globalsystem* wird ein Ausbau für eine größere und räumlich verteilte Industrieanlage bezeichnet, der dem eines dezentralen Automatisierungssystems (Kap. 3.1.1) entspricht. Ein solches Globalsystem ist im Rahmen dieser Arbeit nicht realisiert, seine Struktur wird jedoch der Vollständigkeit halber beschrieben.

In Bild 3.6 ist schematisiert ein entsprechendes Globalsystem dargestellt. Es besteht aus mehreren räumlich getrennten Regionalsystemen RS_0 bis RS_1, die über den seriellen *Globalbus* (GB) miteinander kommunizieren. Die Regionalsysteme sind jeweils einer Prozeßgruppe P_1 bis P_1 aus der Gesamtanlage zugeordnet und in deren räumlicher Nähe installiert. Die Zuweisung der darin enthaltenen Teilprozesse pp zu bestimmten Lokalsystemen ist zwar im Normalfall vorgegeben, kann aber im Rahmen einer Rekonfiguration vorübergehend selbsttätig modifiziert werden.

Als konsequente Fortsetzung der Systemphilosophie kommt als *Leitstation* ein fehlertolerantes Regionalsystem (RS_0) zum Einsatz. Es unterscheidet sich von den übrigen Regionalsystemen durch einen entsprechendem Ausbau mit Schnittstellen zum Betrieb der zugehörigen Datenverarbeitungsperipherie.

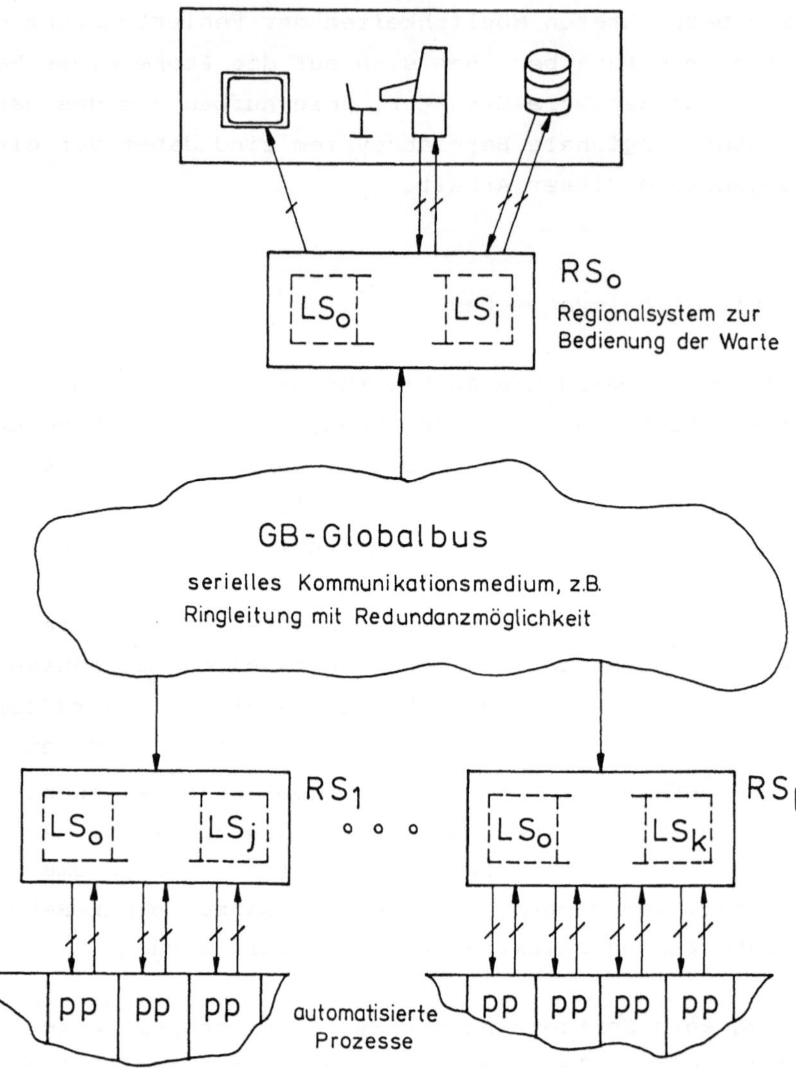

Bild 3.6: Schematisierte Darstellung eines FIPS-Globalsystems.

3.2 <u>DAS LOKALSYSTEM ALS BASISSYSTEM</u>

Die Lokalsysteme bilden die Ausgangsbasis für die Fehlertoleranz-Implementierung und damit für den Aufbau eines fehlertoleranten FIPS-Regionalsystems. Ihr Aufbau (Bild 3.7) sowie die
Funktion und die Realisierung der darin enthaltenen Moduln wird
im folgenden näher beschrieben.

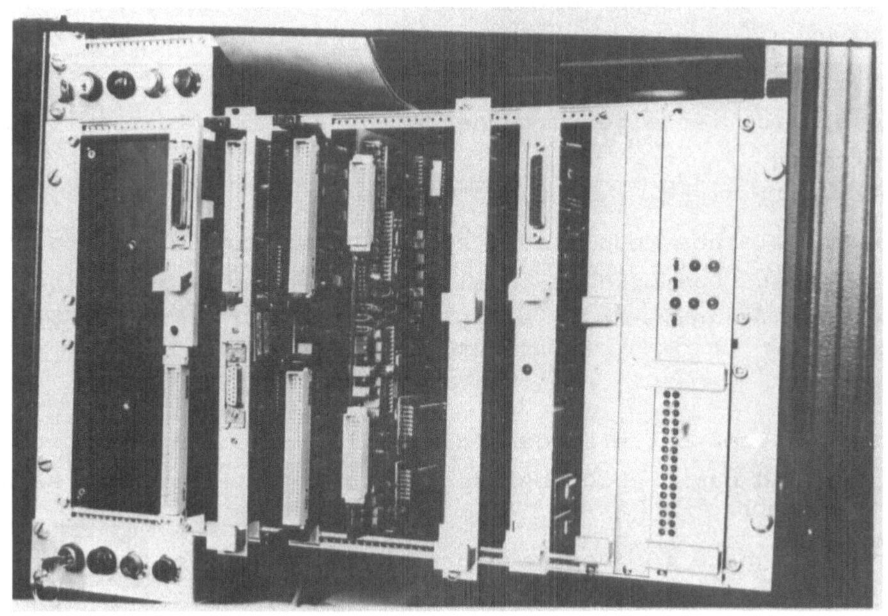

Bild 3.7: Der Aufbau und die Moduln eines FIPS-Lokalsystems in
einem 19"-Baugruppenträger

3.2.1 <u>Anforderungen der Fehlertoleranz an das Basissystem</u>

Das Basissystem braucht zwar keine speziellen Einrichtungen für
die Fehlertoleranz zu enthalten, da diese als Moduln (RBC und S)
nachgerüstet werden. Es muß jedoch einige allgemeine Voraussetzungen erfüllen. Die wichtigsten davon sind bei dezentralen
Automatisierungssystemen strukturbedingt bereits gegeben:

- Modularität,
- schrittweise Erweiterbarkeit,
- Einheitlichkeit der Teilsysteme,
- Begrenzung der Fehlerausbreitung.

Daneben müssen für die Fehlertoleranz und wegen der dazu vorgesehenen Verbindungsaufnahme über den Regionalbus ein paar zusätzliche Randbedingungen erfüllt werden. Außerdem können durch die notwendige Einführung zusätzlicher Verbindungen völlig neue Fehlerquellen entstehen. Beides ist bei der Auslegung bzw. Auswahl der Hardware-Moduln zu berücksichtigen:

- Grundsätzlich ist eine weitgehende Autarkie der Lokalsysteme anzustreben.

- Der Ausfall eines Moduls soll keine Rückwirkungen auf andere Moduln haben. Das wird durch eine nach Möglichkeit passive Ankopplung (z. B. mittels eines Dual-Port-RAM) an den Lokalbus erreicht.

- Alle den Prozeß betreffenden Informationen sollen über den Lokalbus und damit auch über den Regionalbus erreichbar sein.

- Quittungssignale für den asynchronen Busverkehr nach dem Multibus-Prinzip (Intel 1979a) werden grundsätzlich in den angesprochenen Moduln erzeugt und über alle Treiberstufen mitgeführt.

- Die Signale der Prozeßschnittstellen müssen verknüpft werden können, ohne daß Kurzschlüsse, Erdschleifen oder sonstige Rückwirkungen entstehen.

- Die Berücksichtigung der Testbarkeit und eine Unterstützung bei der Fehlererkennung ist anzustreben, ist jedoch nicht zwingend notwendig (Zusatzaufwand).

- Der Schaltungsaufbau muß den industriellen Umgebungsbedingungen angemessen sein (gedruckte Schaltungen in genormten Maßen, indirekte Steckverbindungen usw.).

- Zur Kühlung soll auch die freie Konvektion ausreichen, wodurch
  die Fehlerquelle Lüftung ihre Bedeutung verliert.

Die Einhaltung dieses Forderungskatalogs schafft gute Voraussetzungen für die optionelle Implementierung von Fehlertoleranz.

3.2.2 **Der Aufbau eines Lokalsystems**

Die Struktur eines Lokalsystems ist in Bild 3.8 dargestellt.
Seine Grund-Hardware besteht aus einem 19"-Baugruppenträger mit
dem Lokalbus (LB), an den die verschiedenen Moduln angeschlossen
sind, und einer Stromversorgung (PS) als unverzichtbare Bestandteile. Als Lokalbus wird der AMS-Bus (Siemens 1981a) verwendet,
der eine Abwandlung des Intel-Multibus für Doppel-Europakarten
ist. Um einfachere und einheitliche Schnittstellen zu erhalten,
werden jedoch einige seiner Möglichkeiten nicht benutzt.

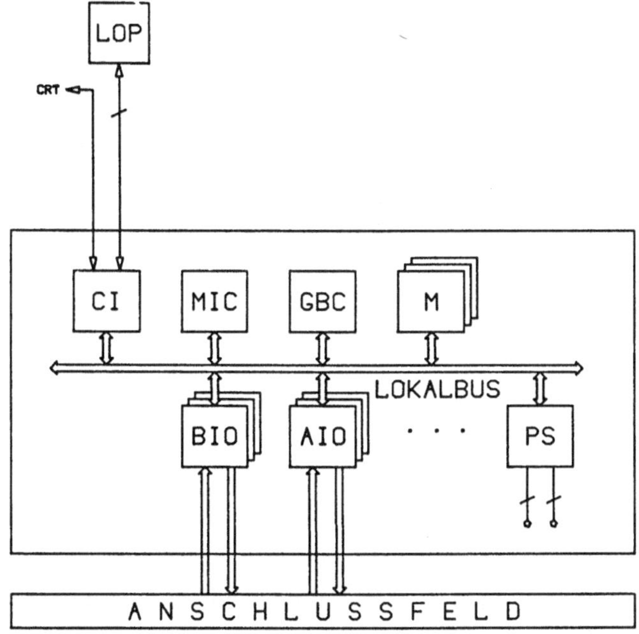

Bild 3.8: Die busorientierte Struktur eines FIPS-Lokalsystems.

Zur konfigurierbaren Hardware als weiterer Ausstattung gehören
die einzelnen Moduln, die je nach Anforderung eingesetzt werden.
Die Bedingung "je nach Anforderung" gilt in FIPS-Lokalsystemen
für *alle* Einheiten, auch für Mikrorechner und Buskopplungen, und
bedeutet auch, daß unter Umständen mehrere Baugruppen des gleichen Typs vorhanden sind.

CI - Konsolen-Interface (console interface)
Das Interface zur lokalen Bedienung ist ein 8-Bit-Einkartenrech-
ner. Hieran können neben der lokalen Bedienkonsole (LOP - local
operator panel) auch serielle und parallele Ein/Ausgabegeräte
zum autarken Betrieb eines Lokalsystems angeschlossen werden
(näheres in Kap. 3.2.3.3).

MIC - Mikrorechner (microcomputer)
Der 16-Bit-Mikrorechner stellt als Einkartenrechner neben der
CPU (8086) und dem Numerik-Coprozessor (8087) auch die wichtigsten Peripherie-Bausteine, die für einen Echtzeit-Betrieb benötigt werden, zur Verfügung (Kap. 3.2.3.1).

GBC - Globalbuskopplung (global bus coupler)
Diese Einheit dient zur Anschaltung an ein globales, serielles
Kommunikationssystem und erlaubt damit die Bedienung von einer
Leitstation aus (Kap. 3.2.3.6).

M - Speichermodul (memory)
Die Speicherbaugruppen zur Aufnahme von Programmen und Daten
können mit RAM- oder ROM-Bausteinen bestückt sein (Kap. 3.2.3.2).

RBC - Reginalbuskopplung (regional bus coupler)
Die Kopplung an den Regionalbus wird ebenfalls als ein Modul des
Lokalsystems eingebaut und behandelt. Sie wird ausführlicher in
Kap. 3.3 beschrieben.

<u>AIO - Analog-Ein/Ausgabe (analog input/output)</u>
Die Baugruppe mit der analogen Prozeßschnittstelle dient der Erfassung und der Ausgabe von genormten Strom- und Spannungssignalen. Es können bis zu 16 Stück davon in einem Lokalsystem vorhanden sein (Kap. 3.2.3.4).

<u>BIO - Binär-Ein/Ausgabe (binary input/output)</u>
Die binäre Schnittstelle kann ebenso wie die analoge auch in größerer Anzahl eingesetzt werden (Kap. 3.2.3.5).

<u>S - Schalterbaugruppe (switch modul)</u>
Die Schalterbaugruppe dient zur Realisierung dezentraler Voter, die eingehend in Kap. 3.4 betrachtet wird.

Wegen des busorientierten Aufbaus der Lokalsysteme ist es möglich auch spezielle Schnittstellen zu realisieren, wenn die Spezifikationen des AMS-Bus und bei der Verwendung in einem fehlertoleranten System die in Kap. 3.2.1 formulierten Randbedingungen eingehalten werden.

Der Aufbau und die Funktion der zum Basissystem gehörenden Moduln eines Lokalsystems sind im anschließenden Kap. 3.2.3 ausführlicher beschrieben. Dort wird auch auf die jeweiligen Eigenschaften und die Schnittstellen eingegangen.

3.2.3 <u>Die Baugruppen des Basissystems</u>

3.2.3.1 <u>Der Mikrorechner (MIC)</u>

Als Mikrorechner wird die 16-Bit-Baugruppe AMS-D7-A5 der Fa.
Siemens verwendet (Bild 3.9).

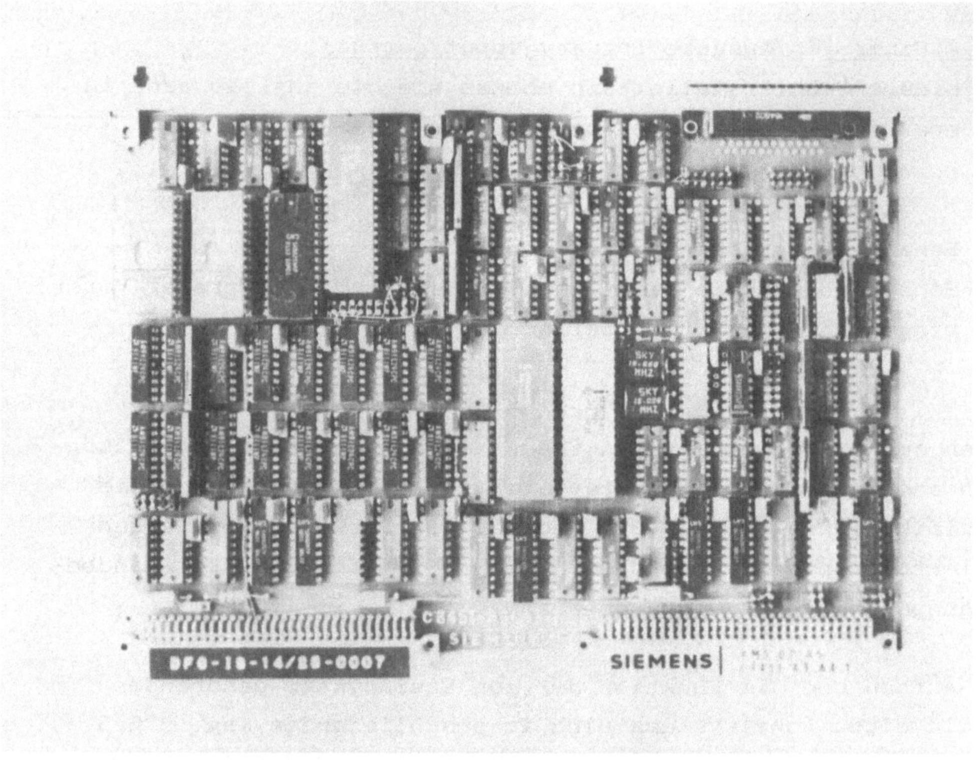

Bild 3.9: Der 16-Bit-Mikrorechner (MIC) AMS-D7-A5.

Sie enthält neben den Prozessoren die für die Implementierung
eines Echtzeitbetriebssystems und die Kommunikation über Bussysteme notwendigen Bausteine und Funktionsblöcke:

- Der 16-Bit-Mikroprozessor i8086 (Intel 1979b) ist als Zentral-
  einheit (CPU) des Mikrorechners auch die wesentliche digitale
  Verarbeitungseinheit des Lokalsystems. Er arbeitet mit einem
  Takt von 5MHz.

- Der Numerik-Coprozessor i8087 (Intel 1980a) arbeitet taktsyn-
  chron und teilweise parallel mit der CPU und stellt praktisch
  eine Erweiterung des 8086 für die Verarbeitung numerischer
  Daten dar (NDP - numeric data processor). Beide Prozessoren
  arbeiten mit dem selben Instruktionsfluß, wobei die Umschaltung und die Synchronisation auf Instruktionsebene durch spezielle Opcodes erfolgt. Die Kombination 8086/8087 erscheint
  dadurch für den Programmierer nahezu wie ein einzelner Prozessor mit einem zusätzlichen 80 Bit breiten Registersatz und
  einem erweiterten Befehlssatz.

- Der Baustein zur Unterbrechnungssteuerung (PIC - programmable
  interrupt controller) i8259A (Intel 1979b) verarbeitet acht
  Ebenen externer Unterbrechungsanforderungen. Sie können zusammen mit dem nicht maskierbaren Interrupt (NMI - non maskable
  interrupt) der Zentraleinheit über eine Verdrahtungsmatrix den
  einzelnen Quellen zugewiesen werden.

- Der Zähler/Zeitgeber-Baustein Am 9513 (AMD 1981) beinhaltet 5
  programmierbare 16-Bit-Zähler, die untereinander und mit internen Vorteilern verknüpft werden können. Sie liefern die
  Zeitbasis für das Betriebssystem.

- Der private Speicherbereich des Mikrorechners umfaßt 16 KByte
  EPROM und 8 KByte RAM. Er ist von außen nicht erreichbar und
  wird und nur für die Zwecke des Betriebssystems verwendet.

- Die AMS-Bus-Schnittstelle ist die aktive Schnittstelle des MIC
  zum Lokalbus. Sie sorgt für die Zugriffskoordination mit mehreren Masterbaugruppen, hier z. B. mit dem Regionalbuskoppler.

- Das 'Residentbus-Interface' verlängert den privaten (on-board)
  Bus des Mikrorechners und ermöglicht dadurch die Erweiterung
  der nur von diesem erreichbaren Resourcen (z. B. des privaten
  Speichers).

Eine ausführlichere Beschreibung der Mikrorechner-Baugruppe AMS-
D7-A5 findet sich in den zugehörigen Unterlagen (Siemens 1981b).

3.2.3.2 Die Speicherbaugruppe (M)

Die Speicherbaugruppe (Bild 3.10) ist für die variable Bestük-
kung mit EPROM-Bausteinen oder mit pinkompatiblen RAM-Bausteinen
verschiedener Speicherkapazitäten ausgelegt. Sie wird als pas-
siver Teilnehmer am Lokalbus angesprochen und ist daher mit der
entsprechenden Schnittstelle (AMS-Bus-Slave-Interface, Siemens
1981a) versehen. Bild 3.11 zeigt das Blockschaltbild der für
FIPS entwickelten Baugruppe.

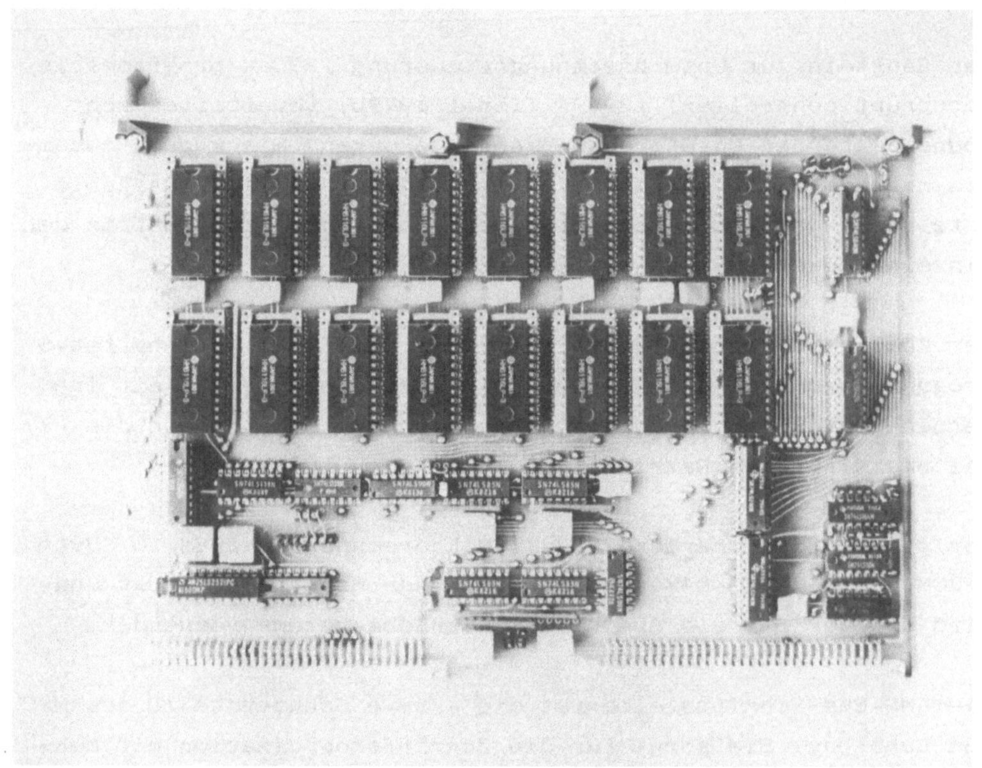

Bild 3.10: Eine mit RAMs bestückte Speicherbaugruppe (M).

Der Adreßdekoder vergleicht die ankommenden Speicheradressen mit
den über DIL-Schalter getrennt einstellbaren oberen und unteren
Grenzen des Speicherbereichs der Baugruppe und wählt gegebenenfalls die angesprochenen Bausteine aus. Mit einer Schrittweite
von 4 KByte ist auch die Einstellung auf eine Teilbestückung und

damit die Erkennung falscher Zugriffe möglich. Die Steuerlogik schaltet die benötigten Datenwege und erzeugt das Quittungssignal. Dessen Verzögerung ist in Schritten von 100ns ebenfalls auf die jeweilige Bestückung einstellbar.

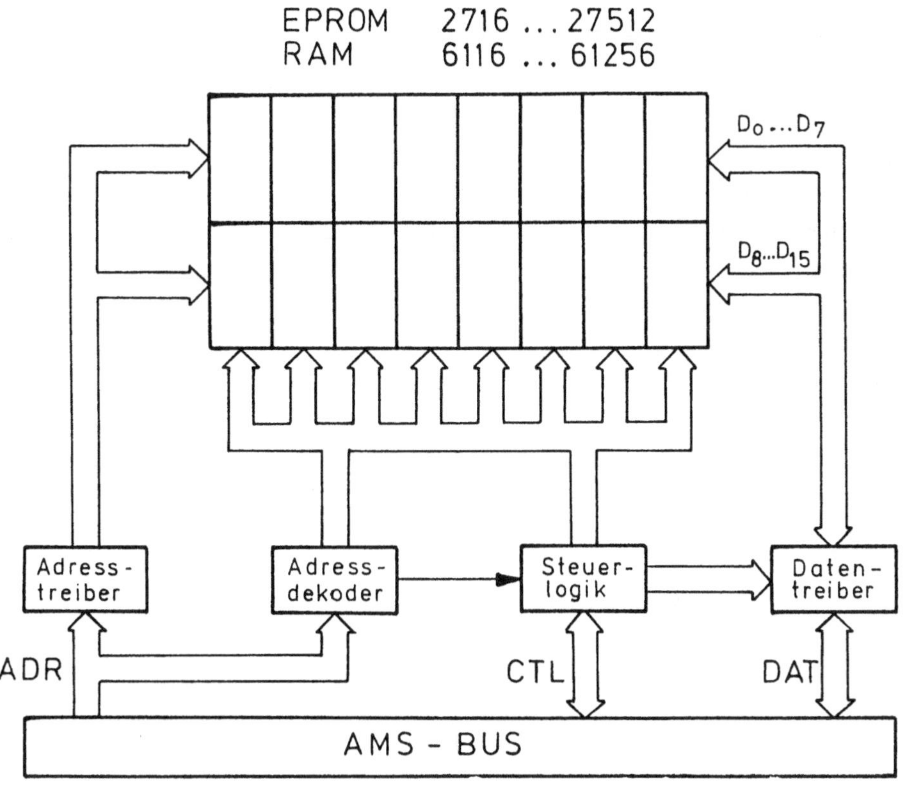

Bild 3.11: Das Blockschaltbild der Speicherbaugruppe (M).

Die 8 Bit breiten (byte-wide) Speicherbausteine sind zur Herstellung der 16 Bit Wortbreite des Busses zu 8 Paaren (= 16 Bausteine) zusammengefaßt. Es können Bausteine mit minimal 2 KByte bis maximal 64 KByte eingesetzt werden. In dem realisierten Aufbau werden für Schreib/Lese-Speicher RAMs vom Typ 6116 (2 KByte) verwendet, woraus sich eine Kapazität von 32 KByte je Baugruppe ergibt. Als Programmspeicher kommen EPROMs vom Typ 2764 (8 KByte je Baustein, 128 KByte je Baugruppe) zum Einsatz.

Die Versorgung von CMOS-RAMs aus einer batteriegepufferten Spannungsquelle ist zwar vorgesehen, wird jedoch wegen der unterbrechungsfreien Stromversorgung des Lokalsystems (siehe Kap.
3.2.3.7) nicht benutzt.

3.2.3.3 Das Konsolen-Interface (CI)

Als Interface zur lokalen Bedienung kommt ein speziell dafür
entwickelter 8-Bit-Einkartenrecher zur Anwendung (Bild 3.12). Er
ermöglicht sowohl den Anschluß einer auf die Anwendung als Automatisierungssystem abgestimmten Bedienkonsole (LOP - local operator panel) als auch von Standard-Datenverarbeitungsperipherie.
Hierüber können allgemeinere Bedieneingriffe vorgenommen oder
laufende Protokolle erstellt werden. Das Blockschaltbild des
Konsolen-Interface zeigt Bild 3.13.

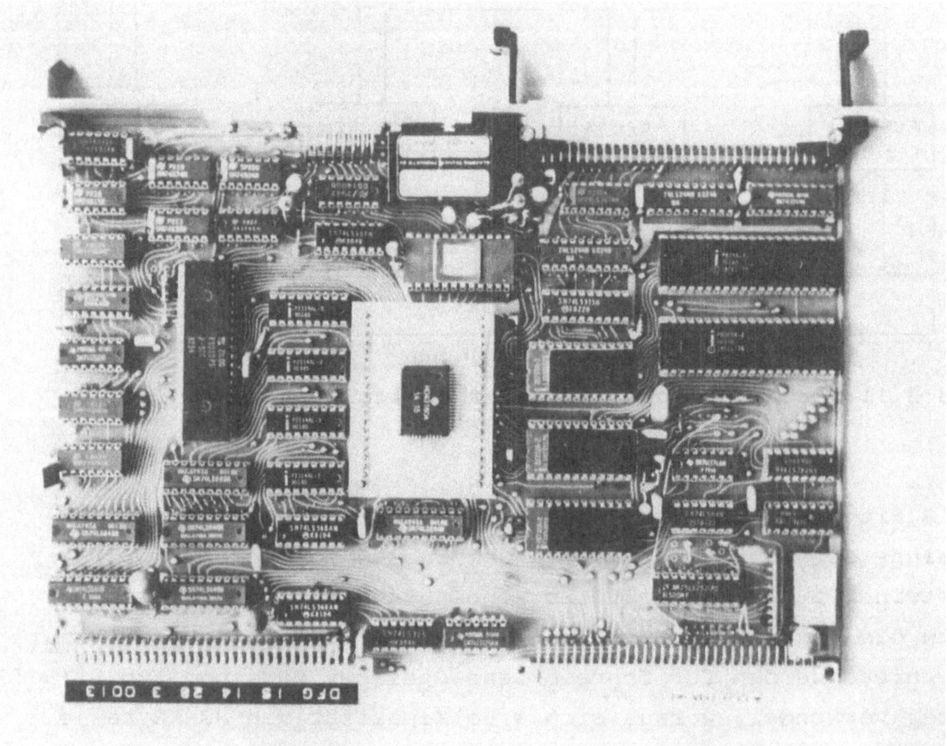

Bild 3.12: Das Konsolen-Interface ist ein 8-Bit-Einkartenrechner.

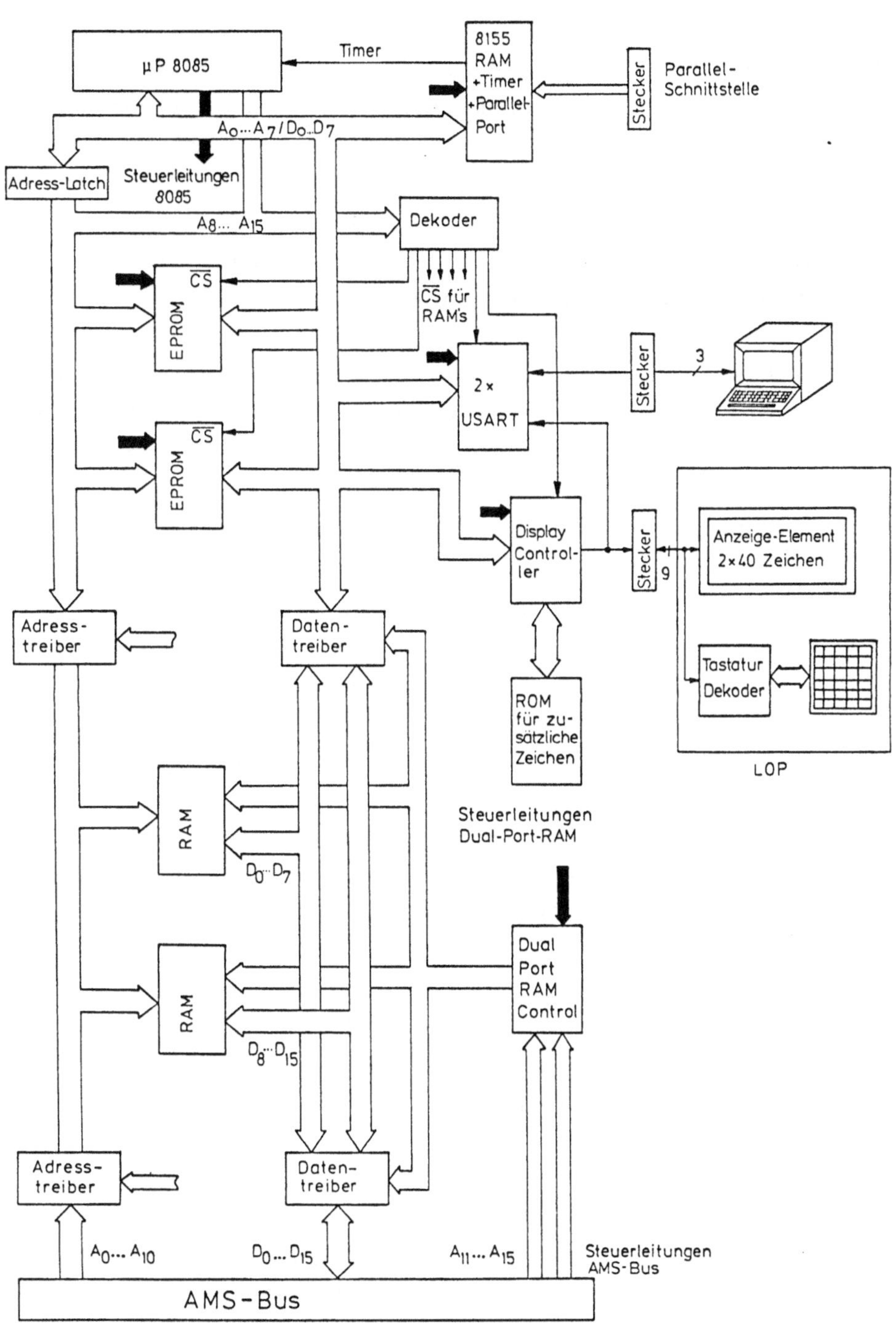

Bild 3.13: Das Blockschaltbild des Konsolen-Interface.

Die Steuerung der Baugruppe und eine Datenvorverarbeitung und
-aufbereitung wird durch den 8-Bit-Mikroprozessor i8085 mit einem Mehrfunktions-Peripheriebaustein i8155 (Intel 1980b) vorgenommen. Das darin enthaltene RAM dient als Arbeitsspeicher für
das Betriebsprogramm, während der programmierbare Timer zur Erzeugung von Zeitfunktionen benutzt wird. Über die ebenfalls
enthaltenen Parallel-Schnittstellen werden Geräte wie Drucker,
Lochstreifenleser und -stanzer angesteuert.

Der Anschluß eines seriellen Bediengerätes (CRT oder TTY) erfolgt über einen Kanal des Kommunikationsbausteins Z8030 (Zilog
1980), der zwei programmierbare USARTs (Universal Synchronous
Asynchronous Receiver Transmitter) mit Baud-Raten-Generatoren
enthält. Der zweite Kanal wird für die lokale Bedienkonsole benötigt. Diese besteht aus einem LCD-Anzeige-Modul und einer
Tastatur. Die Tastatur wird von einem Interface-Baustein MM57499
(National Semiconductor 1980) in der Bedienkonsole abgefragt,
der die eingegebenen Zeichen seriell zum Z8030 sendet.

Das Anzeigemodul mit 2 Zeilen a 40 Zeichen (Hitachi 1981) wird
durch den zugehörigen Steuerbaustein ebenfalls seriell angesteuert. Dieser ist auf der Interface-Baugruppe untergebracht,
ist direkt mit den Bussignalen des Mikroprozessors verbunden und
wird als Peripheriebaustein angesprochen. Der Anschluß eines
EPROMs für zusätzliche Zeichen erlaubt auch die Darstellung von
pseudographischen oder Sonderzeichen auf der LCD-Anzeige. Durch
die einfache Schnittstelle mit seriellen Signalen ist der Anschluß der Bedienkonsole über ein 9-adriges Kabel und damit deren bewegliche Anordnung möglich.

Die Ankopplung des Konsolen-Interface an den Lokalbus (AMS-Bus)
erfolgt passiv über ein Dual-Port-RAM, das gleichzeitig als
Puffer für die Ein/Ausgabe dient. Hier werden nur aufbereitete
Eingaben zum Mikrorechner übergeben, und Ausgaben werden blockweise aus dem Speicher übernommen. Da die blockweise Ein/Ausgabe
die Häufigkeit der Zugriffe verringert, ist sie besonders hilf-
reich, wenn über den Regionalbus zum Konsolen-Interface zugegriffen wird.

Die Zugriffssteuerung des Dual-Port-RAM ist so ausgelegt, daß
diejenige Seite den Vorrang und einen unverzögerten Zugriff hat,
die das Dual-Port-RAM zuletzt angesprochen hat. Das minimiert
die Zugriffszeiten für die String-Operationen beim Verschieben
von Datenblöcken.

Wichtig ist auch, daß die Treiberroutinen im Betriebssystem des
Mikrorechners keinen direkten Bezug zur Hardware benötigen und
daher für alle angeschlossenen Bedieneinrichtungen gleich sind.
Dies erlaubt im Zusammenwirken mit der blockweisen Kommunikation
über das Dual-Port-RAM eine wesentliche Vereinfachung der zugehörigen Verwaltung und eine entsprechende Entlastung des Mikrorechners.

Das Betriebsprogramm des Konsolen-Interface, das in EPROMs abgelegt ist, steht im engen thematischen Zusammenhang mit Teilen
des Betriebssytems und wird deshalb in Kap. 4.7 noch einmal angesprochen. Dort wird auch auf die einzelnen Bedienfunktionen
und die Gestaltung der lokalen Bedienkonsole eingegangen. Eine
ausführliche Beschreibung der Hardware des Konsolen-Interface
findet sich in Güre (1982).

3.2.3.4 Die Analog-Ein/Ausgabe (AIO)

In Bild 3.14 ist eine Ein/Ausgabe-Baugruppe zum Anschluß von
analogen Prozeßsignalen dargestellt. Sie bietet 16 Differenzein-
gänge und 4 Ausgänge mit jeweils 12 Bit Auflösung und hat eine
Potentialtrennung zwischen der analogen und der digitalen Seite.
Bild 3.15 zeigt das Blockschaltbild.

Die analogen Eingangssignale werden über RC-Tiefpässe, einen
Multiplexer mit Überspannungsschutz und einen programmierbaren
Differenzverstärker (PGA - programmable gain amplifier) an eine
Abtast- und Halteschaltung (S&H - sample and hold) geführt. Der
Multiplexer, PGA und S&H sind in einem Hybridbaustein HI5900
(Harris 1979) enthalten. In dem nachfolgenden programmierbaren
Operationsverstärker erfolgt eine Offset-Addition für bipolare

Spannungen und eine Bereichsanpassung. Der Analog/Digital-Umsetzer HI5712 (Harris 1980) arbeitet mit sukzessiver Approximation und ist ebenfalls ein Hybridbaustein.

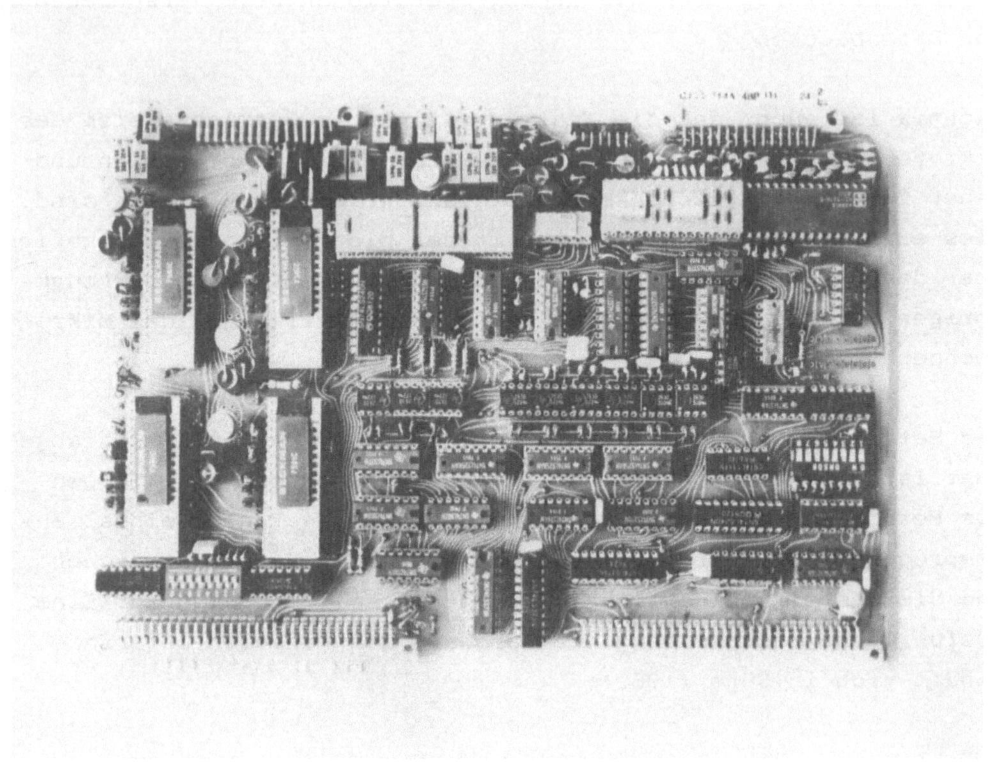

Bild 3.14: Die analoge Ein/Ausgabe-Baugruppe (AIO).

Die Verstärkung und der Offset werden kanalweise vor jeder A/D-Umsetzung durch ein Steuerwort im Eingabe-Register (In.-Reg.) eingestellt. Der Start der Umsetzung wird durch das Schreiben dieses Steuerwortes an die Kanaladresse, die in das Adress-Latch übernommen wird und den Multiplexer umschaltet, ausgelöst. Das Ergebnis der Umsetzung wird über Optokoppler an die Lokalbus-(AMS-Bus)-Schnittstelle übergeben und kann dort gelesen werden.

Die A/D-Umsetzung selbst dauert ca. 8 μs. Zusammen mit der Einschwingzeit für Multiplexer und Verstärker von ca. 10 μs und der Zeit für die Lese- und Schreiboperationen ergibt sich eine

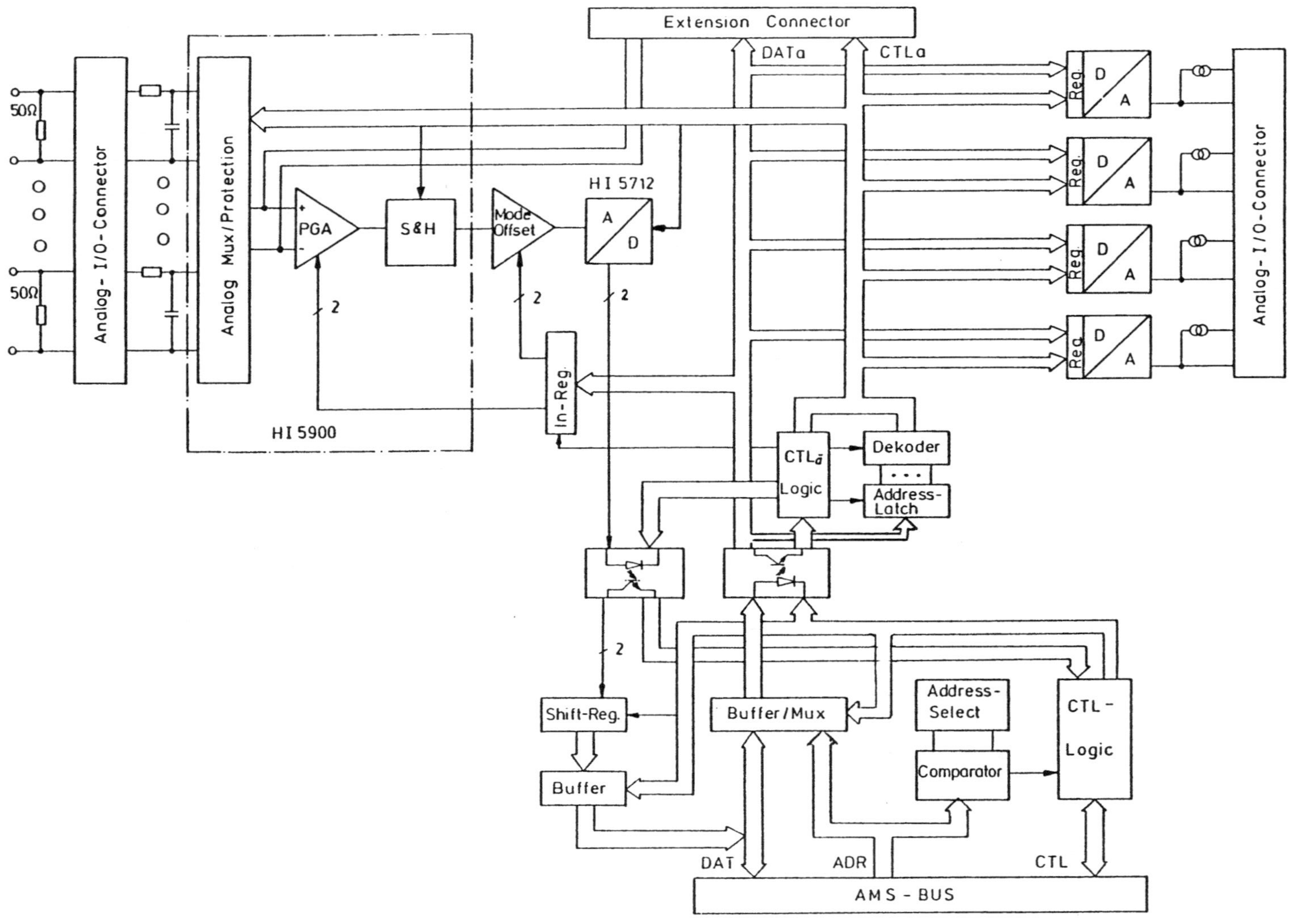

Bild 3.15: Das Blockschaltbild der Analog-Ein/Ausgabe (AIO).

Zykluszeit von ca. 20 µs (entspr. 50 kHz Abtastfrequenz) für den Zugriff zu einem beliebigen Kanal.

Die auszugebenden Daten werden ebenfalls über Optokoppler geführt. Sie werden direkt in den Hybrid-Bausteinen 7581C zur D/A-Umsetzung (Beckman 1980) gespeichert. Dieser Vorgang dauert nur ca. 1 µs. Die Einstellung der Ausgabekanäle auf die Strom- und Spannungsbereiche der angeschlossenen Stellglieder erfolgt durch Steckbrücken.

Die Zahl der Ein- und Ausgänge kann über einen Erweiterungsstekker, der die Signale der analogen Seite führt, vergrößert werden.

Die grundsätzliche Verwendung von Differenz-Eingängen und die Potentialtrennung mittels Optokopplern ermöglicht die Parallelschaltung von Eingängen und die Rückführung von Ausgangssignalen zu anderen Lokalsystemen, ohne daß Masseschleifen entstehen. Das Potential der analogen Seite der Baugruppe bezieht sich dabei auf das Anschlußfeld für die Prozeßsignale.

Die Funktion, die Schaltung und die Einstellung der Baugruppe sind in Speth (1982) dokumentiert. Zum Ansprechen stehen Treiberprozeduren als Betriebssystem-Aufrufe zur Verfügung.

3.2.3.5 Die Binär-Ein/Ausgabe (BIO)

Für die binäre Schnittstelle wird die Standard-Baugruppe AMS-D219-A1 aus dem AMS-Baugruppensystem verwendet (Bild 3.16). Sie verfügt über 24 Eingänge und 24 Ausgänge.

Den Kern der Baugruppe bilden zwei programmierbare Parallel-Port-Bausteine 8255 (Intel 1980b), die über eine passive Schnittstelle zum Lokalbus (AMS-Bus-Slave-Interface) angesprochen werden. Sie enthalten die byteweise organisierten Register für die Ausgabe und die Eingabe und steuern die Bauelemente der eigentlichen Schnittstelle zum Prozeß. Ein program-

mierbarer Interrupt-Controller erfaßt Veränderungen an den Eingängen und löst gegebenenfalls einen Interrupt aus.

Die 24 Eingänge sind mit einer Potentialtrennung über Optokoppler ausgestattet und für eine Nennspannung 24V= ausgelegt. Eine
kurzzeitige Überlastung ist erlaubt. Von den Ausgängen führen 2
ebenfalls über Optokoppler. Die übrigen 22 Ausgänge sind mit
Fassungen für Relais in DIL-Bauweise ausgerüstet und können nach
Bedarf mit verschiedenen Typen von Aus- oder Umschaltern bestückt werden. Das erlaubt auch ihre Verwendung als Schalterbaugruppe zur Realisierung dezentraler Voter (siehe Kap 3.4).

Eine ausführliche Beschreibung der Baugruppe und ihrer Anwendung
ist in der zugehörigen technischen Beschreibung (Siemens 1981c)
zu finden. Ihre Bedienung erfolgt durch eine Treiberroutine des
Betriebssystems.

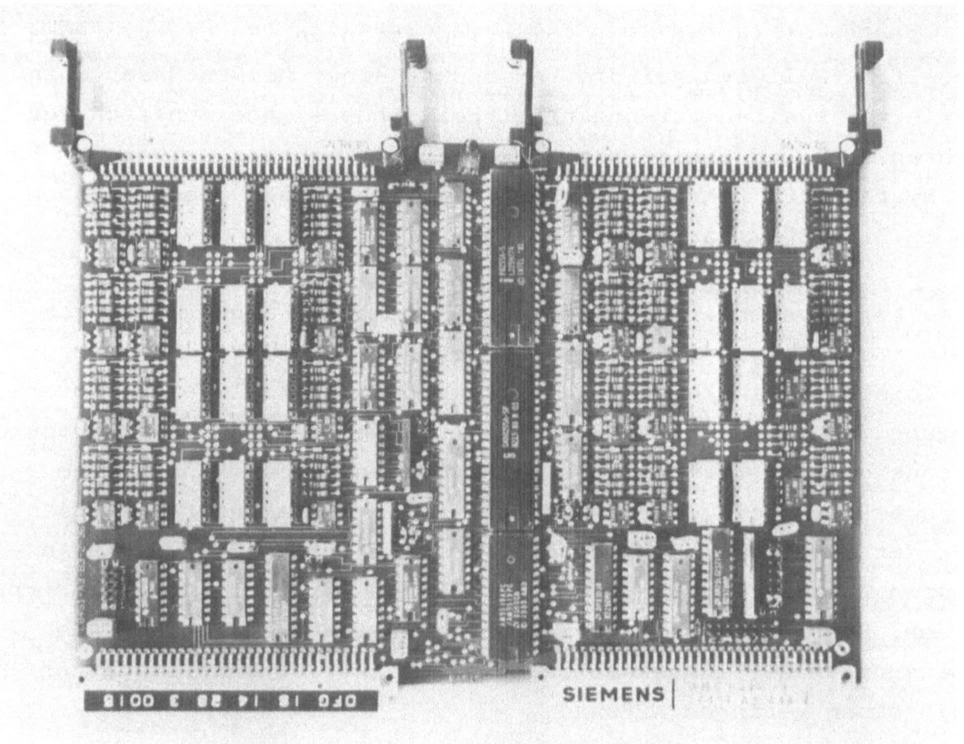

Bild 3.16: Die Baugruppe zur Ein/Ausgabe binärer Prozeßsignale.

3.2.3.6 <u>Der Globalbuskoppler (GBC)</u>

Die Realisierung eines seriellen, globalen Bussystems ist nicht
Ziel dieser Arbeit. Als Globalbus wird daher nur eine Ersatzlö-
sung verwendet, die aus einer seriellen Kopplung zum Mikrorechner-Entwicklungssystem besteht. Der Globalbuskoppler enthält
dementsprechend nur eine serielle RS-232-Schnittstelle, die
direkt vom lokalen Mikrorechner angesteuert wird. Die Kopplung
zum Entwicklungssystem ist gleichzeitig die Schnittstelle zum
Laden und Testen neuer Programme für FIPS.

3.2.3.7 <u>Die Stromversorgung (PS)</u>

Der Stromversorgung kommt in einem System mit hoher Zuverlässigkeit und Sicherheit eine besondere Bedeutung zu, da ihr Ausfall
immer einen Totalausfall des versorgten Teilsystems zur Folge
hat. Gleichzeitig ist eine Rekonfiguration der Stromversorgung
unmöglich. Will man auf die Verwendung einer heißen Reserve in
Form einer zweiten Versorgungseinheit ohne eigene Funktion ver-
zichten, so sind einige strukturelle Überlegungen notwendig. Für
das System FIPS führten diese zu der nachfolgend beschriebenen
und in Bild 3.17 dargestellten Lösung.

Jedes Lokalsystem erhält eine eigene Stromversorgung. Dadurch
bleiben die Folgen eines Ausfalls auf dieses System begrenzt.
Der Totalausfall dieses Lokalsystems beim Ausfall der Stromversorgung wird in Kauf genommen, da er wegen des busorientierten
Aufbaus ohnehin nicht ganz ausgeschlossen werden kann. Seine
Wahrscheinlichkeit wird lediglich um die Ausfallwahrscheinlichkeit der Stromversorgung erhöht. Er kann in den Fehlertoleranzklassen Z und S durch eine entsprechende Struktur auch toleriert
werden. Die lokale Stromversorgung ermöglicht auch eine gute
Anpassung an die insgesamt benötigte elektrische Leistung und
damit einen geringen Aufwand.

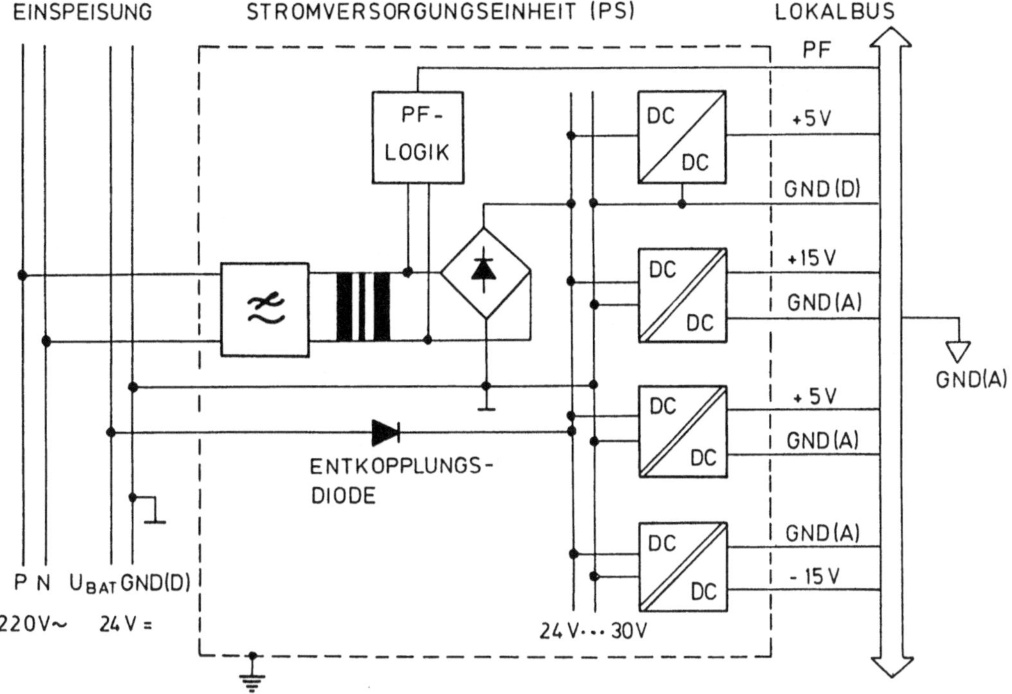

Bild 3.17: Das Blockschaltbild der Stromversorgung (PS) eines
FIPS-Lokalsystems.

Die Einspeisung erfolgt aus zwei unterschiedlichen Quellen, die
beide zu jedem Lokalsystem hingeführt werden:

- 220V~ für die normale Versorgung aus dem Netz,
- 24V= für eine batteriegepufferte zweite Energiequelle.

Dadurch ist eine unterbrechungsfreie Stromversorgung auch beim
Ausfall einer Energiequelle oder bei der Unterbrechung einer
Zuführung gewährleistet.

Die Stromversorgungseinheit (PS) eines Lokalsystems besteht aus
schaltenden Gleichspannungswandlern, die aus der ungeregelten,
gleichgerichteten Zwischenspannung von 24V bis 30V die benötigten stabilisierten Spannungen liefern:

+5V (10A) zur Versorgung der digitalen Elektronik,
   bezogen auf die Masse der Gleichspannungs-Einspeisung, die
   damit das gemeinsame Bezugspotential GND(D) für die digitale
   Seite aller Lokalsysteme darstellt,

+15V (2,5A), -15V (2,5A), +5V (0,7A) für die analoge Seite,
   galvanisch getrennt von der Einspeisung und bezogen auf die
   analoge Masse GND(A) im Anschlußfeld.

Die Gleichspannungswandler sind zusammen mit dem Netztransforma-
tor, einem Filter und der Logik für das Netzausfallsignal (PF)
in einer 6HE-19"-Kasette eingebaut. Die Stromversorgungseinheit
fügt sich damit als einsteckbares Modul in das Lokalsystem ein.
Nähere Informationen über den internen Aufbau und weitere Spezifikationen sind in den Unterlagen der Fa. Elba (1981) enthalten.

3.3 DER REGIONALBUS ALS ZUSÄTZLICHER KOMMUNIKATIONSWEG

3.3.1 Anforderungen an einen Kommunikationsweg

Der Regionalbus stellt einen zusätzlichen Kommunikationsweg dar, der hauptsächlich den Zwecken der Fehlertoleranz dient. Daneben eröffnet er aber auch die Möglichkeit zu einer teilweisen Parallelverarbeitung von Algorithmen in verschiedenen Lokalsystemen. Beides läßt sich in Grenzen kombinieren. An das Bussystem werden dabei verschiedene, sich teilweise auch widersprechende Forderungen gestellt. Von allgemeiner, aber trotzdem großer Bedeutung sind die Forderungen nach

- Flexibilität und
- Erweiterbarkeit

des Kommunikationssystems. Für eine effektive Parallelverarbeitung sind

- eine hohe Übertragungsrate und
- kurze Zugriffszeiten und Antwortzeiten

erwünscht, was z. B. durch eine sehr enge Kopplung möglich ist. Im Gegensatz dazu verlangt die Fehlertoleranz nach einer hohen Zuverlässigkeit der Kommunikationswege. Daraus resultieren zeitaufwendige Forderungen nach

- einer weitgehenden Trennung zur Isolation von Fehlern in möglichst kleinen Untereinheiten und

- Möglichkeiten zur Fehler-Erkennung und -Behebung während des Betriebes.

Die dadurch notwendigen Kompromisse sind bei der hier beschriebenen Realisierung des Regionalbus entsprechend der gesamten Zielsetzung des Mikrorechnersystems FIPS immer zugunsten einer hohen Zuverlässigkeit getroffen.

3.3.2 Das Prinzip des Regionalbus

Prinzipiell stellt der Regionalbus als eine ergänzende Einrichtung eine Option dar. Mit ihm wird versucht, den zuvor aufgestellten Forderungen an einen Kommunikationsweg für ein fehlertolerantes System möglichst nahe zu kommen. Eine hohe Übertragungsrate und eine große Flexibilität sind dabei relativ einfach durch den hier gewählten direkten Zugriff eines aktiven Prozessors zum internen Bussystem (Lokalbus) des Zielsystems zu realisieren. Zum Ansprechen von Baugruppen werden die normalen Bussignale verwendet, die eine Untermenge des AMS-Bus (Siemens 1981a) darstellen. Die Richtung der Datenübertragung ist von einem Maschinenzyklus zum anderen umkehrbar, wodurch auch 'Read-Modify-Write'-Operationen und spezielle Ein/Ausgabe-Operationen über den Regionalbus möglich sind. Damit können die Standard-Baugruppen in den Lokalsystemen benutzt werden.

Da eine so enge Kopplung immer die Gefahr von Verklemmungen und gegenseitigen Störungen mit sich bringt, sind einige zusätzliche Vorkehrungen zur Einhaltung der Zuverlässigkeitsforderungen notwendig:

- Die Belegung des Regionalbus ist nur unter Mitwirkung der Regionalbuskoppler und unter deren Kontrolle möglich.

- Zu jedem Zeitpunkt kann eine Verbindung über den Regionalbus immer nur zwischen zwei Lokalsystemen bestehen, weshalb keine weiteren Systeme beeinflußt werden können.

- Die Dauer der Belegung wird überwacht und der weitere Zugriff notfalls unterbrochen, so daß das angesprochene Lokalsystem und der Regionalbus selbst wieder frei sind.

- Die Funktionen des Regionalbus werden über Steuerwörter angefordert, die redundante Prüfinformationen zur Fehlererkennung beinhalten.

- Jeder erkannte Fehler führt zu einem Rücksetzen aller Regionalbuskoppler und damit zu einem definierten Zustand.

- Da der Regionalbus für den normalen Betrieb nicht unbedingt
  benötigt wird, führt sein Ausfall zwar zu einer Einschränkung
  der Funktionen eines Regionalsystems, nicht jedoch zu seinem
  Ausfall.

Die genannten Sicherungsmaßnahmen sind ein integraler Bestandteil des Regionalbus und der Regionalbuskoppler und nicht umgeh-
bar.

In einem Lokalsystem können grundsätzlich auch mehrere Regional-
buskopplungen enthalten sein, wodurch eine zwei- oder mehrfache
Redundanz des Regionalbus möglich ist. Das ist jedoch für ein 1-
fehler-tolerierendes Regionalsystem nicht erforderlich.

Durch diese Möglichkeit der mehrfachen Ankopplung eines Lokalsystems an Regionalbusse sind auch andere Strukturen eines Regionalsystems realisierbar, z. B. ring- oder matrixförmige Anordnungen mit mehr als 16 Lokalsystemen. Sie sind jedoch wegen
ihrer zunehmenden Komplexität für einen variablen und individuellen Ausbau in Automatisierungsanwendungen weniger geeignet
und werden daher hier nicht weiter betrachtet.

3.3.3 Der Aufbau eines Regionalbuskopplers

Bild 3.18 zeigt das Blockschaltbild eines Regionalbuskopplers
mit den Treiberstufen für die Signalwege, den Elementen für die
Statusanzeige und die manuelle Eingabe sowie dem Ein-Chip-Mikrocomputer 8748 (Intel 1977) mit zwei I/O-Expandern 8243, der die
gesamte Steuerung übernimmt. Lediglich für die Verknüpfung
schnell wechselnder Steuersignale ist zusätzliche diskrete Logik
(RL) erforderlich.

Der Austausch von Steuerworten und Statusinformationen zwischen
dem 8748 und den Mikrorechnern (MIC) der Lokalsysteme erfolgt

dagegen direkt über die Datenleitungen mit 16 Bit Wortbreite.
Die Steuerworte werden in einer Interrupt-Routine im 8748 empfangen, auf ihre Konsistenz überprüft und interpretiert. Die
Reaktionszeit dafür beträgt bei einem Betrieb mit 6 MHz maximal
75 µs. Dies ist zwar lang im Vergleich zu einer reinen Hardware-
Logik, jedoch relativ kurz im Verhältnis zu der für die übergeordnete Verwaltung im MIC benötigten Zeit. Der Zeitaufwand wird
bewußt in Kauf genommen, um einen zuverlässigen Betrieb des
Regionalbus zu gewährleisten und eine sichere Barriere gegen
eine Fehlerausbreitung zu haben.

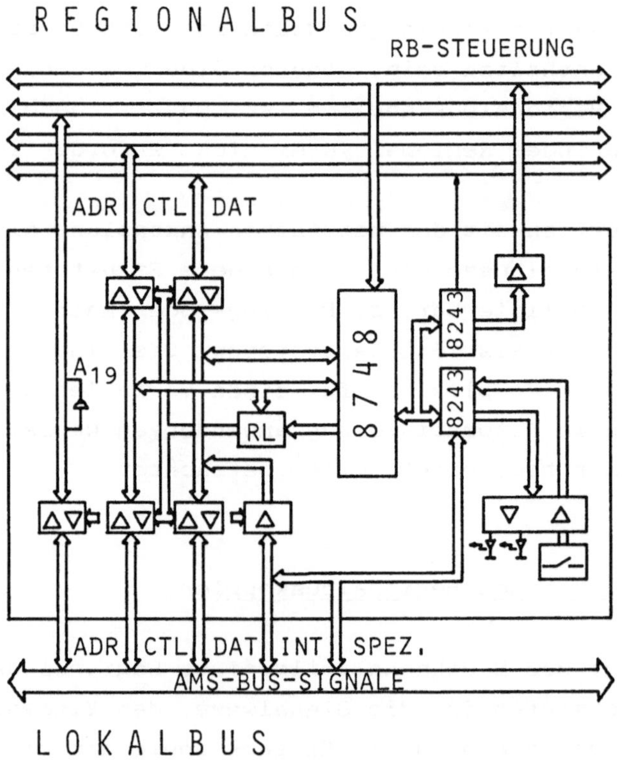

Bild 3.18: Das Blockschaltbild eines Regionalbuskopplers.

Den Aufbau des Regionalbuskopplers als Modul für ein Lokalsystem
(Steckbaugruppe im Doppel-Europaformat) mit Anzeige- und Bedien-
elementen auf der Frontseite und den beiden Basissteckern zum

Lokalbus zeigt Bild 3.19 (linkes Foto). Der Regionalbus selbst ist als vertikal verlaufendes, 64-adriges, abgeschirmtes Flachbandkabel ausgeführt, das in der Platinenmitte angeschlossen wird und dessen elektrische Abschlüsse auf den RBC-Platinen angeordnet sind (Bild 3.19 rechts). Eine ausführliche Dokumentation des Regionalbuskopplers und des im Ein-Chip-Mikrocomputer enthaltenen Programms findet sich in Heß (1982).

Bild 3.19: Die Regionalbuskoppler sind als Steckbaugruppen aufgebaut, rechts zwei Baugruppen in Einbaulage.

3.3.4 <u>Die wichtigsten Funktionen der Regionalbuskoppler</u>

Die Hauptaufgabe des Regionalbus ist die Bereitstellung von
Verbindungswegen, wobei Adressen, Daten und Steuerleitungen über
Treiber durchgeschaltet werden. Die jeweils wichtigen Signalwege
sind in den Bildern 3.20 bis 3.22 hervorgehoben. Für den ein-
zelnen Regionalbuskoppler sind dabei vier Betriebsarten A) bis
D) zu unterscheiden:

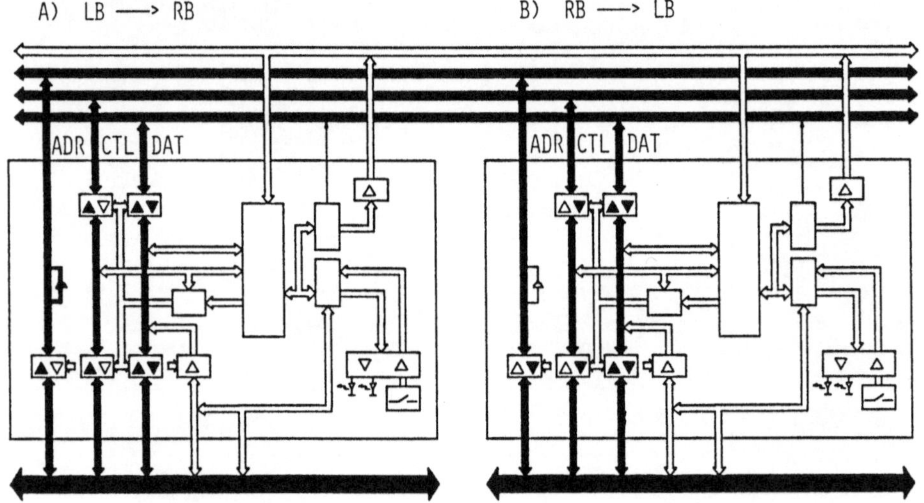

Bild 3.20: Die Betriebsart A) dient dem aktiven Zugriff zum
Regionalbus, B) dem Zugriff eines anderen Mikrorechners zum eigenen Lokalbus.

A) In der linken Hälfte von Bild 3.20 ist die Schaltung der Signalwege für einen aktiven Zugriff zum Regionalbus (Lokalsystem ist Busmaster) eingetragen. Die Adressen (ADR) und die
Steuerleitungen (CTL) des Lokalbus werden zum Regionalbus
durchgeschaltet. Das darin enthaltene Quittungssignal dementsprechend in entgegengesetzter Richtung. Die Datenwege (DAT)
sind bidirektional und werden zusätzlich durch die Steuerleitungen (Schreiben/Lesen) beeinflußt. Das höchstwertige Adress-
bit wird auf seinem Weg zum Regionalbus invertiert (siehe
auch Bild 3.18), wodurch alle darüber angesprochenen Adressen

in die obere Hälfte des Adressraums verschoben erscheinen.
Damit ist eine einfache Unterscheidung von internen und externen Baugruppen gegeben und der lokal nutzbare Adressbe-
reich lediglich halbiert.

B) Der Regionalbuskoppler eines angesprochenen, passiven Lokalsystems (Bild 3.20, rechte Hälfte) schaltet die Signalwege
umgekehrt wie im Betriebszustand A). Er verhält sich dabei am
Lokalbus, der ja nach dem Multibus-Prinzip arbeitet, wie ein
Master mit höchster Priorität und sperrt die Busaktivitäten
des ihm untergeordneten eigenen Mikrorechners. Nach der Beendigung des Zugriffs löst der Regionalbuskoppler einen Interrupt aus, der dem Mikrorechner den erfolgten Zugriff von
außen signalisiert und damit eine entsprechende Reaktion veranlaßt.

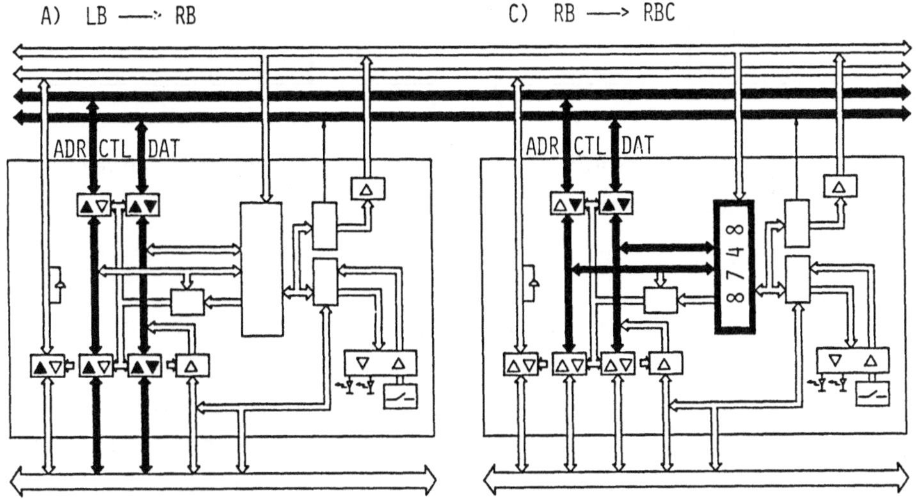

Bild 3.21: In der Betriebsart C) ist die Kommunikation mit einem
Regionalbuskoppler möglich.

C) Über den Regionalbus ist auch die Kommunikation mit einem
Regionalbuskoppler möglich, ohne das zugehörige Lokalsystem
zu beeinträchtigen (Bild 3.21). Dabei können Statusinformationen abgefragt und verändert sowie einige Steuerfunktionen
(siehe weiter unten) ausgelöst werden.

D) Für den Fall, daß der Mikrorechner eines Lokalsystems dauer-
   haft ausgefallen und abgeschaltet ist, kann der Regionalbuskoppler die Interrupt-Anforderungen auf dem Lokalbus beobach-
   ten und gegebenenfalls über die Datenleitungen an ein Nach-
   barsystem weiterleiten (Bild 3.22).

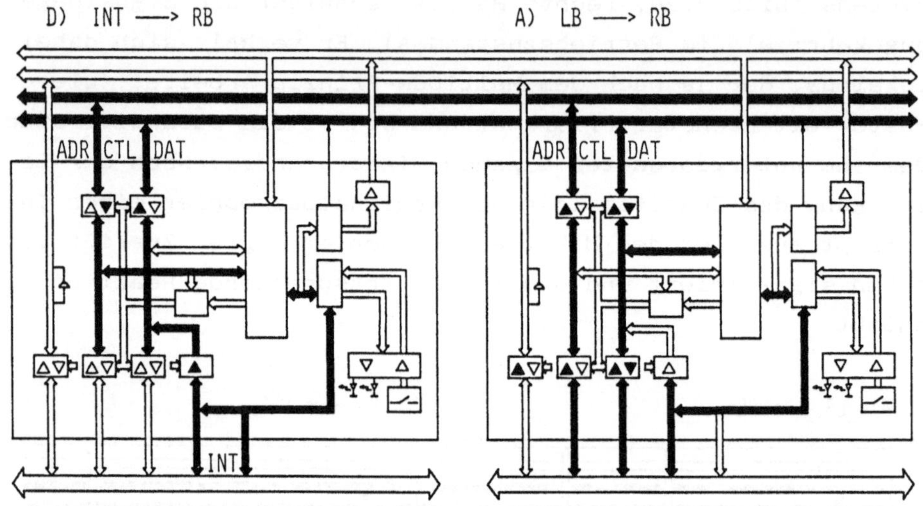

Bild 3.22: Die Betriebsart D) zur Weiterleitung von Unterbrechungsanforderungen.

Neben der Bereitstellung von Kommunikationswegen können die
Regionalbuskoppler einige zusätzliche Funktionen ausführen. Dazu
gehören die Speicherung und Anzeige von Statusinformationen über
das Lokalsystem und seine Moduln, der Neustart des Lokalsystems
auf Befehl oder das dauerhafte Abschalten eines defekten Mikrorechners. Dafür wird ein Zähler für die Neustartversuche inkre-
mentiert und nach drei vergeblichen Versuchen alle Busaktivitäten des Mikrorechners unterbunden und ein dauerhaftes Reset-Sig-
nal ausgegeben. Der Zähler muß nach einem erfolgreichen Wiederanlauf durch den Mikrorechner wieder dekrementiert werden.

Durch die zusätzlichen manuellen Rücksetzeinrichtungen und die
Möglichkeit zur Abtrennung des Lokalsystems vom Regionalbus für
Test- und Reparaturzwecke dienen die Regionalbuskoppler gleich-

zeitig als lokale Steuereinheiten.

Die Regionalbuskoppler führen auch die Arbitrierung des Regionalbus selbständig durch. Diese erfolgt nach dem von Färber (1980) angegebenen Prinzip eines dezentralen, fairen Busarbiters, nach dem der jeweils letzte Benutzer bei einer erneuten Vergabe die niedrigste Priorität erhält. Die dazu benötigten Informationen werden in den Regionalbuskopplern gespeichert und bei jeder Zuteilung des Regionalbus aktualisiert.

Aufgrund der Firmware-Lösung für die Realisierung der einzelnen abrufbaren Funktionen der Regionalbuskoppler ist eine Änderung oder die Ergänzung weiterer Funktionen leicht möglich.

3.3.5 <u>Die Nutzung für die Fehlertoleranz</u>

Da der Regionalbus als Kommunikationsweg nur ein Hilfsmittel für andere Instanzen ist, läßt sich sein Nutzen für die Fehlertoleranz nicht direkt in Zahlen angeben. Die Verbesserung der einzelnen Kenngrößen ergibt sich letztlich aus seiner Anwendung im Rahmen der Software und wird daher hauptsächlich durch diese bestimmt. An dieser Stelle lassen sich jedoch prinzipielle Angaben über die Nutzungsmöglichkeiten machen.

Wie bei der Beschreibung der Systemstruktur in Kap. 3.1.2 bereits angedeutet, schafft der Regionalbus die Möglichkeit zur Rekonfiguration des Regionalsystems und dient damit hauptsächlich der Tolerierung von Ausfällen bestimmter Moduln im Rahmen der Fehlertoleranzklasse W. Da für einige Funktionseinheiten der Lokalsysteme eine Rekonfiguration prinzipiell ausscheidet (Lokalbus, Stromversorgung) und für andere zu aufwendig und deshalb nicht sinnvoll ist (Prozeßschnittstellen), behandelt eine Rekonfiguration im wesentlichen die Ausfälle der rein digitalen Moduln (Mikrorechner, Speicher, Konsolen-Interface, Globalbuskoppler). Diese stehen daher hier im Vordergrund, während für die Tolerierung anderer Ausfälle der Regionalbus nur von untergeordneter Bedeutung ist.

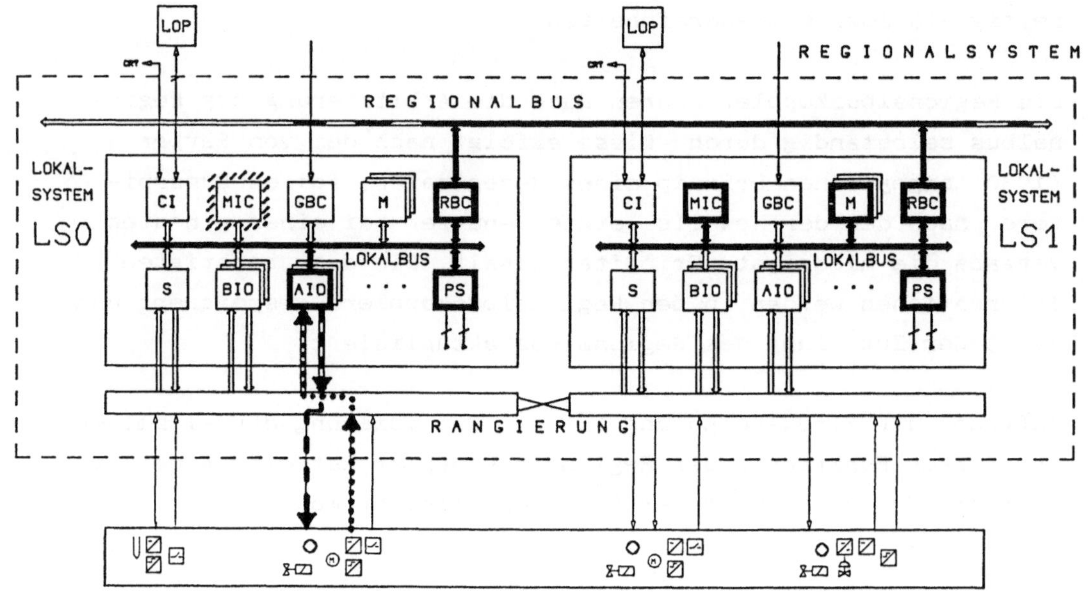

Bild 3.23: Tolerierung des Mikrorechnerausfalls in Lokalsystem 0 durch die Weiterbearbeitung des Anwendungsprogramms im Lokalsystem 1 (//// ausgefallener MIC, ——— nach der Rekonfiguration beteiligte Moduln, ···· Meßsignal, - - - Stellsignal).

Als Beispiel ist in Bild 3.23 der Ausfall des Mikrorechners im Lokalsystem 0 dargestellt. Im Normalzustand bearbeitet dieser das Anwendungsprogramm einer Automatisierungsfunktion der Fehlertoleranzklasse W und benutzt dabei den Speicher (M) und die analoge Ein/Ausgabe (AIO) im eigenen Lokalsystem. Nach seinem Ausfall wird ein Duplikat des Programms im Lokalsystem 1 weiter bearbeitet. Der Mikrorechner (MIC in LS1) greift dabei über den Regionalbus weiter auf die bisherige Prozeßschnittstelle (AIO in LS0) zu, an der die Meß- und Stellglieder angeschlossen sind. Die nach einer Rekonfiguration vom Anwendungsprogramm benötigten Hardware-Moduln sind in Bild 3.23 hervorgehoben.

Die Weiterbearbeitung des Anwendungsprogramms kann grundsätzlich in jedem noch intakten Lokalsystem des Regionalsystems erfolgen.

Ebenso kann die Bedienung von einem beliebigen System aus vorgenommen werden. Es ergibt sich somit eine Vielzahl denkbarer Systemkonfigurationen für die betrachtete Automatisierungsfunktion. Das dem entsprechende Zuverlässigkeitsnetz für n Lokalsysteme ist in Bild 3.24 dargestellt. Eine Berechnung von Zuverlässigkeits- oder Sicherheitskenngrößen ist in allgemeiner Form und ohne Betrachtung der Software nicht möglich. Für den konkreten Fall der in Kap. 6.1.1 beschriebenen Regelprogramme der Fehlertoleranzklasse W sind jedoch Berechnungen im Anhang enthalten. Die auf dieser Grundlage zum Vergleich der Fehlertoleranzklassen ermittelten Zahlenwerte einer Beispielrechnung sind in Kap. 7.2 angegeben.

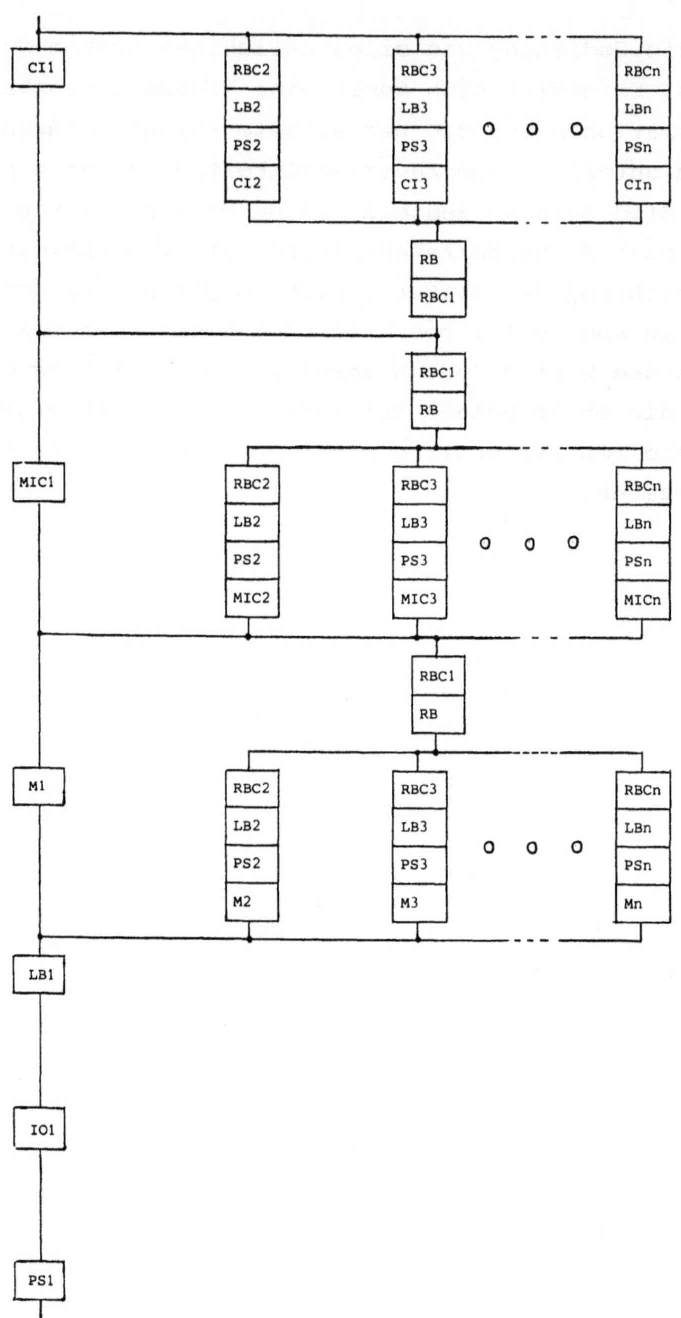

Bild 3.24: Das Zuverlässigkeitsnetz für eine mehrfach rekonfigurierbare Automatisierungsfunktion der Fehlertoleranzklasse W. Das Modul IO steht für die Prozeßschnittstellen (AIO und/oder BIO).

3.4 DIE REALISIERUNG DEZENTRALER VOTER

Für die Fehlertoleranzklassen Z und S ist die Tolerierung beliebiger Einfachfehler in der Hardware gefordert. Das schließt die
Basis-Hardware der Lokalsysteme (Lokalbus und Stromversorgung)
und die Ausgabemoduln für die Prozeßsignale mit ein, für die
eine Rekonfiguration nicht praktikabel ist. Außerdem muß eine
sofortige und den Anforderungen entsprechend vollständige Fehlererkennung gewährleistet sein. Beide Probleme sind nur dadurch
lösbar, daß zwei bzw. drei unabhängige Teilsysteme zur Verfügung
gestellt werden. Dabei wird ein zusätzlicher Entscheidungsmechanismus (Voter) benötigt, der einen Ergebnis- bzw. Signalver-
gleich durchführt oder gegebenenfalls eine Mehrheitsentscheidung
herbeiführt. Der Entscheidungsmechanismus muß selbst hochzuver-
lässig sein.

Geht es um die Auswertung digital vorliegender Ergebnisse, z. B.
in Form von Zahlenwerten oder Datensätzen, so kann das Votum
durch die beteiligten Rechner selbst ausgeführt werden. Zuvor
findet ein Austausch der Ergebnisse (jeder zu jedem) über die
bestehenden Kommunikationswege des Systems statt und nach er-
folgter Auswertung ein erneuter Austausch von Bestätigungen.
Dies ist ein reiner Software-Vorgang, der entweder mit Unterstützung eines Botschaftensystems von den Anwendungsprogrammen
selbst wahrgenommen wird (siehe dazu Kap. 4.4, 4.5.3 und 6.1)
oder in weitgehend transparenter Weise von einer speziellen
Betriebssystemschicht übernommen wird (Risse, Brause, Dal Cin,
Dilger, Lutz 1984). Zur Verringerung des Kommunikationsumfangs
entstanden verschiedene Kompaktierungsverfahren (Echtle 1984).
Die Ausgabe von tatsächlichen Stellsignalen kann hier nicht
berücksichtigt werden. Sie wird entweder dem nicht nicht mehr
fehlertoleranten Bereich zugerechnet oder erfolgt durch spezielle hochzuverlässige Einheiten, die selbst nicht ausfallen dürfen
(sog. 'golden units').

Soll auch der Ausfall einer Ausgabeeinheit toleriert werden, so
muß auf der Grundlage der echten analogen und binären Stellsignale votiert werden. Eine Möglichkeit dazu ist das Nachschalten

von autarken, zentralen Votereinheiten, wie sie aus der konventionellen Automatisierung mit Einzelbausteinen bekannt sind (Nix 1985). Sie lassen sich jedoch schwer in das Gesamtkonzept eines modernen fehlertoleranten Mikrorechnersystems integrieren und sind zudem sehr aufwendig, da sie selbst nicht ausfallen dürfen und deshalb intern fehlertolerant aufgebaut sind.

Eine konsequentere Lösung ist die in FIPS vorgenommene Integration der Voterfunktionen in das fehlertolerante Automatisierungssystem. Dazu müssen die Entscheidungsmechanismen dezentral realisiert werden. Die Entscheidungen selbst können dann, ähnlich wie bei dem oben erwähnten Software-Votum, von den Mikrorechnern getroffen und ausgeführt werden. Die hierzu neu eingeführten Prinzipien werden im folgenden beschrieben und die zugehörigen Zuverlässigkeits- und Sicherheitsangaben gemacht.

3.4.1 Anforderungen an dezentrale Voter

Die im folgenden aufgestellten Forderungen gelten teilweise allgemein, entstammen zum Teil aber auch dem Wunsch nach einer systemkonformen dezentralen Lösung.

- Es sollen alle Einfachfehler in der Hardware abgedeckt werden. Das heißt im einzelnen:
  o Fehler in der Basis-Hardware eines Lokalsystems,
  o Fehler in Ausgabekanälen für Prozeßsignale,
  o Fehler in beliebigen anderen Moduln eines Lokalsystems.
  o Die Voter müssen auch ohne den Regionalbus funktionieren.

- Um den Aufwand zu begrenzen, muß eine funktionsspezifische Anwendung möglich sein, wobei andere Automatisierungsfunktionen nicht beeinflußt werden dürfen.

- Die Voter sollen integrale Bestandteile des Systemkonzepts von FIPS sein.
  o Sie müssen als nachrüstbare Hardware- und Software-Moduln bereitgestellt werden und dabei

o kombinierbar sein mit den Standard-I/O-Moduln.

- Der verbleibende Kern der Voter, der nicht ausfallen darf,
  soll minimal sein.

Die nachfolgend angegebenen Prinzipien für (2v2)- und (2v3)-
Voter erfüllen diese Forderungen. Sie lassen sich auf binäre und
analoge Signale gleichermaßen anwenden, ebenso auf ganze Stell-
signal-Gruppen. Darüber hinaus ist die Bildung von Votern höherer Ordnung in ähnlicher Weise möglich.

3.4.2 Die Anordnung für hohe Zuverlässigkeit

Zum Erreichen einer hohen Zuverlässigkeit werden 3 Lokalsysteme
(LS0, LS1, LS2) nach Bild 3.25 kombiniert. Die Erfassung von
Eingangsgrößen Y über die Eingänge I0, I1 und I2 und die Berechnung von Stellgrößen U_i^* geschieht parallel in allen drei Syste-
men. Nur zwei der drei Lokalsysteme besitzen einen aktiven
Stellsignalausgang (O1, O2) und geben ihre Stellgrößen auch aus.
LS0 dagegen liest die tatsächlich ausgegebenen Werte (U_1, U_2)
ein und vergleicht sie mit der intern berechneten Stellgröße.
LS0 schaltet das mit U_0^* übereinstimmende (binäre) bzw. das am
nächsten kommende (analoge) Stellsignal durch. Auf diese Weise
bestimmt die *Majorität* (2 von 3 Teilsystemen) das Ergebnis. Da
LS0 nur die Möglichkeit zur Auswahl hat, kann auch bei seinem
Fehlverhalten, Einfachfehler vorausgesetzt, immer nur ein rich-
tiges Signal durchgeschaltet werden.

Die zugehörige Schalttabelle gibt die Quelle (Schalterstellung
S0 = 1, 2) bzw. die Richtigkeit des ausgegebenen Stellsignals U
an:

D   - primäre und sekundäre Stellsignale richtig (don't care),
1   - U_1 durchgeschaltet,
2   - U_2 durchgeschaltet,
X   - primäre Stellsignale falsch (Funktion ist ausgefallen),
X[Q] - letzte Stellung bleibt erhalten, Richtigkeit ungewiß.

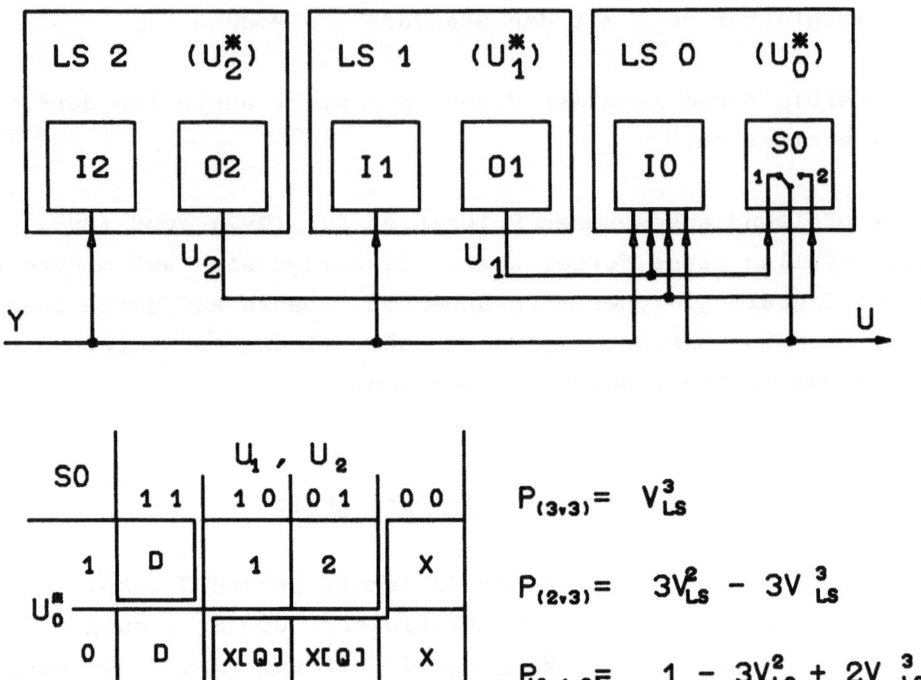

Bild 3.25: Das Prinzip der (2v3)-Anordnung aus FIPS-Lokalsystemen für hohe Zuverlässigkeit mit der zugehörigen
Schalttabelle und den Zustandsaufenthaltswahrscheinlichkeiten.

Das zutreffende Tabellenfeld ergibt sich aus der Richtigkeit der primären Stellsignale U_1 und U_2 und der berechneten Stellgröße U_0^* (Tabelleneingang: 1 = richtig, 0 = falsch).

Die Felder der Tabelle stellen gleichzeitig die möglichen Zustände der (2v3)-Anordnung dar, für die die Zustandsaufenthaltswahrscheinlichkeiten $P_{(ivj)}$ in Abhängigkeit von der Verfügbarkeit eines Lokalsystems V_{LS} angegeben sind. Wenn die ungewissen Zustände X[Q] als ausgefallen betrachtet werden, läßt sich daraus die Verfügbarkeit V_Z als interessierende Größe als die Summe der Wahrscheinlichkeiten aller Zustände mit mindestens 2 intakten Lokalsystemen bestimmen:

$$V_Z = P_{(3v3)} + P_{(2v3)} = 3\, V_{LS}^2 - 2\, V_{LS}^3. \tag{3.1}$$

Zur Vermeidung unnötiger Störungen und zum Abgleich interner Variablen findet ergänzend zum Hardware-Votum während des Normalbetriebs ein ständiger Informationsaustausch statt. Die Synchronisierung erfolgt durch die Programmausführung zu Absolutzeiten und den Abgleich lokaler Uhren (siehe System-Software, Kap. 4). Die gezeigte Anordnung ist die in jedem Fall verbleibende Restkonfiguration, für die sich statistisch abgesicherte Kenngrößen angeben lassen.

3.4.3 Die Anordnung für sicherheitsgerichtetes Verhalten

Die prinzipielle Anordnung von 2 Lokalsystemen zum Erreichen von sicherheitsgerichtetem Verhalten ist in Bild 3.26 dargestellt. Die Erfassung von Meßwerten Y und die Berechnung von Stellsignalen (U_i^*) wird in beiden Systemen gleichzeitig ausgeführt. Nur das System LS1 besitzt einen aktiven Stellsignalausgang, LS0 dagegen erfaßt den tatsächlich ausgegebenen Wert U_1 und vergleicht diesen mit dem intern berechneten (U_o^*). Nur bei *Identität* beider Werte (näherungsweiser Identität analoger Signale) wird das Signal durchgeschaltet, ansonsten ein sicheres Signal (safe signal) ausgegeben, das festgelegt ist. Bei Fehlern in LS0 kann, Einfachfehler vorausgesetzt, im schlimmsten Fall das dann immer noch richtige Signal von LS1 durchgeschaltet sein. LS1 gibt in diesem Fall das sichere Signal über seinen aktiven Ausgang aus.

Die Tabelle gibt die Schalterstellung von S0 an, abhängig von der Richtigkeit der beiden Signale U_o^* und U_1 (Tabelleneingang: 1 = richtig, 0 = falsch):

1   - U_1 durchgeschaltet,
0   - sicheres Stellsignal durchgeschaltet,
X[0] - sicheres Stellsignal soll ausgegeben werden, die
           Ausgabe ist jedoch ungewiß.

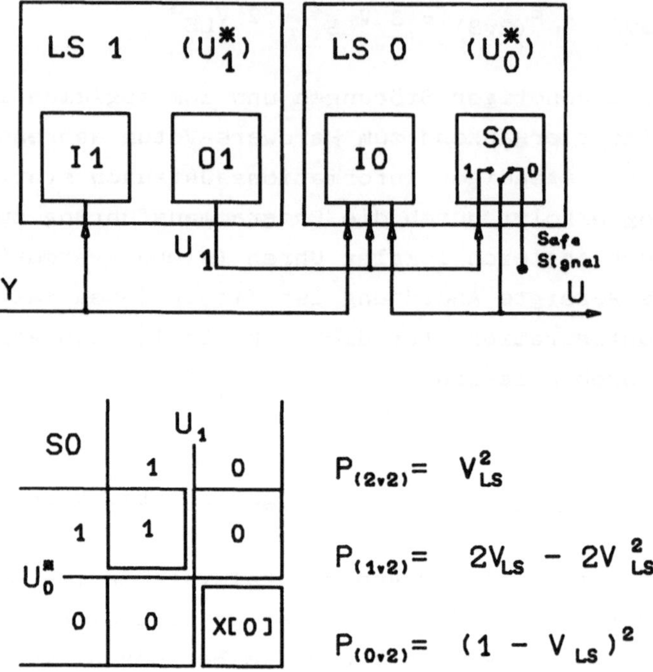

$$P_{(2v2)} = V_{LS}^2$$

$$P_{(1v2)} = 2V_{LS} - 2V_{LS}^2$$

$$P_{(0v2)} = (1 - V_{LS})^2$$

Bild 3.26: Das Prinzip der (2v2)-Anordnung für sicherheitsgerichtetes Verhalten mit der zugehörigen Schalttabelle
und den Zustandsaufenthaltswahrscheinlichkeiten.

Die Felder der Tabelle stellen wieder die möglichen Systemzu-
stände dar, für die sich die Zustandsaufenthaltswahrscheinlichkeiten $P_{(ivj)}$ als Funktion der Lokalsystem-Verfügbarkeiten V_{LS}
angeben lassen. Die hier interessierende Größe ist die Sicherheitsverfügbarkeit V_S, die sich aus der Summe der Wahrscheinlichkeiten aller sicheren Zustände ergibt.

$$V_S = P_{(2v2)} + P_{(1v2)} = 2 V_{LS} - V_{LS}^2 \tag{3.2}$$

Die ungewisse Schalterstellung X[0] wird dabei pessimistisch als
gefährlich angesehen. Eine Größe, die sich ebenfalls angeben
läßt, ist die Verfügbarkeit. Sie entspricht der Wahrscheinlichkeit, daß beide Systeme intakt sind

$$V_Z = P_{(2v2)} = V_{LS}^2 \qquad\qquad (3.3)$$

und ist damit grundsätzlich schlechter als die Verfügbarkeit eines Einzelsystems.

Auch bei der (2v2)-Anordnung für sicherheitsgerichtetes Verhalten findet im Normalbetrieb eine Kommunikation und ein Abgleich per Software statt. Die Software hat hier zusätzlich die Aufgabe, nach der Erkennug eines Fehlers und der Ausgabe des sicheren Stellsignals dafür zu sorgen, daß jede weitere Bearbeitung der zugehörigen Automatisierungsfunktion unterbleibt und der sichere Zustand damit erhalten bleibt.

3.4.4 Die Bedeutung des Schaltelements

Dem Schalter in den gezeigten Anordnungen gebührt eine besondere Beachtung, da er bei Zuverlässigkeits- und Sicherheitsberechnungen zumindest teilweise als Serienelement betrachtet werden muß. Das ist sowohl bei seiner Realisierung als auch bei seiner Plazierung zu bedenken. Zur Verdeutlichung seines Einflusses wird die (2v3)-Anordnung noch einmal im Zuverlässigkeitsnetz betrachtet. Die Überlegungen gelten jedoch sinngemäß auch für eine sicherheitsgerichtete (2v2)-Anordnung.

In Bild 3.27 ist das Schaltelement S aufgespalten in die zur Umschaltung notwendigen Funktionen SU und die Kontaktgabe in einer Ruhelage SK1 oder SK2. Die beiden unteren Zweige des Netzes enthalten die Fälle, in denen nur noch ein System (LS1 bzw. LS2) funktionsfähig ist und mit der Wahrscheinlichkeit Q1 bzw. Q2 das richtige Signal durchgeschaltet ist (X[Q] in der Schalttabelle). Diese Zweige können vernachlässigt werden, da ihr Beitrag mit

$$Q1 \approx Q2 \approx 0,5$$

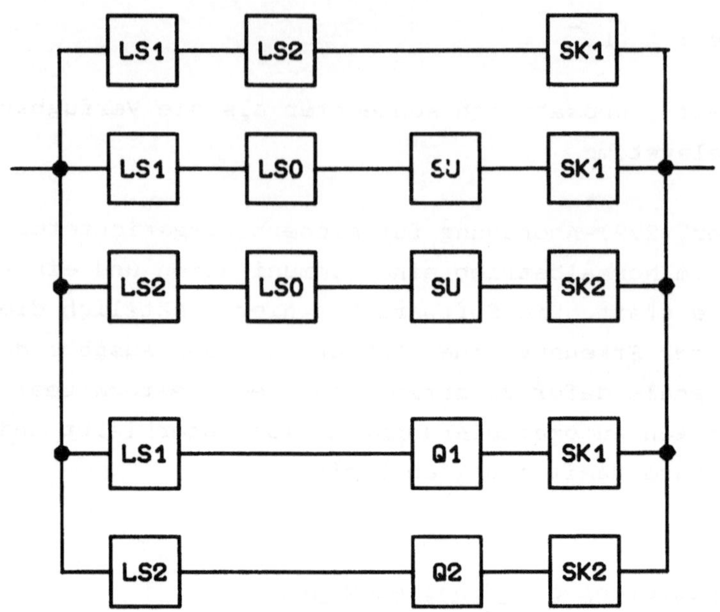

Bild 3.27: Zuverlässigkeitsnetz der (2v3)-Anordnung aus FIPS-
Lokalsystemen. Das Schaltelement ist aufgespalten in
SK1, SK2 und SU.

sehr klein ist. Die für die Realisierung der Umschaltfunktion SU
benötigte Hardware entspricht in etwa der für einen binären
Signalausgang und hat eine diesem entsprechende Zuverlässigkeit.
Sie ist ein Teil des Lokalsystems LS0 und tritt dort an die
Stelle eines aktiven Stellsignalausgangs. Die Umschaltung ist
daher eine Teilfunktion dieses Lokalsystems und ihr Einfluß auf
die Zuverlässigkeit kann im Block LS0 berücksichtigt werden. Mit
der Annahme gleicher Verfügbarkeiten der Kontaktgabe in einer
Ruhelage

$$V_{SK1} = V_{SK2} = V_{SK}$$

erscheint diese als Serienelement hinter dem Zuverlässigkeitsnetz eines konventionellen (2v3)-Systems (Bild 3.28).

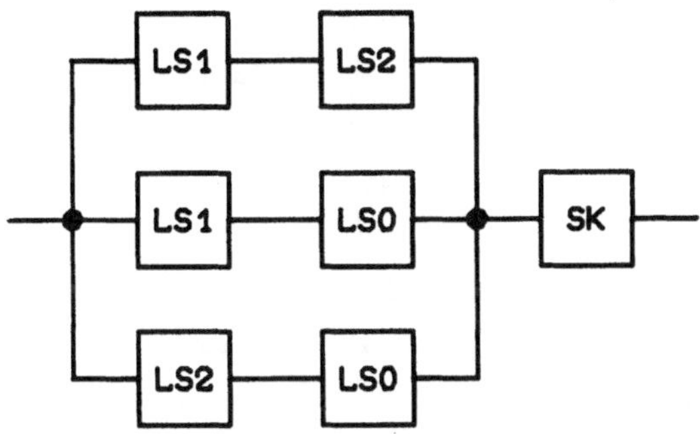

Bild 3.28: Vereinfachtes Zuverlässigkeitsnetz mit der Kontaktgabe SK als Serienelement.

Eine Beispielrechnung soll den Einfluß des Schaltelements zeigen. Dazu wird als Schalter ein Quecksilberfilmkontakt-Relais
betrachtet und dessen Eigenschaften nach MIL-HBK 217C (U.S. Dep.
of Defense 1980) zugrunde gelegt. Für die Lokalsysteme werden
jeweils gleiche Eigenschaften angenommen:

$$\text{MTTR} = 10 \text{ h}$$
$$\text{MTBF}_{LS0} = \text{MTBF}_{LS1} = \text{MTBF}_{LS2} = 2 \cdot 10^4 \text{ h}$$
$$\text{MTBF}_{SU} = 6 \cdot 10^7 \text{ h} \gg \text{MTBF}_{LS0}$$
$$\text{MTBF}_{SK} = 1 \cdot 10^{10} \text{ h}$$
$$Q1 = Q2 = 0 \text{ (nicht berücksichtigt)}$$

Daraus folgen die Verfügbarkeiten für die einzelnen Elemente

$$V_{LS} = 1 - 5 \cdot 10^{-4},$$
$$V_{SK} = 1 - 1 \cdot 10^{-9}$$

und für die gesamte Anordnung

$$\begin{aligned}
V_Z &= V_{SK} (3 \, V_{LS}^2 - 2 \, V_{LS}^3) \\
&= (1 - 10^{-9})(1 - 7,5 \cdot 10^{-7}) \\
&= 1 - 7,5 \cdot 10^{-7} - 10^{-9} + 7,5 \cdot 10^{-16}.
\end{aligned}$$

keit der vorgestellten (2v3)-Anordnungen gegenüber anderen Komponenten vernachlässigt werden kann. Darüber hinaus können die Schalter selbst natürlich auch mit Redundanz versehen und dadurch fehlertolerant aufgebaut werden.

Im realisierten Aufbau werden als Schalter entsprechend bestückte Ausgänge der binären Ein/Ausgabe-Baugruppe verwendet. Die dazu eingesetzten Reed-Relais haben zwar schlechtere Eigenschaften als Quecksilberfilmkontakt-Relais, erfüllen jedoch ihren Zweck. Eine eigenständige Realisierung von Schalterbaugruppen hätte die aufwendige Entwicklung einer neuen Platine bedeutet, aber keine neuen Erkenntnisse gebracht.

Um Störungen in den Schalterbaugruppen und an den Schaltern rechtzeitig zu erkennen, werden sie ständig überwacht. Diese Überwachung ist Aufgabe der Software und wird zusammen mit jeder Ausführung eines Votums vorgenommen.

3.4.5 <u>Ein Implementierungsbeispiel</u>

In Bild 3.29 ist ein Beispiel für die Hardware-Realisierung der dezentralen Voter im System FIPS wiedergegeben. Der besseren Übersicht wegen ist die (2v2)-Anordnung für analoge Stellsignale dargestellt, wie sie für eine Regelung mit sicherheitsgerichtetem Verhalten Verwendung findet. Die daran beteiligten Baugruppen sind verstärkt eingetragen.

Die vom Prozeß kommende (Regel-)Größe ist an die analogen Schnittstellen beider Lokalsysteme angeschlossen, während ein Stellsignal nur im Lokalsystem LS1 erzeugt wird. Dieses wird zur Ausführung des Votums über die Schalterbaugruppe S im Lokalsystem LS0 geführt. Erst von dort gelangt das Signal, das von beiden Systemen als richtig anerkannt wird, zum Prozeß. Das hinausgehende Signal ist zu seiner Überprüfung und zum Test des Schalters noch einmal an einen Eingang angeschlossen.

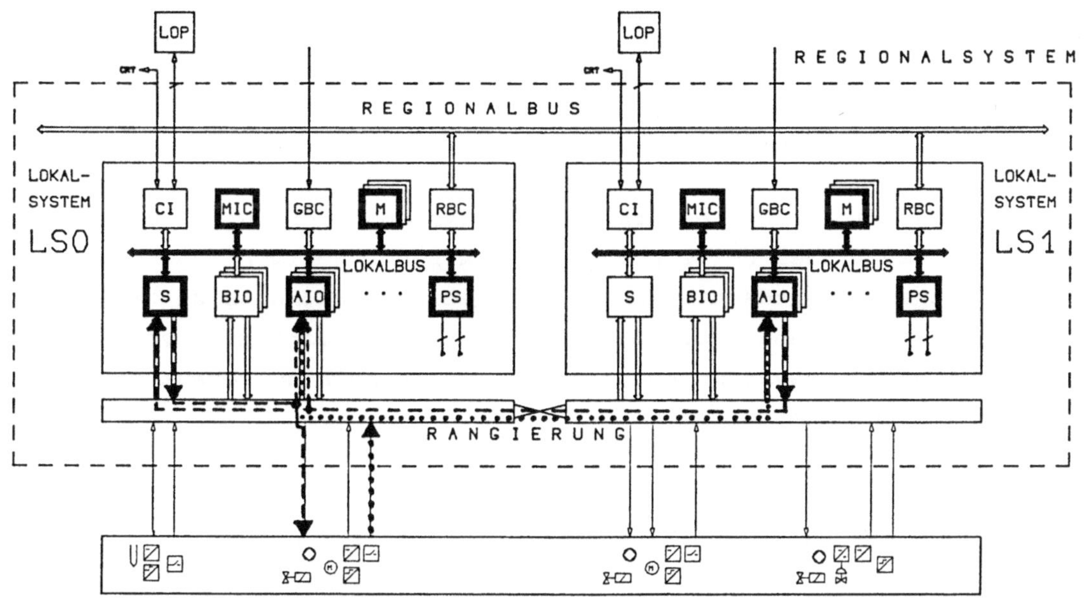

Bild 3.29: Beispiel einer (2v2)-Anordnung für eine Regelung mit sicherheitsgerichtetem Verhalten (···· Meßsignal, - - - Stellsignal).

3.5 <u>DIE REALISIERTE SYSTEM-HARDWARE</u>

3.5.1 <u>Die Aufbautechnik</u>

Bei der Realisierung des Mikrorechnersystems FIPS wurde versucht, soweit dies bei einem Aufbau im Labor möglich ist, den Bedingungen des gedachten Anwendungsgebietes Rechnung zu tragen. Das System ist daher ebenso wie industriell gefertigte Prozeßautomatisierungssysteme komplett in 19"-Technik aufgebaut und nachträglich erweiterbar.

Ein Lokalsystem umfaßt jeweils einen 6HE-19"-Baugruppenträger und einen Freiraum von 1HE als Durchführung für die Verbindungskabel von der Frontseite der Ein/Ausgabe-Baugruppen zum Anschlußfeld. Dieses befindet sich hinter dem Baugruppenträger und ist von der Rückseite her zugänglich. Hier kommen auch die Feldkabel mit den Prozeßsignalen an. Ihr Anschluß und eine eventuelle Rangierung erfolgen mittels Wire-Wrap-Verbindungen.

Zur besseren Orientierung sind die Lokalsysteme und innerhalb dieser die Einsteckplätze durchnumeriert. Die Numerierung ist in Bild 3.30 eingetragen. Sie legt die jeweile Adresse einer Baugruppe am Lokalbus fest und wird direkt als Parameter (LS, EP) für Betriebssystemaufrufe (siehe Kap. 4.5.4 und 4.5.5) verwendet.

3.5.2 <u>Der Umfang des aufgebauten Systems</u>

Das aufgebaute Regionalsystem besteht aus zwei Lokalsystemen und ist an das Mikrorechner-Entwicklungssystem als Ersatz für eine Leitstation gekoppelt. Es entspricht daher, mit Ausnahme der nicht eigenständig realisierten Schalterbaugruppen (S), der Darstellung in Bild 3.31. Die beiden Lokalsysteme sind gleich bestückt (muß nicht so sein). Die dabei eingestzten Baugruppen sind in Tabelle 3.1 zusammengestellt.

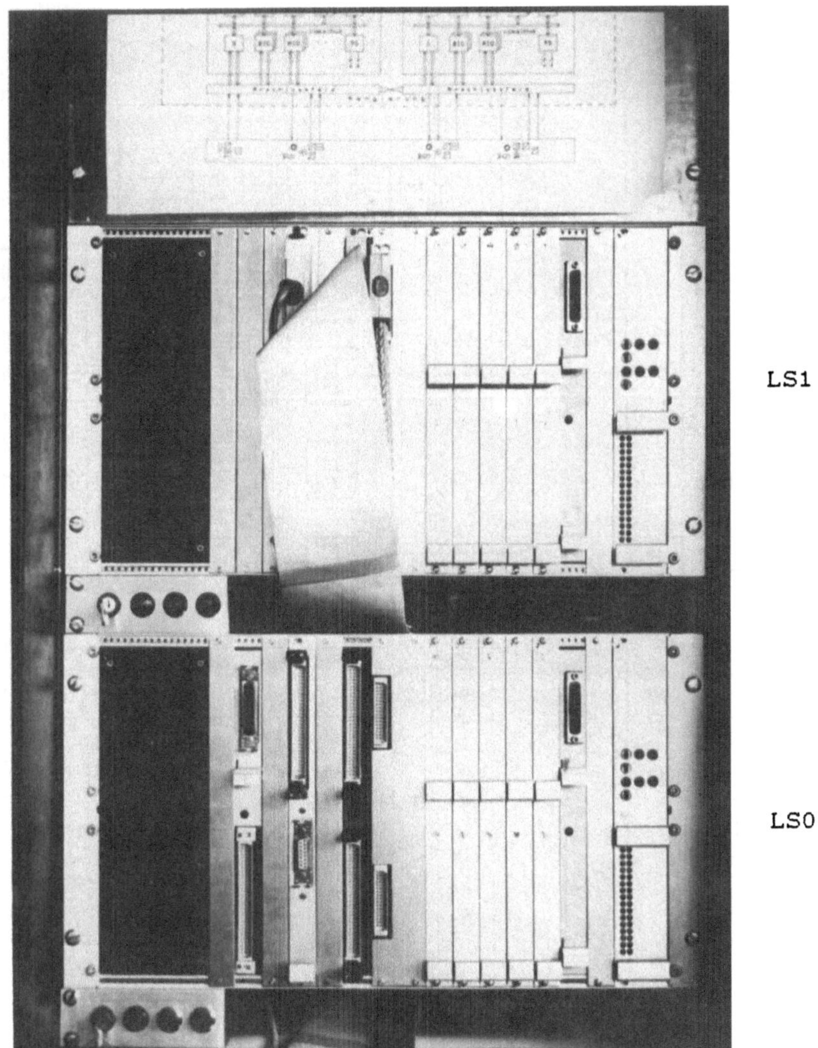

Bild 3.30: Der Aufbau des Regionalsystems und die Numerierung
der Einsteckplätze.

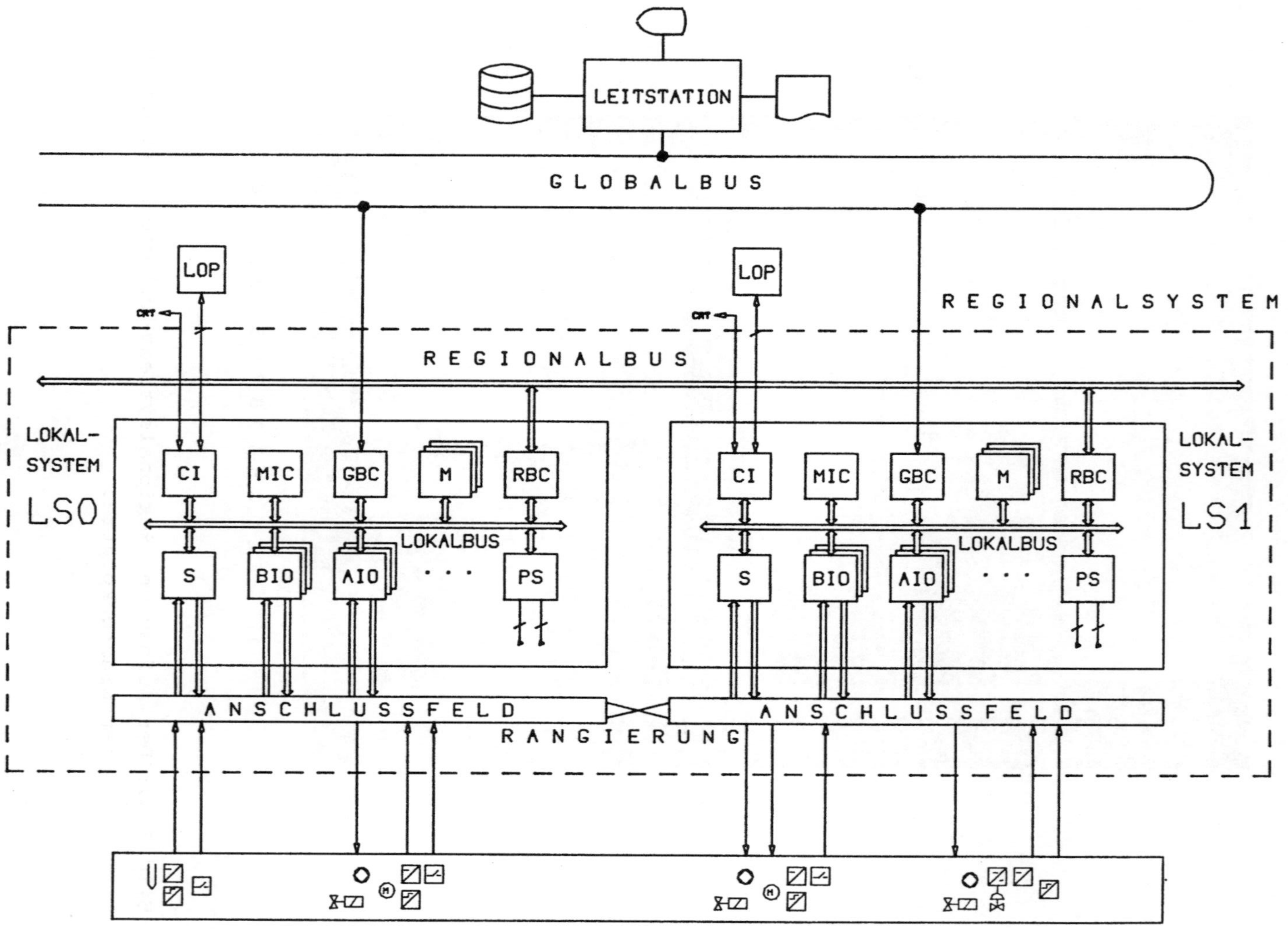

Bild 3.31: Das Blockschaltbild des aufgebauten FIPS-Regionalsystems aus zwei Lokalsystemen.

Als Prozeß sind eine analog simulierte Klimaanlage über ein
eigenes Feldkabel und ein Steckbrett für analoge und binäre
Signale angeschlossen. Dieses und ein weiterer analoger
Prozeßsimulator sind zusammen mit den beiden Lokalsystemen in
einem 19"-Industriegehäuse untergebracht (Bild 3.32).

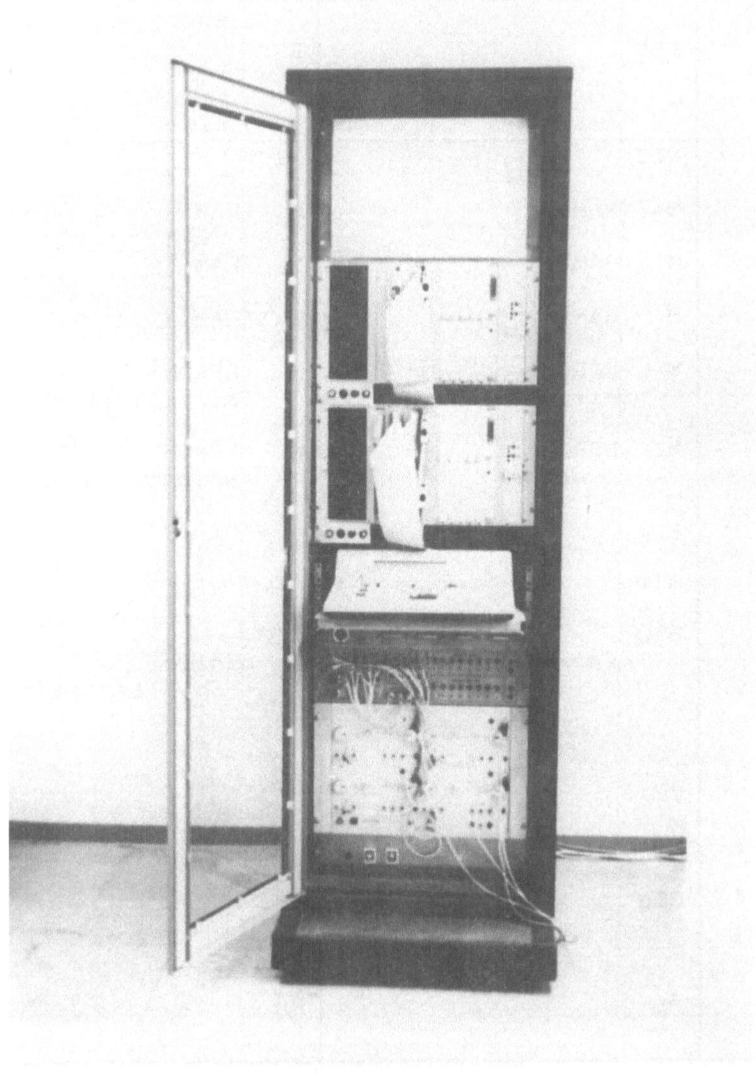

Bild 3.32: Das aufgebaute Mikrorechnersystem FIPS mit Versuchs-
einrichtungen.

Tabelle 3.1: Eingesetzte Baugruppen im aufgebauten System

Einsteckplatz EP	Lokalsystem LS0 Modul-Typ *Zweck*	Lokalsystem LS1 Modul-Typ *Zweck*
0	RBC	RBC
1	-	-
2	MIC	MIC
3	M (RAM)	M (RAM)
4	M (RAM)	M (RAM)
5	M (RAM)	M (RAM)
6	M (EPROM) *Betriebssystem*	M (EPROM) *Betriebssystem*
7	M (EPROM) *Anwender*	M (EPROM) *Anwender*
8	-	-
9	AIO	AIO
A	BIO *binäre I/O*	BIO *binäre I/O + Schalterbaugruppe*
B	-	-
C	CI	CI
D	-	-
E	GBC	GBC
F	-	-
11	PS	PS

4. <u>DIE SYSTEM-SOFTWARE</u>

Die System-Software hat einen entscheidenden Einfluß auf den
praktischen Betrieb und auf die Handhabbarkeit eines Echtzeit-
rechensystems. Insbesondere in einem Mehrmikrorechnersystem muß
sie dafür sorgen, daß trotz der Komplexität des gesamten Systems
die Überschaubarkeit sowohl für einen Bediener als auch für
einen Anwendungsprogrammierer erhalten bleiben.

Die heute üblichen und industriell verbreiteten Echtzeitbetriebssysteme für Prozeßrechner gehen in der Regel von der Existenz eines zentralen Prozessors (CPU - *central* processing unit
deutet bereits darauf hin) und eventuell vorhandener untergeordneter Spezialprozessoren aus. Ihre wichtigste Aufgabe ist die
Verwaltung dieses exklusiven Betriebsmittels CPU, das heißt die
bedarfsgemäße und möglichst optimale Verteilung der zur Verfügung stehenden Rechenzeit auf die verschiedenen Rechenprozesse
(tasks). Diese Aufgabe wird von dem ebenfalls exklusiven Be-
triebssystemkern (nucleus) übernommen, der dabei die Integrität
der quasi-parallel ablaufenden Tasks wahren muß. Das ist durch
eine klare *zeitliche* Trennung bei der Bearbeitung der Tasks und
die *zeitweise* exklusive Zuteilung des Prozessors zur Ausführung
kritischer (Programm-)Bereiche (regions) und die Einrichtung
zeitlicher Synchronisationsmittel möglich. Die dabei angewandten
Prinzipien werden z. B. von Lauber (1976) und Färber (1979) beschrieben, ausführlicher behandelt werden sie von Brinch Hansen
(1977), Wettstein (1978) und Levi (1981).

Stehen mehrere unabhängige Prozessoren eines Mehrprozessor- oder
eines eng gekoppelten Mehrrechnersystems zur Verfügung und haben
gleichzeitig Zugriff zur selben Hardware, so wird aus dem eindi-
mensionalen Problem der zeitlichen Verteilung und Koordination
ein mehrdimensionales Problem. Seine Lösung wird erschwert, wenn
zur Verbesserung der Zuverlässigkeit auf eine Hierarchie der
Prozessoren untereinander und auf eine zentrale Verwaltung verzichtet wird und stattdessen jeder Prozessor seine eigene Kopie
des Betriebssystems erhält. Dann müssen insbesondere die Schutz-
und Sperrmechanismen nicht nur *zeitlich* sondern *auch gegenüber*

anderen Prozessoren wirksam sein. Wegen der noch jungen Entwicklung und der großen Vielfalt möglicher Hardware-Strukturen von Mehrprozessor- und Mehrrechnersystemen haben sich dafür bisher keine Standardlösungen herausgebildet.

Die modernen busorientierten Mikrorechner-Baugruppensysteme (z. B. das hier verwandte AMS-Baugruppensystem) bieten häufig auch die Möglichkeit zum Aufbau von Mehrprozessorsystemen. Als eine notwendige Ergänzung dazu werden inzwischen auch Echtzeitbetriebssysteme angeboten. Die Systeme iRMX-86 (Intel 1980e) und RMOS (Siemens 1983) stellen ein zusätzliches, spezielles Botschaftensystem zur Verfügung (MMX - multiprocessor message exchange), das die Kommunikation zwischen den Prozessoren in Form von Nachrichten erlaubt. Das hardware-unabhängig von der Firma IPI angebotene Betriebssystem MTOS dagegen baut auf einer zentralen Verwaltung auf und ermöglicht dadurch eine dynamische Zuweisung freier Prozessoren zu den verschiedenen Tasks, also ein echtes Mehrprozessor-Scheduling (Ripps 1980). Allen gemeinsam ist, daß sie mit frei erreichbaren globalen Speicherbereichen arbeiten und sich dadurch eher nachteilig auf die Zuverlässigkeit auswirken.

Aus den genannten Gründen können im Unterschied zu vielen Hardware-Komponenten die üblichen Betriebssysteme nicht ohne tiefgreifende Änderungen für ein fehlertolerantes System verwendet werden. Es kommen daher bisher nur speziell entwickelte Betriebssysteme zum Einsatz, die den besonderen Gegebenheiten Rechnung tragen (Heger, Steusloff, Syrbe 1979; Wensley 1983). Neuere Arbeiten zielen auch auf die Erhaltung eingeführter Betriebssystemfunktionen, insbesondere von UNIX-Systemen, indem sie die maßgeblichen Systemfunktionen entsprechend modifizieren (Gunningberg 1983; Bayer, Demmelmeier, Endl, Ries, Wiemann 1983) oder eine zusätzliche Zwischenschicht zur Filterung und Umleitung aller Systemaufrufe einführen (Risse, Brause, Dal Cin, Dilger, Lutz 1984). Der Anwendungsprogrammierer braucht sich dabei keine Gedanken mehr um die Fehlertoleranz zu machen.

Eine so weitgehende Transparenz der Fehlertoleranz ist für ein dezentrales Automatisierungssystem nicht gefordert, da es üblicherweise nicht von einem Anwender programmiert wird. Sie erschwert dagegen die optimale Ausnutzung der besonderen Hardware-Gegebenheiten in einem anwendungsbezogen Software-Baustein. Bei der Gestaltung des FIPS-Betriebssystems wurde daher mehr Wert auf die Beachtung der besonderen Randbedingungen in der industriellen Automatisierungstechnik gelegt und versucht, die Betriebssystemfunktionen für diesen Bereich zu optimieren und im Rahmen einer angepaßten Struktur der System-Software zu realisieren. Für die Funktionen des Betriebssystems selbst wurde jedoch auch hier eine weitgehende Transparenz verwirklicht. Die Aufgabenverteilung auf verschiedene Mikrorechner und die dabei anfallende Kommunikation treten nach außen nicht in Erscheinung (im Unterschied zu iRMX und RMOS) und erfordern daher auch keine besonderen Aktionen.

Der Name des entstandenen Echtzeitbetriebssystems REX steht für

REX - **R**egional
    EXecutive

und deutet auf diese Fähigkeiten zur transparenten regionalen Ausführung seiner Funktionen hin.

Die anschließenden Betrachtungen sollen keine Anleitung für die Anwendung des Betriebssystems REX sein. Sie beschreiben vielmehr die hinter seinem Entwurf stehenden Gedanken und die bei seiner Realisierung angewendeten Prinzipien und sollen damit seinen inneren Aufbau und seine Funktionsweise verständlich machen. Die Benutzung seiner Funktionen ist dagegen in einem eigenen Handbuch (Mäncher, Waldschmidt, 1985) erläutert, das auch die zugehörigen Entwicklungshilfen beschreibt und vollständige Referenzen für die Deklaration der Systemaufrufe und die Bedeutung der jeweiligen Parameter enthält.

4.1 DIE ANFORDERUNGEN AN DAS BETRIEBSSYSTEM

4.1.1 Randbedingungen in der Automatisierungstechnik

Ebenso wie für die Hardware sind für das Betriebssystem die
Gegebenheiten der industriellen Prozeßautomatisierung maßgebend.
Dabei sind insbesondere auch die Struktur und die Einsatzbedin-
gungen dezentraler Automatisierungssysteme zu berücksichtigen:

- Die Automatisierung eines technischen Prozesses stellt hohe
  Anforderungen an das Echtzeitverhalten des Rechensystems.
  Dabei sind in der Regel verschiedenartige Zeitbedingungen zu
  berücksichtigen:
  o Viele Aufgaben, z. B. digitale Regelalgorithmen, verlangen
    eine zyklische Bearbeitung, wobei einige Algorithmen sehr
    empfindlich auf schwankende Zykluszeiten reagieren.
  o Für die Bearbeitung von Ablaufsteuerungen, die Annahme von
    Grenzwert- oder Stellungsrückmeldungen und ähnliche Aufgaben
    ist auch die Reaktion auf asynchrone Anforderungen notwen-
    dig.
  o Einige Aktionen müssen zu absoluten Zeiten ausgeführt werden
    bzw. benötigen absolute Zeitangaben (z. B. für Protokolle).

- Die Aufgabenverteilung auf die Lokalsysteme und die mittlere
  Systembelastung sind in der Regel stationär. Sie ändern sich
  nur
  o durch eine neue Konfigurierung bzw. Ergänzung von Aufgaben,
  o durch eine Rekonfiguration im Fehlerfall.
  Dynamische Änderungen gibt es allerdings bei der Prozessor-
  auslastung und der Busbelastung, da diese von den momentanen
  Zuständen des automatisierten Prozesses abhängen.

- In den einzelnen lokalen Subsystemen dezentraler Automatisierungssysteme gibt es keine Massenspeicher. Diese befinden sich
  nur in einer Leitstation und sind daher nur seriell erreichbar. Das hat folgende Konsequenzen:
  o Das gesamte Betriebssystem ist hauptspeicherresident.

o Das Laden (bzw. Eintragen) von Anwendungsprogrammen erfolgt
  entweder sehr schnell aus dem ROM oder

o seriell über den Globalbus von einer Leitstation aus, was
  einen größeren Zeitverzug zur Folge hat.

o Ein laufendes Ablegen von Programmen (swapping) oder Daten
  auf Platten oder ein Nachladen von einer Platte sind nicht
  möglich.

- Die Festlegung der Funktionen für eine Applikation erfolgt in
  der Regel durch eine Konfigurierung, d. h. die Verknüpfung und
  Parametrierung von Standard-Software. Dazu muß das Betriebssystem die Voraussetzungen bieten. Die Anwendungsprogrammierung hat hier, im Unterschied zu Prozeßrechnern, eine weniger
  große Bedeutung.

- Die Konfiguration der Hardware ist bei der Generierung des
  Betriebssystems nicht bekannt und kann auch nach der Installation eines Systems noch modifiziert werden. Das Betriebssystem muß sich an diese Änderungs- und Erweiterungsmöglich-
  keiten anpassen können.

Die aufgeführten Randbedingungen stellen hohe automatisierungs-
spezifische Anforderungen an die Gestaltung eines Betriebssystems. Sie lassen aber auch Vereinfachungen gegenüber anderen
Rechensystemen zu, da keine großen Datenmengen bearbeitet und
verwaltet werden müssen.

4.1.2 Spezielle Anforderungen durch die Fehlertoleranz

Die Hardware des Mikrorechnersystems FIPS weist einige Merkmale
auf, die speziell auf die Fehlertoleranz ausgerichtet sind und
in ähnlicher Form auch in anderen fehlertoleranten Systemen an-
getroffen werden. Sie stellen insbesondere der Kommunikation
zwischen den Prozessoren der verschiedenen Teilsysteme einige
Hindernisse in den Weg und verhindern so die einfache Anwendung
bekannter Kommunikations- und Synchronisationsmittel:

- Es gibt keine globalen Speicher.

  In den meisten Mehrprozessorsystemen ohne Fehlertoleranz werden globale Speicher zum Austausch von Daten eingesetzt. Die darin abgelegten Systemtabellen und Semaphoren erlauben eine relativ einfache Synchronisation des Programmablaufs und der Datenzugriffe und enthalten als zentrale Instanz immer eindeutige Informationen. Die dort eingerichteten Briefkästen sind für verschiedene Prozessoren leicht erreichbar.

- Vor dem Zugriff zu anderen Lokalsystemen sind Sicherungsbarrieren zu überwinden.

  Die Sicherungsbarrieren dienen dem Schutz vor einer gegenseitigen fehlerhaften Beeinflussung. Sie erschweren und verlangsamen den Zugriff gegenüber einer ständigen festen Kopplung.

Neben der Beachtung der durch die Hardware gegebenen Einschränkungen sind weitere von der angestrebten Fehlertoleranz gestellte Anforderungen zu erfüllen. Sie betreffen allgemeine Fähigkeiten zur Fehlerbehandlung und die Möglichkeiten zur Rekonfiguration und zur Kooperation von Anwenderprogrammen.

- Die behandelten Objekte müssen voneinander isoliert und soweit möglich vor einer gegenseitigen Beeinträchtigung geschützt werden.

- Zur Behandlung aufgetretener Fehler müssen die entsprechenden Informationen bereitgehalten werden. Dazu sind außer in den speziell dafür vorgesehenen Elementen des Betriebssystems, wie den Selbsttestprogrammen, vor allem auch an anderen Stellen Vorkehrungen zu treffen.

- Um eine Rekonfiguration zu ermöglichen, müssen lauffähige Anwenderprogramme ohne Veränderungen an Programm-Code oder -Daten zwischen den einzelnen Mikrorechnern ausgetauscht werden können.

- Die zur Bereitstellung der Fehlertoleranzklassen Z und S erforderlichen (2v3)- bzw. (2v2)-Anordnungen aus kooperierenden Echtzeitprogrammen haben einen sehr hohen Bedarf an Kommunikation und Synchronisation.

- Zu ihrer Bearbeitung muß das System darüber hinaus in der Lage sein, die kooperierenden Programme in den verschiedenen Lokalsystemen gleichzeitig zu behandeln und möglichst als eine Einheit erscheinen zu lassen.

Die Bereitstellung dieser Möglichkeiten schafft erst die Voraussetzungen für eine erfolgreiche Realisierung von Fehlertoleranz.

4.2 DAS BETRIEBSSYSTEM REX IM ÜBERBLICK

4.2.1 Die Systemphilosophie

Die Kenntnis der Betrachtungsweise von Anwenderprogrammen kann
sehr viel zum Verständnis des Betriebssystems selbst, seines
Entwurfs und des Sinnes seiner Funktionen beitragen. Ihre Erklärung wird daher als *Systemphilosophie* der weiteren Beschreibung
des Betriebssystems, seiner Elemente und seiner Mechanismen vorangestellt:

- Jedes Anwenderprogramm ist ein *Automatisierungsbaustein* mit
  ein- und ausgehenden Signalen bzw. Informationen und mit einstellbaren Parametern.

- Die eingehenden Signale, Informationen und Parameter werden
  dem Anwenderprogramm (Automatisierungsbaustein) über *Kanäle*
  zugeführt und die ausgehenden werden über Kanäle weitergeleitet.

Ein vorhandener Automatisierungsbaustein, der bestimmte Funktionen erfüllen kann, entspricht daher einem bestimmten Gerätetyp
in der konventionellen Automatisierungstechnik, der bei Bedarf
installiert, parametriert und eingesetzt werden kann. Er heißt
hier TASK. Ist ein Baustein für eine bestimmte Applikation
installiert, mit Kanälen für die Signale verbunden und parametriert und damit in Benutzung, so heißt er JOB. (Eine Definition
von JOB, TASK und Kanal bzw. CHANNEL als Objekte des Betriebssystems folgt in Kap. 4.2.2.)

- Ein Anwenderprogramm (Automatisierungsbaustein) residiert im
  Mikrorechnersystem und benutzt zur Erfüllung seiner Aufgaben
  die verfügbaren System-Funktionen und -Resourcen, die es sich
  mit anderen Anwenderprogrammen teilt.

- Es kann durch sich selbst oder durch andere Programme in das
  Mikrorechnersystem geladen, darin bewegt und wieder ausgela-
  gert oder gelöscht werden.

- Ebenso werden Zeitpunkt und Art seiner Bearbeitung durch das
  Anwenderprogramm selbst oder durch andere Programme bestimmt.

Das Anwenderprogramm führt somit gewissermaßen ein Eigenleben im
Mikrorechnersystem. Ein Beispiel dafür ist der in Kap. 4.5.2.1
beschriebene Mechanismus zur zyklischen Programmbearbeitung. Dagegen stellt das Betriebssystem zusammen mit der Hardware nur
eine *erweiterte Maschine* dar, die neben den Prozessorbefehlen
eine Reihe komplexer und höherwertiger Funktionen bereithält und
diese dem Anwenderprogramm als Werkzeuge und Hilfsmittel für die
Erfüllung der eigentlichen Aufgaben zur Verfügung stellt.

- Ein Anwenderprogramm ist primär unabhängig von einer bestimmten Hardware. Seine Plazierung in einem bestimmten Teilsystem
  (Lokalsystem) bzw. seine Zuordnung zu einem bestimmten Prozessor können prinzipiell willkürlich erfolgen.

In der Realität ergeben sich natürlich Einschränkungen bei den
möglichen Konfigurationen, da ja nur die tatsächlich in einem
Sytem verfügbaren Resourcen genutzt werden können und insbesondere die verfügbare Rechenleistung begrenzt ist.

Die gezeigte Betrachtungsweise der Anwenderprogramme und die
dementsprechende Behandlung durch das Betriebssystem unterscheidet sich von der Behandlung in Ein-Rechnersystemen durch die
Möglichkeiten der freien Beweglichkeit im ganzen System und der
willkürlichen Zuordnung zu einem Teilsystem. Gegenüber der Behandlung von Anwenderprogrammen in Einzelgeräten und Kompaktreg-
lern mit Mikroelektronik (Birck 1977, Bergmann 1983) und in den
ersten darauf aufbauenden fehlertolerierenden Systemen (Sendler
1982) unterscheidet sie sich grundsätzlich. Dort werden Anwenderprogramme in der Regel als Moduln behandelt, die von der
System-Software bei Bedarf herangezogen werden und dieser, genau
umgekehrt wie hier, untergeordnet sind.

4.2.2 Behandelte Objekte

Durch das Betriebssystem REX werden drei unterschiedliche Objekttypen behandelt, die in Kap. 4.2.1 bereits angesprochen wurden. Die Kennzeichnungen für die verschiedenen Objekte eines Typs sind eindeutig innerhalb eines Regionalsystems. Die sich darauf beziehenden Systemaufrufe und ihre Wirkungen sind daher invariant gegenüber der Plazierung des sie aufrufenden Programms und des angesprochenen Objektes. Das schafft eine wichtige Voraussetzung für die freie Beweglichkeit von Anwenderprogrammen.

Die behandelteten Objekttypen sind:

JOB   Ein Job ist ein *lauffähiges, konfiguriertes und parametriertes Anwenderprogramm*, das für die Bearbeitung einer bestimmten applikationsbezogenen Aufgabe vorgesehen ist.

TASK   Eine Task ist ein *allgemeines Anwenderprogramm* ohne applikationsbezogene Daten.

Während zu einem Job die im zugehörigen Datensegment enthaltenen Informationen über Ein/Ausgabe-Kanäle, Prozeßparameter usw. dazugehören und bei einer externen Speicherung mit aufbewahrt werden müssen, besitzt eine Task keine solchen Informationen. Sie werden erst während des Ablaufs entgegengenommen und brauchen daher nicht gespeichert und beim Laden mit übertragen zu werden (zur Segmentierung von Jobs und Tasks und zur Bedeutung der einzelnen Segmente siehe Kap. 4.3.1). Während der Bearbeitung im System ist keine Unterscheidung zwischen Jobs und Tasks mehr erforderlich, vielmehr kann eine einmal initialisierte, mit Konfigurationsdaten und Parametern versehene Task abgelegt und später als Job wieder in Betrieb genommen werden (siehe auch Kap. 4.5.2). Wegen dieser Identität der Behandlung von Jobs und Tasks während ihres Ablaufs wird, soweit keine Unterscheidung notwendig ist, im folgenden häufig nur von Jobs oder nur von Tasks gesprochen.

CHANNEL Ein Kanal oder CHANNEL (als Eigenname des Objekttyps)
        ist ein *Kommunikationskanal*, ein *Eingabekanal* oder ein
        Ausgabekanal innerhalb eines Regionalsystems.

Zu einem über das Betriebssystem anzusprechenden Kanal muß keine
physikalische Ein/Ausgabemöglichkeit gehören. Vielmehr können
auch die Briefkästen des Botschaftensystems oder einzelne Elemente von Parameterlisten als Kanäle angesehen werden.

Weitere Elemente zur Steuerung des zeitlichen Ablaufs oder zur
Zwischenspeicherung und zum Austausch von Informationen (Semaphoren, Briefkästen usw.) werden innerhalb der Segmente eines
Jobs untergebracht. In der Regel hängt ihre Verwendung nur von
den Anwenderprogrammen ab und der Bedarf ist zum Zeitpunkt des
Programmierens bekannt. Sie können daher bereits beim Binden
eines Anwenderprogramms erzeugt werden und müssen nicht explizit
als Objekte vom Betriebssystem verwaltet werden. Dadurch und
durch den Verzicht auf andere, durch einen Job selbst zu erzeu-
gende Objekte entstehen kompakte Jobs und Tasks. Bei ihrer Behandlung und eventuellen Verlagerung müssen keine während ihres
Ablaufs erzeugten und von ihnen abhängigen Objekte berücksichtigt werden.

4.2.3 <u>Schichten und Oberflächen</u>

Mit der Gestaltung des Betriebssystems REX wird ebenso wie mit
der Struktur der Hardware eine weitgehende Modularisierung verfolgt. Damit soll neben den allgemeinen Zielen Übersichtlichkeit, Erweiterbarkeit und Testbarkeit hauptsächlich eine klare
Abgrenzung und eine eindeutige Zuordnung der einzelnen Software-
Einheiten des Betriebssystems zu den entsprechenden Einheiten
der Hardware erreicht werden. Das Betriebssystem REX besteht
daher aus lokalen Betriebssystemen mit regionalen Verbindungen
und benutzt eine dezentrale Datenhaltung.

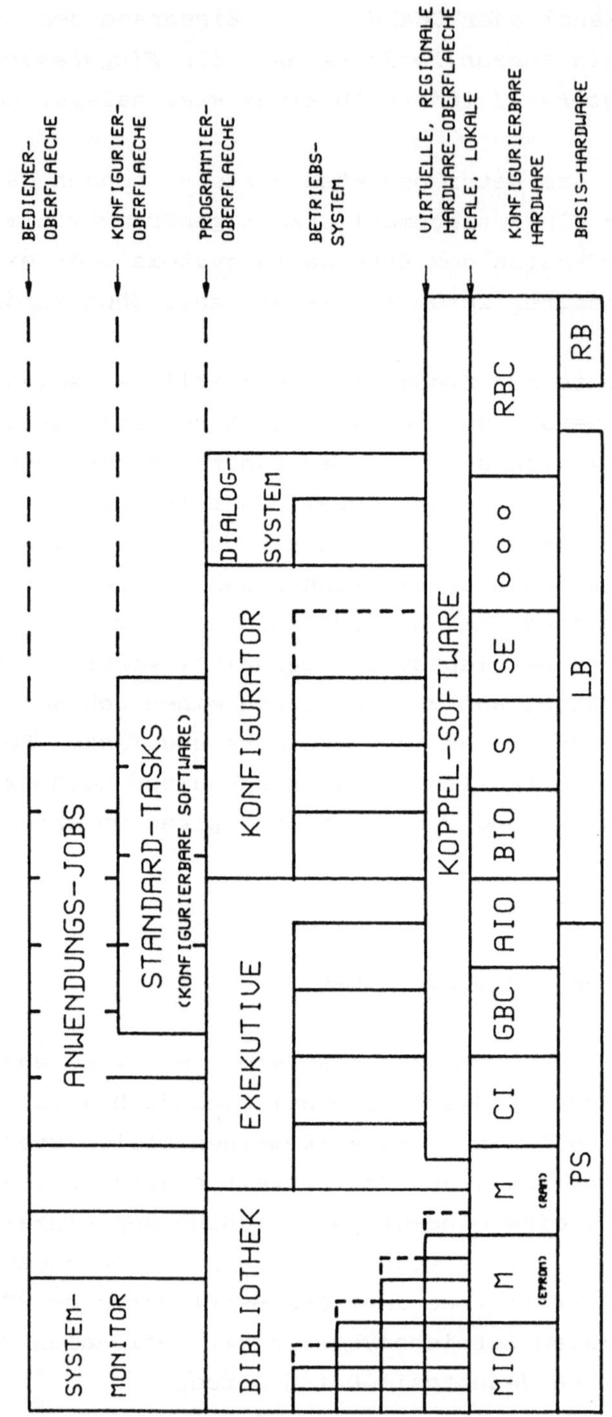

Bild 4.1: Ein FIPS-Lokalsystem baut sich aus verschiedenen festen und konfigurierbaren Hardware- und Software-Schichten auf. Sie stellen der nächst höheren Schicht jeweils Oberflächen mit bestimmten Funktionen zur Verfügung.

In Bild 4.1 sind schematisch die Hard- und Software-Schichten
eines FIPS-Lokalsystems dargestellt. Die unterste Schicht bildet
die *Basis-Hardware*, bestehend aus Spannungsversorgung (PS) und
Lokalbus (LB). Aufgesetzt darauf sind die verschiedenen Hardware-Moduln (Mikrorechner MIC, Speicher M, Konsolen-Interface CI
usw.), die nach Bedarf in das System integriert werden und die
konfigurierbare, lokale Hardware bilden. Sie stellen die *reale,
lokale Hardware-Oberfläche* zur Verfügung, auf die direkt zugegriffen werden kann. Dem Zugriff zu anderen Lokalsystemen dient
der Regionalbuskoppler (RBC), der die Verbindung zum Regionalbus
(RB) bildet. Der Regionalbus selbst ist als die regionale Basis-
Hardware anzusehen (Bild 4.2).

Zwischen der Hardware und dem eigentlichen Betriebssystem befindet sich die mit *Koppel-Software* (CONNECT-Software) bezeichnete
Zwischenschicht, die den Verkehr über den Regionalbus unter-
stützt und überwacht. Sie ermöglicht auf Anforderung den Zugriff
zur konfigurierbaren Hardware der übrigen Lokalsysteme eines
Regionalsystems und stellt dadurch eine Art *virtuelle, regionale
Hardware-Oberfläche* zur Verfügung.

Der Hauptteil des Betriebssystems ist in vier Blöcke gegliedert,
deren Funktionen einem Anwenderprogramm direkt zur Verfügung
stehen:

- Die *Exekutive* (EXECUTIVE) enthält alle Betriebssystem-Teile,
  die direkt mit der Ausführung von Aufträgen befaßt sind:
  Funktionen zur Steuerung des Ablaufs von Anwenderprogrammen,
  zur Kommunikation innerhalb des Systems, zur Abfrage von Informationen und zur Prozeß-Ein/Ausgabe. Hinzu kommen die dazu
  notwendigen Hilfsroutinen (Kernfunktionen): Scheduler, Uhren-
  monitor, Interrupt-Routinen und lokale Initialisierung.

- Der *Konfigurator* (CONFIGURATOR) stellt diejenigen Betriebs-
  system-Funktionen bereit, die sich mit der aktuellen Hard- und
  Software-Konfiguration befassen: Lader, Selbsttest, Kaltstart-
  (Boot-), Rekonfigurations- und regionales Synchronisationspro-
  gramm.

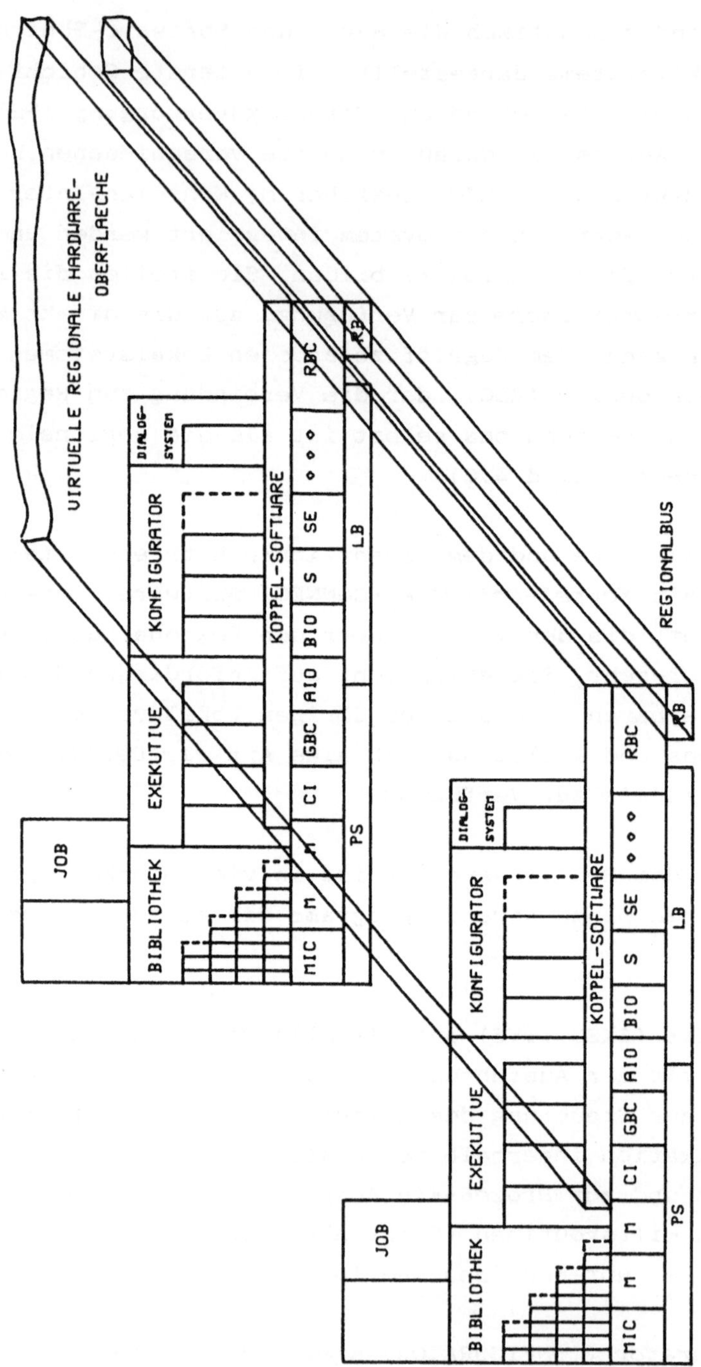

Bild 4.2: Durch die mittels des Regionalbus und der unterlagerten CONNECT-Software hergestellten regionalen Verbindungen steht eine virtuelle, regionale Hardware-Oberfläche zur Verfügung.

- Das *Dialogsystem* (DIALOG SYSTEM) sorgt für eine einheitliche,
  schematisierte Bedienung der verschiedenen Anwenderprogramme.
  Es ist in der Lage, kooperierende Jobs (z. B. die drei Cojobs
  einer (2v3)-Anordnung) simultan zu behandeln, so daß sie für
  den Bediener als eine Einheit erscheinen.

- Die integrierte *Bibliothek* (LIBRARY) dient zur Unterstützung
  der Anwender-Software. Sie enthält z. B. transzendente Funktionen, Vektor- und Matrizenoperationen usw.

Durch den Zugriff von Exekutive, Konfigurator und Dialogsystem
zur virtuellen Hardware-Oberfläche mittels einer intensiven Nutzung der unterlagerten Koppel-Software ist die regionale Ausführung aller Betriebssystemfunktionen möglich. In Verbindung mit
der regional eindeutigen Kennzeichnung aller behandelten Objekte
steht mit den hier bereit gehaltenen Funktionen eine einheitliche *Programmier-Oberfläche* in allen Lokalsystemen eines Regionalsystems zur Verfügung. Die sich darauf abstützenden Anwenderprogramme können daher ohne Modifikation zwischen den Lokalsystemen ausgetauscht werden. Damit wird die angestrebte weitgehend freie Aufgabenverteilung und infolgedessen auch eine Rekonfiguration oder eine Parallelverarbeitung in verschiedenen Lokalsystemen möglich.

Die in einem dezentralen Automatisierungssystem vorrätigen allgemeinen Automatisierungsbausteine (z. B. P-, PI-, PID-Regler)
bilden als *Standard-Tasks* eine weitere Systemschicht (Bild 4.1).
Sie hält vom Anwender konfigurierbare Software-Moduln bereit.
Die Summe der von diesen Bausteinen ausführbaren Funktionen
stellt die *Konfigurier-Oberfläche* dar, die in üblichen Prozeßrechnern nicht vorhanden ist. Die Realisierung der eigentlichen
Automatisierungsaufgaben einer bestimmten Applikation erfolgt
normalerweise auf dieser Basis. Der "Konfigurierer" benötigt
dazu keine Programmierkenntnisse, da er nur die vorgefertigten
Bausteine über Kanäle miteinander verknüpft und sie wie konven-
tionelle Automatisierungsbausteine parametriert.

Die installierten Automatisierungsbausteine bilden als Anwendungs-Jobs zusammen mit eventuellen speziellen Anwenderprogrammen die oberste Systemschicht mit der dem Bediener direkt zugänglichen *Bediener-Oberfläche*. Hier kann die Bedienung in standardisierter Form mit Hilfe des Dialogsystems erfolgen.

Eine individuell gestaltete Bediener-Schnittstelle besitzen nur spezielle Tasks. Ein Beispiel dafür ist der Systemmonitor, der eine Ergänzung des Betriebssystems ist und alle Funktionen der Exekutive für eine manuelle Bedienung zugänglich macht. Er steht als Testwerkzeug sowohl für die Anwendungsprogrammierung als auch für den Systemtest oder die manuelle Beeinflussung eines technischen Prozesses zur Verfügung.

4.3 <u>DIE DEZENTRALE DATENHALTUNG</u>

In fehlertoleranten Systemen darf es keine zentralen Einrichtungen geben, da deren Ausfall den Ausfall des gesamten Systems zur
Folge haben kann. Das gilt selbstverständlich auch für die Datenhaltung des Betriebssystems, die aus diesem Grund dezentral
erfolgen muß. Die Einrichtung zentraler Informationen wäre im
Mikrorechnersytem FIPS auch gar nicht möglich, da in der Systemstruktur keine zentralen Elemente und damit auch keine globalen
Speicher vorgesehen sind. Daneben gibt es weitere Gründe, die
für eine weitgehende Dezentralisierung der Datenhaltung auch
innerhalb der einzelnen Subsysteme (in diesem Fall der Lokalsysteme) sprechen:

- Die Informationen müssen an den Stellen, an denen sie benötigt
  werden, auch nach einem Zerfall des Systems in seine Subsysteme noch zur Verfügung stehen und erreichbar sein. Das verlangt
  nach einer Fortsetzung der Modularisierung in den Bereich der
  Software hinein und bedeutet, daß die zu einem bestimmten Modul (aus der Hardware oder der Software) gehörenden Informationen möglichst innerhalb dieses Moduls untergebracht werden.

- Die dezentrale Datenhaltung behindert die Ausbreitung von
  Fehlern und damit die Beeinträchtigung der Funktion anderer
  Moduln.

- Die weitgehende Dezentralisierung von Verwaltungsdaten und
  -tabellen des Betriebssystems durch deren Zuordnung zu den
  betroffenen Anwenderprogrammen sorgt auch hier für eine Modularisierung. Die Jobs und Tasks werden so zu kompakten Einheiten, die alle zu ihrer Weiterbearbeitung notwendigen Informationen beinhalten. Gleichzeitig wird die in den Systemtabellen
  verbleibende Information minimiert, was die Beweglichkeit der
  Anwenderprogramme zusätzlich begünstigt.

- Die von einem Automatisierungssystem geforderte inkrementelle
  Erweiterbarkeit wird verbessert.

Einige offensichtliche Nachteile einer Dezentralisierung von
Systeminformationen müssen bei der Festlegung von Informations-
strukturen und bei ihrer Anwendung bedacht werden. Dazu gehören
neben der schlechteren Überschaubarkeit für einen Systemprogram-
mierer vor allem die erhöhte Wahrscheinlichkeit von Zugriffskonflikten und die entstehende Gefahr der Inkonsistenz verteilter
Informationen. Inkonsistenzen können insbesondere durch redundante Informationen und die zwangsläufige Zeitverschiebung bei
der Aktualisierung entstehen, weshalb die Redundanz hier auf ein
notwendiges Minimum beschränkt werden muß. Sie darf nur dort
vorkommen, wo sie zur Sicherung von Informationen notwendig ist
und wo die Daten-Konsistenz zusätzlich durch ein definiertes
Zugriffsverfahren gewährleistet wird.

4.3.1 Die Segmentierung von Anwenderprogrammen

Eine geeignete Segmentierung ist die Basis, um die Anwenderprogramme mit den Betriebssystem-Schnittstellen und den das jeweilige Anwenderprogramm betreffenden System-Informationen zu den
gewünschten kompakten, verschiebbaren Einheiten zusammenzufas-
sen. Dies geschieht beim Generieren einer Task durch das Hinzufügen von speziellen Ergänzungen zu den von einem Compiler bzw.
Assembler zu erzeugenden Segmenten des Anwenderprogramms (Bild
4.3). Die dazu benötigten Moduln werden als Runtime-Interface in
einer Bibliothek auf dem Entwicklungssystem bereitgehalten. Sie
beinhalten neben den Feldern für die Statusinformationen und den
Interface-Prozeduren auch zusätzliche Elemente wie Briefkästen
und Semaphoren sowie Platz für den kompletten Prozessorkontext
während einer Unterbrechung.

Von den Entwicklungswerkzeugen für die Mikroprozessorfamilie
8086 (Intel 1980c, Intel 1980d) werden bei einer entsprechenden
Steuerung Segmente mit den Namen CODE, DATA und STACK erzeugt,
die den Maschinencode, deklarierte Daten bzw. temporär genutzten
Speicherplatz enthalten. Die ablauffähigen Programmeinheiten Job
und Task bestehen aufgrund der besonderen Gestaltung des Runtime-Interface schließlich wieder aus drei zusammenhängenden

Segmenten mit den gleichen Bezeichnungen (CODE, DATA, STACK)
sowie dem zusätzlichen Segment DIRECTORY. Näheres über die Generierung einer Task findet sich in Kap. 5 dieser Arbeit und im
Handbuch (Mäncher, Waldschmidt 1985).

Die einzelnen Segmente fassen jeweils Klassen von Informationen
zusammen:

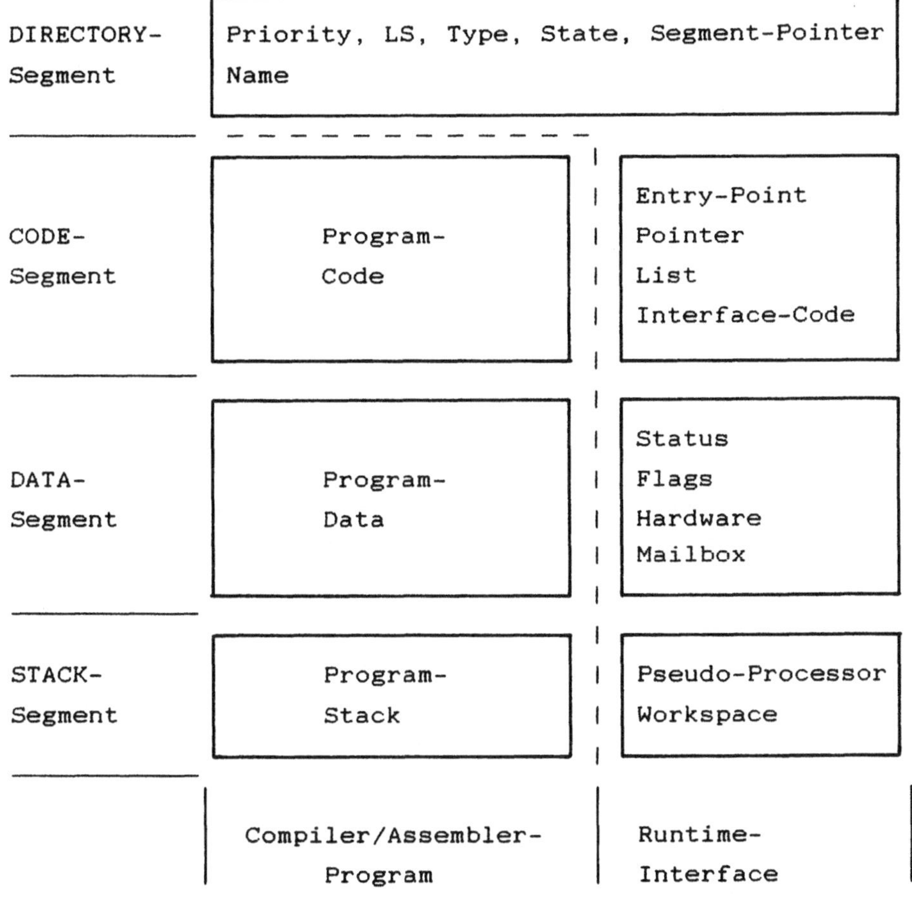

Bild 4.3: Ein ablauffähiges Anwenderprogramm besteht aus den
         Segmenten CODE, DATA, STACK mit allen Programm- und
         Statusinformationen und einem beschreibenden Segment
         DIRECTORY.

CODE   Der Inhalt des Code-Segments ist *unveränderbar*. Er
        besteht aus dem Maschinenprogramm einschließlich der
        Interface-Prozeduren zur Exekutive und zur integrier-
        ten Bibliothek und einer festen Einstiegsstelle. Zu-
        sätzlich sind auch alle anderen unveränderbaren Infor-
        mationen wie Konstanten, feste Listen, Zeiger usw.
        hier untergebracht. Das Code-Segment kann im EPROM
        abgelegt und abgearbeitet werden und genügt zusammen
        mit einem zugehörigen Directory-Segment zum Laden
        einer neuen Task. Ein Code-Segment kann gleichzeitig
        für beliebig viele Jobs oder Tasks verwendet werden,
        was sehr wichtig für die Konfigurierbarkeit eines
        Automatisierungssystems ist.

DATA   Im Data-Segment sind alle *veränderbaren*, aber *zu
        erhaltenden* Informationen zusammengefaßt. Dazu gehören
        die Variablen des Anwendungsprogramms, ein Feld mit
        Statusinformationen, benötigten Hardware-Resourcen und
        Flags sowie eine individuelle Anzahl von Briefkästen
        (Mailboxes). Jede verwendete Mailbox muß im Programm
        als "external" deklariert sein und wird dann beim Bin-
        den (auf dem Entwicklungssystem) der Task hinzugefügt.
        Die Behandlung des Data-Segments durch das Betriebssy-
        stem ist unterschiedlich: Tasks erhalten beim Laden
        ein initialisiertes Statusfeld und gelöschte Mail-
        boxes, der Rest ist undefiniert und wird durch die
        Task selbst initialisiert (siehe Funktionsstatus INIT,
        Kap. 4.5.2). Dagegen gehört der Inhalt des Data-Seg-
        ments mit zu einem Job und wird mit geladen bzw. ab-
        gelegt. Das dient hauptsächlich zur Rettung und Wie-
        derverwendung der darin enthaltenen Konfigurations-
        parameter einer Applikation. Beim Austausch von Jobs
        oder Tasks zwischen den Lokalsystemen wird in der
        Regel nur das Data-Segment übertragen, da ein iden-
        tischer Code meist bereits vorliegt; wenn nicht, wird
        auch das Code-Segment übertragen.

STACK   Das Stack-Segment nimmt nur *temporäre* Informationen
           wie Parameter für Prozeduraufrufe, die Variablen der
           wiedereintrittsfähigen Betriebssystem-Prozeduren,
           Rückkehradressen usw. auf und ist daher nur während
           der Bearbeitung eines Jobs bzw. einer Task von Bedeu-
           tung. In das Stack-Segment gehört als temporäre Infor-
           mation während einer Unterbrechung oder Verdrängung
           auch der Inhalt der Prozessoren (8086 und 8087), der
           hierin gerettet wird. Der dazu definierte Pseudopro-
           zessor wird gleichzeitig auch bei der Fehlersuche in
           Anwenderprogrammen verwendet.

DIRECTORY Das Directory-Segment hat eine feste Länge von 32 Byte
           und dient nur zur Beschreibung und Identifikation der
           Jobs und Tasks. Es wird vom Betriebssystem als Element
           für das Verzeichnis aller geladenen Jobs und Tasks
           (Directory, Kap. 4.3.2) weiterverwendet.

Die Größe der Segmente und damit der benötigte Speicherplatz
werden beim Binden ermittelt und im Directory-Segment eingetragen und stehen dort als Ladeinformation zur Verfügung.

4.3.2 Regional zugängliche System-Informationen

Zur Verständigung der lokalen Betriebssysteme untereinander ist
ein regionaler Informationsaustausch notwendig. Dazu sind eine
Reihe von Variablen und Feldern des Betriebssystems an absoluten
Adressen definiert und über den Regionalbus zugänglich. Ihr Gel-
tungsbereich beschränkt sich jedoch grundsätzlich auf das Lokalsystem, in dem sie angeordnet sind. Nachbarsysteme können hier
die das lokale Betriebssystem bzw. die lokalen Resourcen betreffenden Statusinformationen abfragen oder entsprechende Steuerin-
formationen übergeben. Diese werden vom lokalen Betriebssystem
interpretiert und weiterbearbeitet. Beispiele dafür sind Felder
zur Benachrichtigung des Schedulers und des Uhren-Monitors oder
Hilfsvariablen für die exakte Zeit-Synchronisation.

Ähnliches gilt für die den Ein/Ausgabe-Moduln zugeordneten Informationen über Verfügbarkeit, zuletzt ausgegebene Werte usw. Sie werden in dem Lokalsystem abgelegt, in dem das Modul angeordnet ist, sind aber ebenso wie das Modul selbst regional erreichbar. Ihre Zuordnung und ihr Inhalt sind damit immer eindeutig und aktuell.

Eine Tabelle betrifft den aktuellen Zustand der Hardware des Lokalsystems. Sie ist das Ausgangsprodukt der Selbsttest-Programme und beschreibt jeweils den Typ und die momentane Funktionsfähigkeit der an den einzelnen Einsteckplätzen untergebrachten Hardware-Moduln. Sie wird auf Anforderung durch einen Betriebssystem-Aufruf (CHECK, siehe Tab. 4.1) ausgewertet und erlaubt somit die Feststellung, ob die von einem Job benötigten Resourcen auch tatsächlich zur Verfügung stehen.

Da die regional zugänglichen Informationen von verschiedenen Prozessoren erreicht und verändert werden können, besteht hier die Gefahr von Zugriffskonflikten und Inkonsistenzen, die auch durch ein kurzzeitiges Sperren von Interrupts oder die Verwendung von Semaphoren nicht vollständig vermieden werden kann. Daher ist für jeden kritischen Zugriff eine exklusive Reservierung mit Hilfe der dafür vorgesehenen Funktionen der Koppel-Software erforderlich.

Die Zusammenfassung der regional erreichbaren Information in einem gesonderten Tabellenmodul (Software-Modul) macht es in Grenzen möglich, daß auch unterschiedliche Betriebssystemversionen in den verschiedenen Lokalsystemen zusammenarbeiten können. Dies wurde während der Entwicklungsarbeiten des öfteren praktiziert.

Die einzige Verwaltungseinheit mit regionaler Bedeutung, die nicht einem Lokalsystem zugeteilt werden kann, ist ein Verzeichnis aller im Regionalsystem geladenen Jobs und Tasks, das als DIRECTORY bezeichnet wird (Bild 4.4). Es enthält als Elemente (Einträge) die Directory-Segmente der einzelnen Jobs und Tasks, in denen Felder für die folgenden Angaben vorgesehen sind:

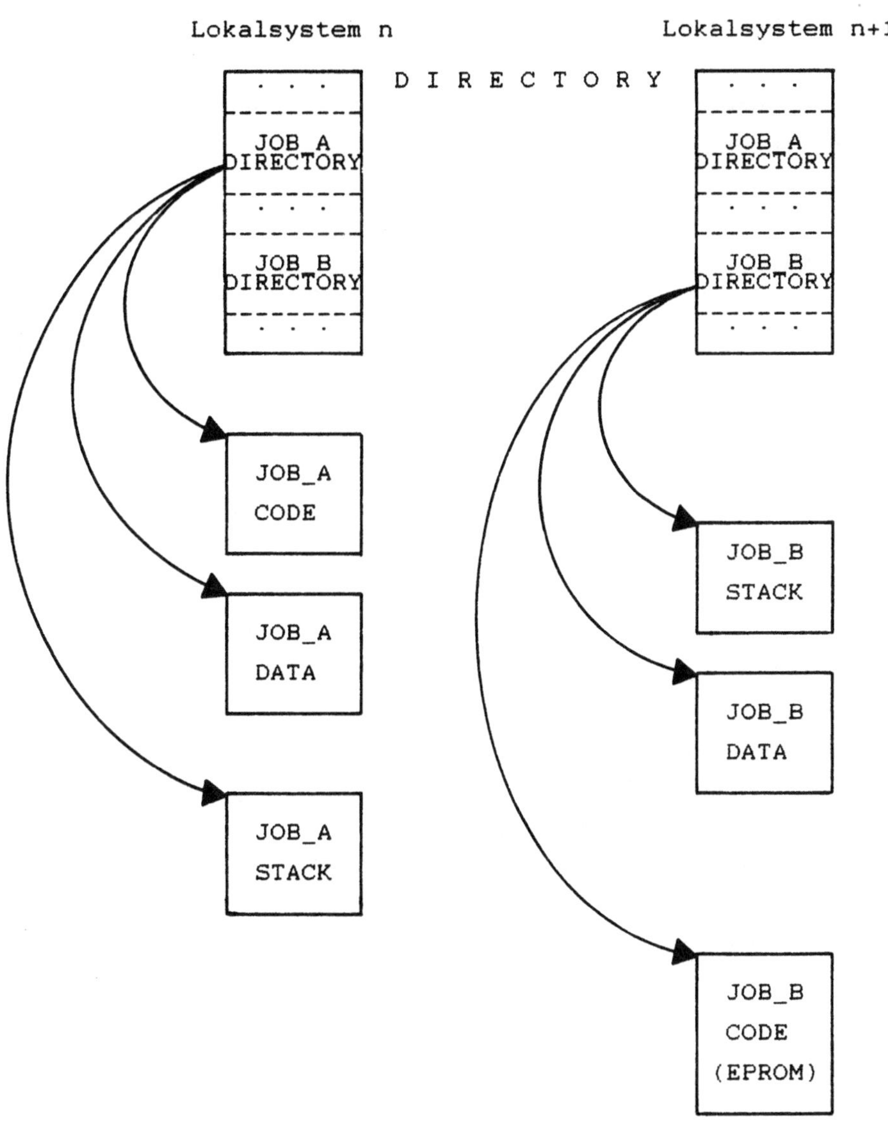

Bild 4.4: Das in allen Lokalsystemen vorhandene Directory enthält die Kennzeichnungen und die Zeiger zu den Segmenten aller geladenen Jobs und Tasks.

- Job-Nummer, die gleichzeitig die Priorität festlegt (kleinere Nummern haben eine höhere Priorität),

- Lokalsystem, in dem der Job residiert,

- Typ und Entwicklungsstand,

- Adressen und Längen der zugehörenden Segmente CODE, DATA und
  STACK, in denen alle sonstigen Informationen über den Job zu
  finden sind,

- einen Namen mit maximal 16 ASCII-Zeichen.

Diese Informationen werden nur beim Laden, Verschieben oder
Löschen eines Anwenderprogramms, also einer Änderung der aktuellen Software-Konfiguration, modifiziert.

Wegen der großen Bedeutung des Directory, das praktisch die aktuelle Software-Konfiguration des Regionalsystems wiederspiegelt
und um einen schnellen Lese-Zugriff zu gewährleisten, ist eine
identische Kopie in jedem Lokalsystem vorhanden. Zur
Auflösung von Zugriffskonflikten beim Beschreiben und zur Vermeidung von Mehrdeutigkeiten hat der Eintrag einer Nummer bzw.
Priorität zunächst Semaphor-Charakter und das zugehörige Objekt
wird erst nach beendetem Ladevorgang vollständig freigegeben.

Das Directory in der beschriebenen Organisationsform ist die
Basis für die regional eindeutige Identifikation von Jobs und
Tasks, da jede eventuelle Verschiebung hier eingetragen wird.

4.3.3 <u>Die Lokalsystembeschreibung</u>

Ebenfalls regional erreichbar, aber unveränderbar ist die in
eigenen EPROM-Bausteinen abgelegte Systemtabelle zur Beschreibung der Konfiguration eines Lokalsystems. Sie enthält sowohl
Angaben über die im Lokalsystem vorhandene Hardware als auch
über die beim Systemstart in Betrieb zu nehmende Standard-Software und dient dem Betriebssystem zur Anpassung an die jeweilige System-Konfiguration. Im Einzelnen sind hier folgende Informationen vorgesehen:

- Konstanten, wie Lokalsystemnummer, Speichergröße und -anfangs-
  adresse, Nummern einiger Systemtasks usw.,

- Felder zur Beschreibung der an den einzelnen Einsteckplätzen
  des Lokalsystems vorhandenen Hardware-Moduln und deren für den
  Selbsttest nutzbare Verbindungen,

- Kaltstart- (Boot-) Listen (sie setzen sich aus dafür aufberei-
  teten Directory-Segmenten zusammen und haben eine variable
  Länge) für:
  o einige zum Betriebssystem gehörende Tasks,
  o vom Anwender festzulegende Standard-Jobs, die beim Kaltstart
    des Systems automatisch gestartet werden und ohne Bediener-
    eingriff in Betrieb gehen,

- ein Verzeichnis der zur Verfügung stehenden und für die Konfigurierung einer Applikation bereitgehaltenen Standard-Tasks.

Die Konfigurationsbeschreibung wird getrennt von den übrigen
Teilen des Betriebssystems erstellt und implementiert. Das Betriebssystem selbst braucht daher bei der Ergänzung oder Entfer-
nung von Hardware-Moduln in einem Lokalsystem oder bei der
Erweiterung des Regionalsystems nicht modifiziert zu werden.

4.4 DIE KOPPEL-SOFTWARE

Die Zwischenschicht Koppel-Software bzw. Connect-Software (sieh
Bilder 4.1 und 4.2) dient im wesentlichen zur Unterstützung der
überlagerten Schichten des Betriebssystems selbst. Sie hat dabe
die Aufgabe, den Zugriff zur Hardware eines Regionalsystems zu
ermöglichen, Zugriffskonflikte möglichst zu vermeiden oder gege
benenfalls aufzulösen. Sie muß dazu neben den reinen Hilfsdien-
sten zur Kommunikation über den Regionalbus auch Mechanismen
bieten, die zur Ausführung kritischer Bereiche in Systemprogram
men für eine begrenzte Zeit einen exklusiven Zugriff zu einzelnen Hardware-Elementen ermöglichen.

Durch die verschiedenen Zugriffsmöglichkeiten der Koppel-Software erscheint eine *virtuelle Hardware-Oberfläche* des Regionalsystems, die die Basis für die transparente Ausführung der Funk
tionen in den übergeordneten Betriebssystemschichten bildet.
Dort ist nur noch die Unterscheidung zwischen internen und externen Hardware-Moduln bzw. zwischen internen und externen Adressen notwendig, während die Verbindungswege durch die Funktio
nen der Koppel-Software hergestellt werden. Spezielle Werkzeuge
zur Kommunikation mit Nachbarsystemen, wie sie bei einigen Betriebssystemen ergänzt werden (Intel 1980e, Siemens 1983), sind
dadurch überflüssig. Das erhält den Hardware-Zugriff trotz der
starken Strukturierung des FIPS-Systems und der eingebauten
Barrieren gegen eine Fehlerausbreitung übersichtlich und hand-
habbar.

4.4.1 Die Funktionen der Koppel-Software

Die Koppel-Software wird gebildet aus Prozeduren und Interrupt-
Routinen, die den Charakter von Treiberprogrammen haben, aber
nur dem Betriebssystem zugänglich sind. Die wichtigsten Funktio
nen der Koppel-Software dienen der Anforderung, exklusiven Reservierung und Freigabe von Bussystemen. Darunter sind auch zwe
lokal wirkende Funktionen, die nur zur Vermeidung von Zugriffskonflikten benötigt werden:

LOCK_LB   Die Funktion zur Reservierung des Lokalbus verhindert, das über den Regionalbus auf den Lokal-
bus und damit auf die lokale Hardware und auf die
im Lokalsystem befindlichen Daten zugegriffen
werden kann. Sie erlaubt dadurch die lokale Ausführung kritischer Programmbereiche.

UNLOCK_LB   Durch UNLOCK_LB wird der Lokalbus wieder freigegeben und damit der Zugriff von außen erlaubt.

Der eigentliche Zweck der Koppel-Software ist natürlich die Anwendung des Regionalbus und der Zugriff zu Nachbarsystemen:

RB$GRANT   Diese Prozedur beantragt beim Regionalbuskoppler
den Zugriff zum Regionalbus und wartet auf die
Zuteilung, die durch einen Interrupt signalisiert
wird (Interrupt-Prozedur RBC_1_INT_PROC, siehe
weiter unten). Nach der Zuteilung können Befehle
an die verschiedenen Regionalbuskoppler übermittelt werden.

VERBINDUNG   Die Prozedur VERBINDUNG dient zum Aufbau einer
Regionalbusverbindung zu einem anderen Lokalsy-
stem und ist neben der Regionalbusfreigabe die am
häufigsten verwendete regional wirkende Funktion.
Falls bei ihrem Aufruf der Regionalbus noch nicht
belegt ist, wird er ebenso wie in RB$GRANT bean-
tragt. Danach werden die Regionalbuskoppler mit
der Durchschaltung der Bussignale zu dem gewünschten Lokalsystem beauftragt und damit der
Zugriff zu dessen Lokalbus ermöglicht. Zugriffskonflikte werden dadurch verhindert, daß:
1. gewartet wird, bis der angesprochene Lokalbus
   freigegeben ist (siehe LOCK_LB) und
2. während des Bestehens der Verbindung über den
   Regionalbus im angesprochenen Lokalsystem kein
   lokaler Zugriff des dortigen Mikrorechners
   möglich ist.

VERBINDUNG kann ohne zwischenzeitliche Busfreigabe mehrmals hintereinander mit verschiedenen Ziel-Lokalsystemen aufgerufen werden.

RB$RELEASE   Die Freigabe des Regionalbus mit RB$RELEASE ist die zu RB$GRANT und VERBINDUNG inverse Funktion.

Zwischen der Zuteilung und der Freigabe des Regionalbus nehmen die Regionalbuskoppler Befehle vom Mikrorechner entgegen und führen diese aus (siehe auch Kap. 3.3). Für die Befehlsübermittlung stehen verschiedene Hilfsfunktionen als Unterstützung bereit:

SENDRBORDER   Die Prozedur SENDRBORDER ist eine allgemeine Hilfsfunktion zur Ausgabe beliebiger Befehle an die Regionalbuskoppler.

RBC_WRITE   Für das Beschreiben der in den Regionalbuskopplern (RBC) angelegten Register steht eine spezielle Prozedur bereit, die zum Beispiel von den Selbsttestprogrammen zur Speicherung und Anzeige von Ergebnissen benutzt wird.

RBC_READ   Die entsprechende Prozedur zum Auslesen von Registerinhalten hat den Namen RBC_READ.

Zur Initialisierung der den Regionalbus ansprechenden Software beim Start des Betriebsystem dient die aufrufbare Prozedur RB$INIT. Von den daneben existierenden Hilfsfunktionen zur Interrupt- und Fehlerbehandlung soll hier nur eine erwähnt werden:

RBC_1_INT_PROC   Die Prozedur zur Bearbeitung des Interrupts 1 vom Regionalbuskoppler dient der Belegung und der aktiven und passiven Kommunikation mittels des Regionalbus. Sie signalisiert:
1. die Zuteilung des Regionalbus nach einer vorangegangenen Beantragung,
2. einen von außen erfolgten Zugriff zum Lokalbus

und stößt dabei gegebenenfalls das lokale Betriebssystem zur weiteren Bearbeitung an.

Die Behandlung auftretender Fehler (z.B. Timeout bei einer Busanforderung) erfolgt innerhalb der Prozeduren bzw. in den zugehörigen Interrupt-Routinen. Sie wird, soweit sie keinen Abbruch des aufrufenden Programms erfordert, an dieses zurückgemeldet.

Ein Beispiel für die Anwendung der Funktionen der Koppel-Software liefert außer dem nachfolgenden Kap. 4.4.2 auch die Realisierung der Prozeß-Ein/Ausgabetreiber (Kap. 4.5.4). Zusätzliche Informationen zur Realisierung einzelner Prozeduren der Koppel-Software sind in verschiedenen Studien- und Diplomarbeiten (Heß 1982, Eisel 1983, Heß 1983, Bieneck 1984) enthalten.

4.4.2 Ein Beispiel für die regionale Ausführung eines Systemaufrufs

Eine spezielle Prozedur ACCESS hat in der Exekutive die Aufgabe, den Zugriff zu einem Job und dessen Speicher-Segmenten zur Ausführung von Systemaufrufen zu erleichtern. Die Existenz des Jobs wird überprüft, er wird mit Hilfe des Directory (Kap. 4.3.2) innerhalb des Regionalsystems lokalisiert und bei Erfolg eine exklusive Zugriffmöglichkeit geschaffen:

- ist der Job lokal erreichbar, wird dazu mittels LOCK_LB nur der Lokalbus reserviert,

- ist er in einem anderen Lokalsystem zu finden, wird durch den Aufruf von VERBINDUNG eine Regionalbusverbindung zu diesem Lokalsystem hergestellt,

- existiert er gar nicht, erfolgt keine Busreservierung.

Welcher der drei Fälle eingetreten ist, wird in Form einer Kennziffer zurückgemeldet, die im rufenden Programm zur weiteren Verzweigung genutzt wird. Das Beispiel zur Ausführung des Sy-

stemaufrufs RUN in Bild 4.5 benutzt dazu die Auswahl-Anweisung
(DO CASE ACCESS ...), die den Aufruf von ACCESS als Funktions-
prozedur implizit enthält, und führt dann seine eigentliche Auf-
gabe intern, extern bzw. gar nicht durch. In RUN werden dabei
Statusinformationen des Jobs modifiziert, regional erreichbare
Variablen im betreffenden Lokalsystem besetzt und Kernroutinen
angestoßen. Der Anstoß der Kernroutinen geschieht intern über
einen einfachen Aufruf, extern über die Interrupt-Routine
RBC_1_INT_PROC. Die abschließend aufgerufene Prozedur RELEASE
gibt als inverse Prozedur zu ACCESS alle eventuell reservierten
Bussysteme frei. Sie benutzt dazu wieder die Funktionen aus der
Koppel-Software: UNLOCK_LB und RB$RELEASE.

```
RUN:  PROCEDURE (JOB, ...);
   ...          /* Parameter auf Gültigkeit prüfen */
   ...          /* Aktion vorbereiten */
   DO CASE ACCESS (JOB, ...);
      DO;     /* JOB lokal erreichbar, Lokalbus reserviert */
         ... /* Aktion intern ausführen */
      END;
      DO;     /* JOB regional err., RB-Verbindung besteht */
         ... /* Aktion extern ausführen */
      END;
      DO;     /* JOB nicht erreichbar oder nicht existent */
      END;
   END;        /* DO CASE ACCESS ... */
   CALL RELEASE;
END RUN;
```

Bild 4.5: Beispiel für die regionale Ausführung eines Systemauf-
        rufs.

4.5 DIE EXEKUTIVE

Die generelle Aufgabe der Exekutive ist die *Ausführung von Aufträgen*, die über Systemaufrufe an das Betriebssystems REX er-
teilt werden. Diese betreffen die Behandlung von Jobs und Tasks,
deren Echtzeitverhalten und Kommunikation, die Abfrage von In-
formationen über die Hardware und Software des Systems und die
Bedienung der Schnittstellen zu einem technischen Prozeß. Ein
Teil der Aufträge wird direkt bearbeitet, ein Teil wird an den
Konfigurator weitergeleitet und ein weiterer Teil führt zur
Weiterbehandlung zu den ebenfalls in der Exekutive enthaltenen
Kernfunktionen der Prozessor- und Zeitverwaltung.

Nachfolgend wird zunächst eine Übersicht über die verschiedenen
Funktionen der Exekutive und die zwischen ihnen bestehende Hierarchie gegeben. Daran anschließend werden einzelne Teilberei-
che, die neue Lösungen und Verfahren enthalten und deshalb von
besonderem Interesse sind, herausgegriffen und exemplarisch betrachtet. Es folgt eine abschließende Zusammenstellung aller für
ein Anwenderprogramm zugänglichen Systemaufrufe der Exekutive.

4.5.1 Die Hierarchie in der Exekutive

In Bild 4.6 sind die verschiedenen Ebenen der Auftragsbearbeitung in der Exekutive dargestellt. Die äußerste Schale bildet
das Interface zu den Anwenderprogrammen, das mit Hilfe von Soft-
ware-Interrupts (Traps) aus den Interface-Prozeduren im Code-
Segment eines Anwenderprogramms erreicht wird und die Aufträge
zur Bearbeitung weiterleitet.

Die einzelnen Systemaufrufe werden in der Exekutive jeweils
durch eigene Prozeduren bedient. Diese sind grundsätzlich wie-
dereintrittsfähig, benutzen zur Speicherung von Zwischenresulta-
ten das Stack-Segment des aufrufenden Jobs und werden mit dessen
Priorität abgearbeitet. Es besteht daher bezüglich der Reak-
tionsfähigkeit des Systems über große Bereiche kein Unterschied
zur normalen Bearbeitung des aufrufenden Jobs. Die Prozeduren

greifen auf private, lokale Steuervariablen (z. B. Semaphoren)
und die regional erreichbaren Systemdaten zu und stoßen gegebenenfalls andere Betriebssystemteile im jeweiligen Ziel-Lokalsy-
stem an.

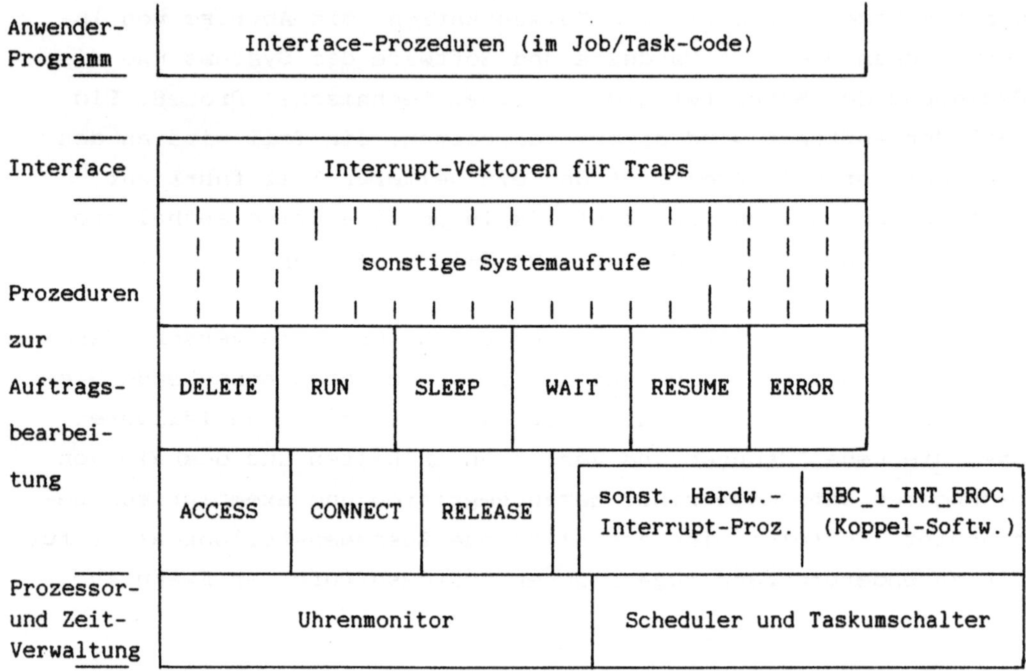

Bild 4.6: Die verschiedenen Ebenen der Auftragsbearbeitung
innerhalb der Exekutive.

Einige der Prozeduren werden von anderen aufgerufen (DELETE,
RUN, ...), weshalb auch hier eine gewisse Hierarchie besteht.
Regelrechte Hilfsfunktionen sind jedoch nur die drei Prozeduren
CONNECT, RELEASE und ACCESS, die den Zugriff zu Jobs und Tasks
erleichtern (siehe Beispiel in Kap. 4.4.2). Wegen ihrer weitgehend separaten Realisierung lassen sich die Anzahl und die Art
der verfügbaren Systemaufrufe leicht erweitern oder auch ein-
schränken.

Die Kernfunktionen der Prozessor- und der Zeitverwaltung sind
den Prozeduren zur Auftragsbearbeitung unterlagert. Ihre Steue-

rung geschieht über die regional erreichbaren Systemdaten, ihr
Aufruf entweder direkt aus den übergeordneten Prozeduren oder
über die Prozeduren zur Behandlung der verschiedenen Hardware-
Interrupts, die eine Reaktion auf externe Ereignisse anfordern
(z. B. RBC_1_INT_PROC aus der Koppel-Software, angestoßen vom
Regionalbuskoppler).

Die nur lokal wirkenden Kernfunktionen sind, der Betrachtungsweise des gesamten FIPS-Systems entsprechend, Software-Moduln
zur Verwaltung des lokalen Hardware-Moduls Mikrorechner (MIC)
und haben auch nur für diesen eine effektive Bedeutung. Sie können jedoch in einem reduzierten System zusammen mit der ebenfalls lokalen Initialisierung (Teil des Konfigurators, Kap. 4.6)
einen lokalen Betriebssystem-Kern bilden.

Einige weitere Informationen zur Realisierung von verschiedenen
Teilen der Exekutive und zu deren Verknüpfung untereinander
finden sich in Peter (1984). Dort sind insbesondere die in der
vorliegenden Arbeit nicht näher betrachteten Kernfunktionen
beschrieben.

4.5.2 Die Bearbeitung von Jobs und Tasks

Die Bearbeitung von Jobs und Tasks durch das Betriebssystem REX
stützt sich sehr stark auf die Definition von Zuständen, da deren exakte Festlegung eine gute Voraussetzung für die Weiterbearbeitung durch andere Prozessoren bietet. Dazu wurde ein erweitertes Zustandsdiagramm mit *Exekutivzuständen* aufgestellt, das
die Behandlung durch die Echtzeitfunktionen der Exekutive festlegt. Die Bezeichnung Exekutivzustände dient der Unterscheidung
von der zusätzlich eingeführten neuen Klasse der *Funktionszustände*. Diese orientieren sich an der automatisierungstechni-
schen Anwendung eines Programms und beschreiben dessen nach
außen sichtbare Funktion.

4.5.2.1 <u>Die unbewußten Exekutivzustände</u>

Die Exekutivzustände der von einem Betriebssystem verwalteten
Jobs und Tasks sind dem Programmierer weitgehend *unbewußt*, weil
einige Übergänge zwischen den Zuständen im Gegensatz zu den
Übergängen zwischen den anschließend besprochenen Funktionszuständen nicht vom Anwenderprogrammierer zu steuern sind. Sie
werden vielmehr durch die Zeitverwaltung und den Scheduler aufgrund der vorgesehenen Ausführungszeiten und der Ausführungszeiten und Prioritäten der übrigen Tasks veranlaßt. Auch die
übrigen Zustandsübergänge werden nur indirekt durch den Aufruf
von Betriebssystemfunktionen herbeigeführt.

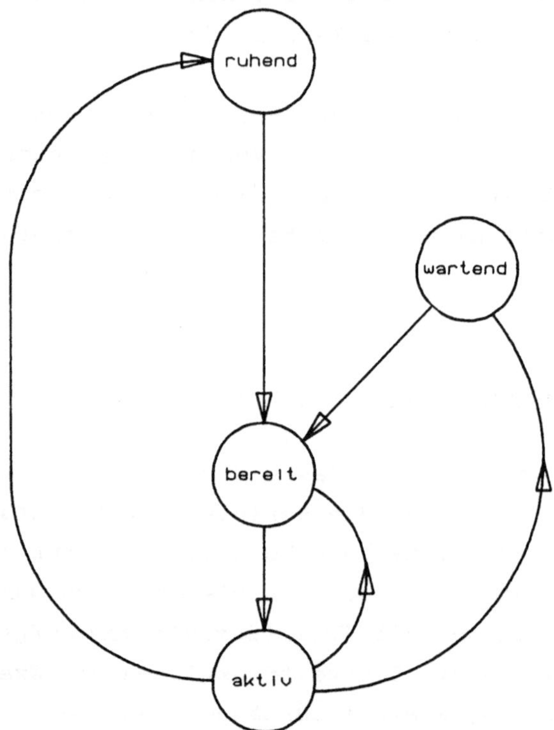

Bild 4.7: Die üblicherweise beschriebenen Taskzustände in einem
Multi-Tasking-Echtzeitbetriebssystem.

Die üblicherweise in der Literatur (z. B. Bonn, Lorenz 1980)
betrachteten Exekutivzustände einer Task sind in Bild 4.7 darge-

stellt. Die Task befindet sich bereits im System im Zustand
'ruhend' ('dormant') und wird durch ein äußeres Ereignis, z. B.
einen entsprechenden Systemaufruf einer anderen Task, in den
'bereit'-Zustand ('ready') versetzt. Der Übergang zum Zustand
'aktiv' ('active'), der auch als innerer Zustand von 'bereit'
dargestellt werden kann, hängt von den Prioritäten aller momen-
tan bereiten Tasks ab, ebenso der mögliche Rückweg 'aktiv' -->
'bereit' bei einer Verdrängung. In jedem vorhandenen Prozessor
kann jeweils nur eine Task aktiv sein. Dadurch kommt ein Ein-
Prozessorsystem mit den zu Beginn von Kap 4. erwähnten zeitlichen Abgrenzungen zwischen den Tasks aus, ein Mehr-Prozessorsy-
stem nicht mehr. Der vierte Zustand 'wartend' ('waiting') dient
zur vorübergehenden Unterbrechung der Taskbearbeitung, wenn auf
die Erfüllung äußerer Bedingungen oder die Zuteilung von Be-
triebsmitteln gewartet wird.

Das Standardbild 4.7 wird für ein konkretes System in verschiedener Weise modifiziert und erweitert (siehe Wettstein 1984).
Bild 4.8 zeigt ein modifiziertes Zustandsdiagramm, das die zyklische Bearbeitung von Tasks und Jobs in einem FIPS-Lokalsystem
darstellt. Zusätzlich sind hier die Namen der Betriebssystemfunktionen von REX eingetragen, die den betreffenden Zustandswechsel veranlassen, z. B. RUN für den Taskstart. Jeder Taskstart wird mit der Angabe einer absoluten Zeit, die sich auf die
lokale Echtzeituhr bezieht, verknüpft. Der Weg 'ruhend' --> 'bereit' führt daher bis zum Erreichen der vorgesehenen Startzeit
zunächst in den Wartezustand, wobei ein sofortiger Wechsel zum
Bereitzustand durch eine entsprechende Zeitangabe möglich ist.

Die 'aktive' Bearbeitung einer Task kann durch diese selbst mit
dem Systemaufruf EXIT gezielt beendet werden. Dabei wird implizit ein weiterer Auftrag (in Klammern angegeben) an das Betriebssystem übergeben:

(RUN)   veranlaßt den erneuten Start zu einem späteren Zeitpunkt
         und ermöglicht so die zyklische Bearbeitung in einem von
         der Task selbst bestimmten und beliebig änderbaren In-
         tervall.

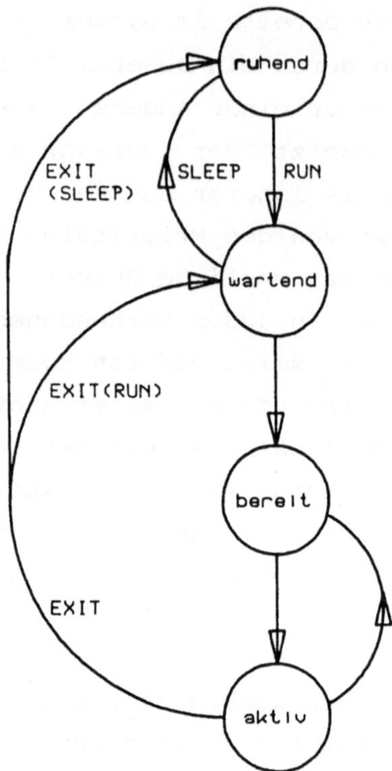

Bild 4.8: Die Zustände von Tasks und Jobs bei der zyklischen
Bearbeitung durch das Betriebssystem REX.

(SLEEP) führt in den Zustand 'ruhend' und beendet damit den
Zyklus.

Die gezielte Beendigung der zyklischen Bearbeitung kann mit
Hilfe des Systemaufrufs SLEEP auch durch eine andere Task her-
beigeführt werden, wobei wie bei RUN mit einer Zeitangabe die
Vorausplanung möglich ist.

Die Verknüpfung der Zustandswechsel mit absoluten Zeitangaben
zielt auf die Kopplung mehrerer Lokalsysteme zu einem Regionalsystem und die darin vorgesehene gemeinsame Behandlung kooperierender Tasks. Da ein Regionalsystem aus Gründen der Zuverlässigkeit und der Flexibilität des Ausbaus keine zentrale Uhr und
keine enge Synchronisation besitzt, muß mit leicht differieren-
den Takten und dementsprechend unterschiedlichen lokalen Uhrzei-

ten gerechnet werden. Durch die Angabe absoluter Zeiten für die
in verschiedenen Lokalsytemen parallel auszuführenden Aktionen
können diese zwar nicht ausgeglichen werden; die spätere Bezugnahme auf die lokale Uhrzeit stellt jedoch sicher, daß die tatsächliche Ausführung zwar leicht versetzt, aber immer im gleichen zeitlichen Raster und bei zyklischen Programmen gleich häufig erfolgt. Einmal gestartete gleiche Tasks werden zu genau
vorherbestimmten Zeitpunkten wiedergestartet und arbeiten daher
im Rahmen der Genauigkeit der per Software synchronisierten lokalen Uhrzeiten synchron weiter. Zur Verdeutlichung kann das
Zeitdiagramm der BROADCAST-Funktion in Kap. 4.5.3.2 dienen.

Die zu einer Task im Betriebssystem REX gehörenden Informationen
sind grundsätzlich vollständig in den zugehörigen Segmenten enthalten (siehe Kap. 4.3.1). Die Eigenschaften vieler Prozessoren
(speziell des hier verwandten 8086) lassen jedoch nicht immer
die Verlagerung einer teilweise ausgeführten und unterbrochenen
Task zu. Daher ist in Bild 4.9 eine Aufteilung der Zustände
'wartend' und 'bereit' vorgenommen:

- Im Wartezustand 'datiert' ('timed') und im neuen Zustand
  'bereit' ('ready') wurde die Bearbeitung noch nicht begonnen.
  Beide Zustände sind *rettbar*, da die Task im Rahmen einer
  Rekonfiguration in ein anderes Lokalsystem verlagert und dort
  bearbeitet werden kann.

- Der zusätzliche Bereitzustand 'verdrängt' ('pushed') und der
  neue Zustand 'wartend' ('waiting') werden nur eingenommen,
  wenn die Task zuvor bereits 'aktiv' ('active') war und ihre
  Bearbeitung unterbrochen wurde. Die Task ist ebenso wie im Zustand 'aktiv' nicht verlagerbar und damit auch nicht rettbar.

Ergänzt ist auch der im Betriebssystem REX mögliche Zustand, in
dem eine Task bereits im Regionalsystem 'existent' ('existing')
ist, aber noch nicht dem Prozessor eines bestimmten Lokalsystems
mit ASSIGN zur Bearbeitung zugewiesen ist bzw. zuvor mit RELOAD
innerhalb des Regionalsystems verlagert wurde. Bei Mitbetrach-
tung der Lade- und Löschvorgänge gehört zur vollständigen Zu-

standsbeschreibung auch der Fall einer nicht oder nicht mehr im
System vorhandenen Task 'nicht existent' ('not existing').

Das vollständige Diagramm der REX-Exekutivzustände ist noch einmal in Bild 4.10 wiedergegeben. Die nicht von Systemaufrufen
sondern nur von der Zeit bzw. der Priorität verursachten Über-

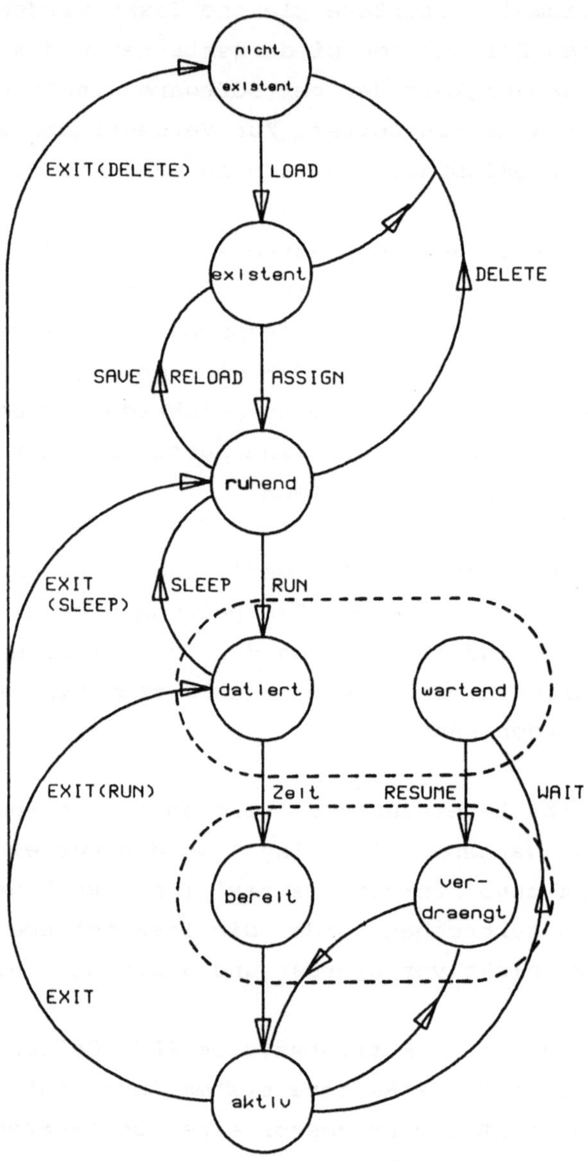

**Bild 4.9: Erweitertes und detaillierteres Zustandsdiagramm für
die Betrachtung in einem Regionalsystem.**

gänge sind dort gestrichelt eingetragen. Ergänzt sind die mit
den REX-Aufrufen ERROR und ABORT (stellt eine Art Notbremse dar)
erreichbaren Übergänge in den Ruhezustand. Im Gegensatz zu einem
Ein-Prozessorsystem ist hier mit ABORT auch der Abbruch einer
tatsächlich aktiven Task von außen möglich ist.

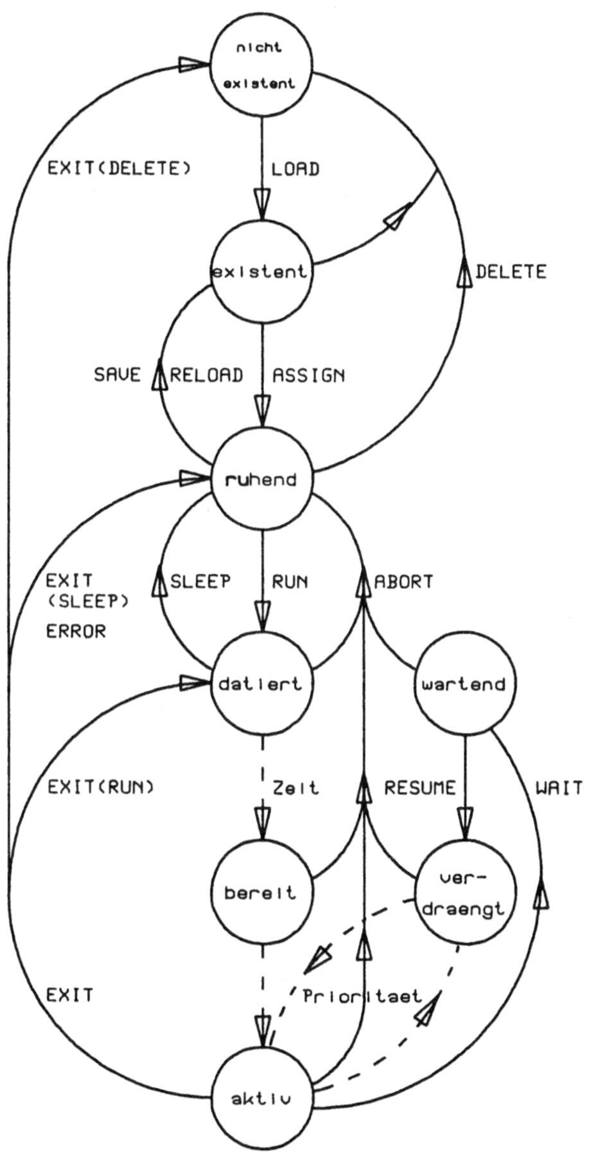

Bild 4.10: Das vollständige Diagramm der Exekutivzustände im Betriebssystem REX mit den einen Übergang verursachen-
den Ereignissen und Systemaufrufen.

4.5.2.2 Die bewußten Funktionszustände

Zur Unterstützung des normalen Betriebs zyklischer Echtzeitpro-
gramme und als Wiederanlaufhilfe nach einer Bearbeitungsunter-
brechung wurde im Betriebssystem REX die Verwaltung von *Funktionszuständen* zusätzlich eingeführt. Diese haben eine andere
Bedeutung als die üblicherweise in Echtzeitbetriebssystemen verwalteten und zuvor beschriebenen *Executivzustände*. Während die
Executivzustände normalerweise nur unbewußt und nur indirekt
über die Executive des Betriebssystems verändert werden, müssen
die Funktionszustände dem Programmierer ständig *bewußt* sein. Sie
repräsentieren die verschiedenen Schritte bei der Bearbeitung
eines Echtzeit-Automatisierungsprogramms (Bild 4.11). Zu jedem
Funktionszustand eines Jobs gehört eine Prozedur mit dem korrespondierenden Namen, die das Verhalten in einer bestimmten Situa-
tion spezifiziert:

INIT   dient zur Initialisierung von Datenbereichen einer neu
            geladenen Task (*.TSK) und zum Setzen von spezifischen
            Default-Werten.

DIALOG   wird vorwiegend zur Konfigurierung und Parametrierung
            von z. B. Regelkreisen genutzt. Dabei kann es mehrmals
            von außen angestoßen werden, wobei jeweils neue Para-
            meter entgegengenommen werden. Konfigurierte Programme
            können als Jobs (*.JOB) abgelegt und später wieder in
            Betrieb genommen werden. DIALOG wird auch für die ein-
            malige Ausführung von Aufträgen benutzt.

START   wird durch ein Bedienprogramm angestoßen und ist die
            Anfahrprozedur für eine zyklische Programmbearbeitung.
            START kann mehrmals durchlaufen werden bevor ein
            selbsttätiger Übergang in den normalen zyklischen
            Betrieb erfolgt.

OPERATE   enthält das normale zyklische Programm. Dieser Zustand
            wird ständig oder bis zur endgültigen Erledigung einer
            Aufgabe beibehalten.

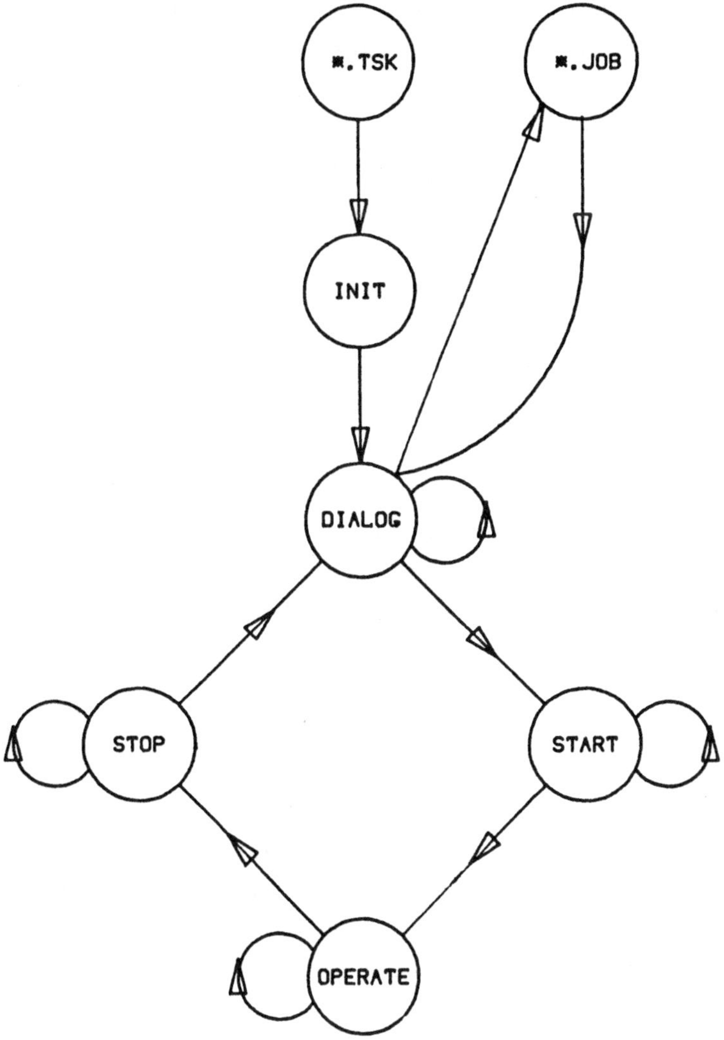

Bild 4.11: Die üblichen Bearbeitungsschritte eines Echtzeitprogramms als Funktionszustände.

STOP   legt den Abfahrvorgang fest. Es wird durch ein Bedien-
            programm angestoßen und kann öfters durchlaufen wer-
            den, um eine äußere Bedingung (z. B. die Beruhigung
            der Prozeßdynamik) abzuwarten.

Die erwähnten Programmschritte werden normalerweise individuell
organisiert, entweder durch Verzweigungen innerhalb einer Task

oder durch eine Multi-Task-Struktur. Hier werden sie über einen
Parameter *order* im Betriebssystemaufruf RUN angewählt. Dies
geschieht beispielsweise durch

- ein Bedienprogramm: *.TSK   -› INIT   -› DIALOG -› START,
                                       OPERATE -› STOP,

- den Job selbst: START   -› OPERATE,
                               STOP   -› DIALOG,

- den Konfigurator: *.JOB   -› DIALOG -› START.

Für die Zwecke der Fehlertoleranz werden zwei weitere Funktionszustände durch das Betriebssystem behandelt. In Bild 4.12 ist das
daraus entstehende vollständige Zustandsdiagramm mit allen erlaubten Übergängen und dem Endzustand (nicht mehr im System)
wiedergegeben.

FAIL   spezifiziert das Verhalten eines Jobs bei seinem Aus-
              fall. Es wird aktiviert, wenn ein Fehler festgestellt
              wurde, der zum Abbruch führt oder wenn die Bearbeitung
              zugunsten einer wichtigeren Task eingestellt wird. In
              diesen Fällen können die Stellglieder und damit die
              Eingangsgrößen eines technischen Prozesses in einen
              definierten Zustand gebracht werden. Die korrekte
              Ausführung von FAIL wird allerdings nicht garantiert.

RECOVER   wird vom Konfigurator als Einstiegstelle beim Wieder-
              anlauf nach einer Rekonfiguration oder einer Unter-
              brechung benutzt. Da der Programmierer weis, daß sein
              Programm an dieser Stelle wieder aufgesetzt wird, kann
              er entsprechend den Anforderungen seines Programms
              oder eines technischen Prozesses reagieren. Das ermög-
              licht es, mit Zeitverschiebungen und den zwischenzeit-
              lich veränderten Prozeßzuständen zurechtzukommen oder
              eine Synchronisation mit noch intakten Cotasks vorzu-
              nehmen.

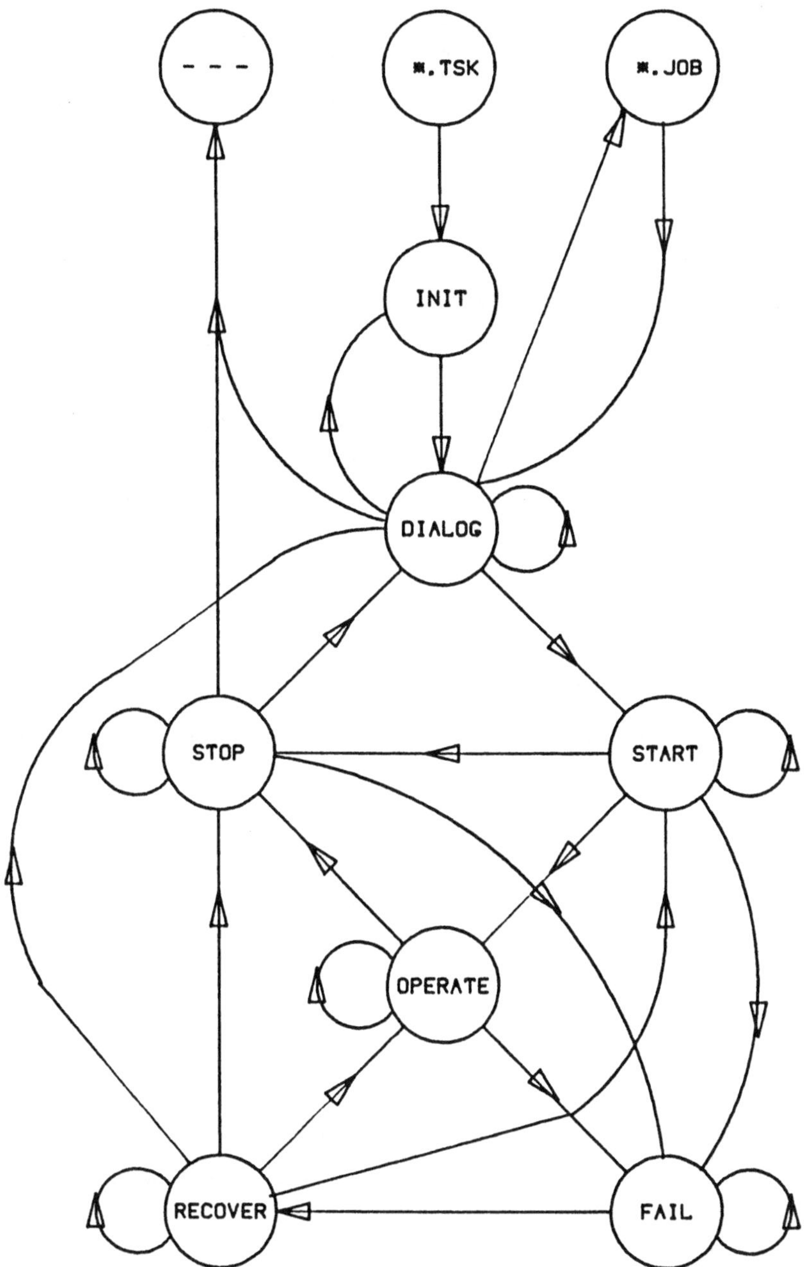

Bild 4.12: Die vollständigen Funktionszustände eines Jobs spezi-
fizieren auch das Verhalten bei einem Ausfall und
beim Wiederanlauf.

Die Einführung der Funktionszustände FAIL und RECOVER schließt
die Verwendung anderer Recovery-Techniken (z. B. zur Daten-
restauration von Cotasks) nicht aus sondern bietet eventuell
sogar neue Ansatzpunkte für deren Einbau.

Die vordefinierten Funktionszustände legen die Grundstruktur
eines Echtzeitprogramms weitgehend fest. Sie führen dadurch zu
einer gewissen Standardisierung und Vereinfachung der Programmerstellung. Damit kann indirekt auch die Häufigkeit von Pro-
grammierfehlern in der komplizierten Ablaufsteuerung von Echtzeitprogrammen gesenkt werden. Für die einzelnen Zustände existieren Default-Prozeduren, die anstelle spezieller Funktionen
eingebunden werden können.

4.5.3 Kommunikationsmittel für Jobs und Tasks

Das Betriebssystem REX stellt drei verschiedene Arten von Kom-
munikationsmitteln zur Verfügung, die unterschiedlichen Zwecken
dienen:

- Die direkte Kommunikation erlaubt den individuellen Zugriff zu
  den Segmenten eines angesprochenen Jobs.

- Die botschaftenorientierte Kommunikation ermöglicht auf einem
  höheren Niveau den Datenaustausch über Kanäle und beinhaltet
  zusätzliche Synchronisationsfunktionen.

- Die asynchrone Zeichen-Ein/Ausgabe bietet Möglichkeiten zur
  Kommunikation mit der Außenwelt, z. B. für die Erstellung von
  Protokollen in Echtzeitprogrammen.

Von besonderem Interesse sind hier nur die direkte Kommunikation, die die Basis für das Botschaftensystem bildet, und das
Botschaftensystem selbst, das für die Implementierung von Fehlertoleranz eine wichtige Rolle spielt (siehe Gunningberg 1983).

4.5.3.1 Direkte Kommunikation

Mit den Prozeduren CONNECT und RELEASE werden zwei Hilfsfunktionen des Betriebssystems auch für Anwenderprogramme zugänglich gemacht. Sie erlauben als eine untere Erweiterung des eigentlichen Botschaftensystems einen direkten, individuellen Datenaustausch zwischen verschiedenen Jobs:

CONNECT   hat eine ähnliche Funktion wie ACCESS (siehe Beispiel in Kap. 4.4.2), indem es die Existenz des Zieljobs überprüft, ihn lokalisiert und die benötigten Verbindungswege für einen Zugriff zu seinen Segmenten schaltet und reserviert. CONNECT liefert, im Unterschied zu ACCESS, die für einen möglicherweise externen Zugriff berichtigten Segmentadressen des angesprochenen Jobs an das rufende Programm zurück. Dort ist dann keine Unterscheidung mehr zwischen lokal und regional erreichbaren Jobs erforderlich.

RELEASE   ist die inverse Prozedur zu CONNECT (und ACCESS) und gibt alle reservierten Verbindungswege und Systemaktivitäten wieder frei.

Ein Beispiel für die Benutzung der direkten Kommunikation in einem Anwenderprogramm ist die in Kap. 6.2 behandelte adaptive Mehrgrößenregelung mit Parallelverarbeitung.

4.5.3.2 Botschaftenorientierte Kommunikation

Die botschaftenorientierte Kommunikation baut auf den zuletzt beschriebenen Prozeduren auf und beinhaltet komplexere Kommunikationsfunktionen. Sie hat im wesentlichen zwei Aufgaben zu erfüllen:

- Sie dient der Versorgung von zyklisch arbeitenden Anwenderprogrammen mit asynchron eintreffenden Eingangsinformationen (z. B. Sollwerte für digitale Regler). Die Empfängerjobs überneh-

men (empfangen) dazu die asynchronen Informationen in Form von
Botschaften zu einem definierten, durch sie selbst bestimmten
Zeitpunkt in die eigenen Datenfelder.

- Sie stellt den fehlertoleranten Anwenderprogrammen der Klassen
  Z und S Nachrichtenkanäle zur Verfügung, über die die für Vergleiche und Mehrheitsentscheidungen benötigten Informationen
  zwischen den beteiligten Cojobs ausgetauscht werden.

Für die Erfüllung dieser Aufgaben und zur Befriedigung allgemeiner Kommunikationsbedürfnisse stehen zwei Sende- und eine dazu
komplementäre Empfangsfunktion bereit. Es können Kurzbotschaften
(max. 8 Byte) direkt beim Adressaten abgeliefert oder Informationen über eine Langbotschaft (max. 64 KByte), die beim Empfang
abgeholt wird, hinterlassen werden. Der Empfang einer Langbotschaft wird auf Wunsch quittiert.

SEND   sendet eine Botschaft zu einem Briefkasten des Adres-
            saten.

BROADCAST   sendet eine Botschaft zu Briefkästen von mehreren
            Adressaten.

RECEIVE   empfängt eine in einem Briefkasten hinterlegte Bot-
            schaft.

Die dabei benutzten Briefkästen (Mailboxes) sind als Kanäle
(Betriebssystemobjekte, Kap. 4.2.2) durch die Jobnummer des
Adressaten und die Briefkastenkennzeichnung eindeutig bestimmt.
Sie sind ebenso wie die Quell- und Zielfelder für die Botschaf-
ten in den Datensegmenten der beteiligten Jobs enthalten (siehe
Kap. 4.3.1) und werden gegebenenfalls mit diesen verlagert.

Die Behandlung fehlertoleranter Anwenderprogramme stellt zusätzliche Anforderungen an das Botschaftensystem, da mehrere Cojobs
simultan angesprochen werden müssen. Insbesondere muß eine zyk-
lussynchrone Übernahme von asynchronen Informationen sicherge-
stellt werden. Dazu werden im Betriebssystem REX alle Botschaf-

ten mit Zeitstempeln (time-stamps) für ihre Gültigkeit versehen, die für das Versenden an mehrere Adressaten (mit BROADCAST) in unterschiedlichen Lokalsystemen eine endliche Bearbeitungszeit zulassen. Durch die Bezugnahme auf die lokale Uhrzeit beim Empfang werden auch Differenzen zwischen den Uhrzeiten in verschiedenen Lokalsystemen kompensiert.

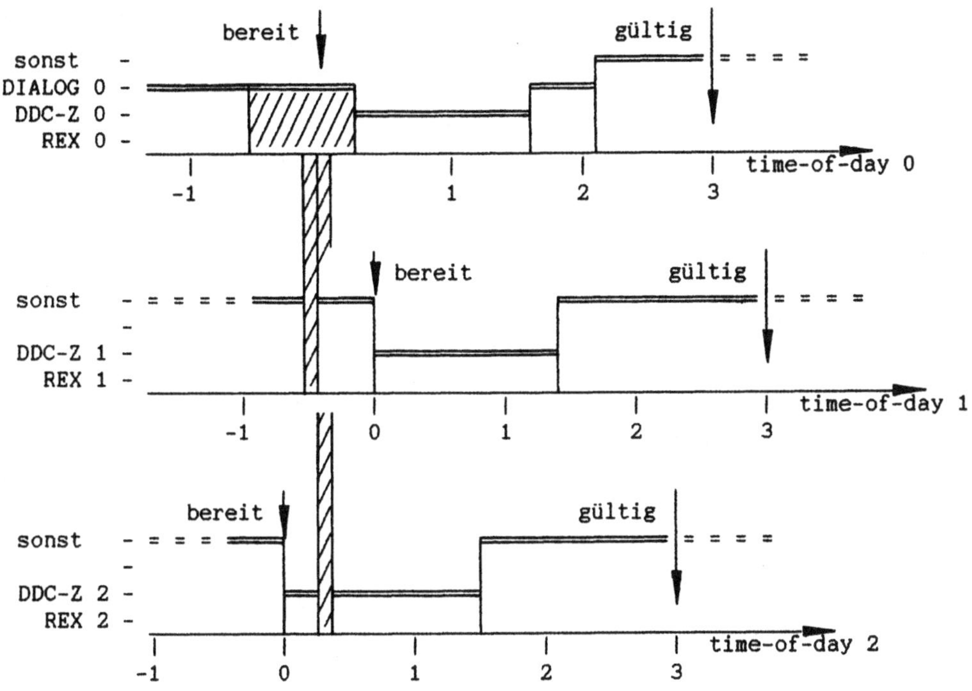

Bild 4.13: Zeitdiagramm der zyklussynchronen Versorgung paralleler Jobs mit neuen Eingangswerten durch BROADCAST.

In Bild 4.13 ist als Beispiel das Zeitdiagramm für die Übermittlung eines neuen Sollwertes durch ein Bedienprogramm (DIALOG 0), das mit einer niedrigen Priorität im Lokalsystem LS 0 bearbeitet wird, an die drei kooperierenden Jobs einer fehlertoleranten (2v3)-Anordnung der Klasse Z dargestellt. Diese laufen mit höherer Priorität in LS 0 (DDC-Z 0), LS 1 (DDC-Z 1) und LS 2 (DDC-Z 2). Kurz bevor die Startzeit des Jobs DDC-Z 0 erreicht und die-

ser damit 'bereit' ist, ruft das Bedienprogramm BROADCAST zum
Versenden der Sollwert-Botschaft auf. Die dadurch ausgelöste
Systemaktivität von REX 0 (schraffiert dargestellt) verhindert
das Verdrängen des Bedienprogramms durch DDC-Z 0 während die
Botschaft in die Lokalsysteme LS 1 und LS 2 überbracht wird. Da
DDC-Z 2 bereits aktiv ist, könnte hier der alte Sollwert bereits
verwendet worden sein und dadurch zwangsläufig ein abweichendes
Rechenergebnis produziert werden. Das wird durch den Zeitstem-
pel, der die Botschaft erst zu einem späteren Zeitpunkt und
bezogen auf die jeweilige lokale Uhrzeit (time-of-day 0, 1, 2)
gültig werden läßt, verhindert. Ähnliche Abläufe ergeben sich
auch beim synchronen Starten von kooperierenden Jobs mit einem
RUN- und beim Anhalten mit einem SLEEP-Systemaufruf (siehe Kap.
4.5.2.1).

4.5.4 Die Prozeß-Ein/Ausgabe

Die Ein- und Ausgabe von Prozeßsignalen ist eine elementare
Grundfunktion von Automatisierungssystemen. Ihre Unterstützung
ist daher ein integraler Bestandteil des Betriebssystems REX.
Die Einbindung der Prozeduren zur Prozeß-Ein/Ausgabe in die
Exekutive, die damit verbundene Schnittstellengestaltung und die
Abstützung auf die virtuelle Hardware-Oberfläche sind außerdem
ein wichtiger Beitrag zur Schaffung der einheitlichen Program-
mieroberfläche eines Regionalsystems.

Die analogen und die binären Funktionen benutzen zur Beschreibung des Ziels einer Operation die gleichen einheitlichen Kanal-
bezeichnungen. Ihr genereller Aufbau und Ablauf sind ähnlich,
weshalb zur Erklärung eine Prozedur als Beispiel herausgegriffen
werden kann. Weitere Informationen finden sich bei Eisel (1983)
und Heß (1983).

4.5.4.1 Die analoge Eingabe als Beispiel

Zur Verdeutlichung der Funktionsweise der Prozeß-Ein/Ausgabe und
als weiteres Beispiel für die regionale Ausführung von Systemaufrufen soll hier die Bearbeitung eines Auftrags zum Einlesen
analoger Signale beschrieben werden. Die Treiberprozedur baut
dabei als Teil des Betriebssystems auf der virtuellen Hardware-
Oberfläche auf und spricht die in der Koppel-Software enthaltenen Prozeduren an.

Alle Informationen für den Zugriff zu einem bestimmten Prozeß-
Ein/Ausgabekanal werden bei ihrem Aufruf als Parameter übergeben
und sind als einheitliche Kanal-Deskriptoren in einem Doppelwort
enthalten (Bild 4.14):

    LS   - Lokalsystem des Ein/Ausgabemoduls
    EP   - Einsteckplatz im Lokalsystem
    KANAL   - Kanal-Nr. innerhalb des Moduls
    MODE   - Kennzeichnung für Signalart und -bereich

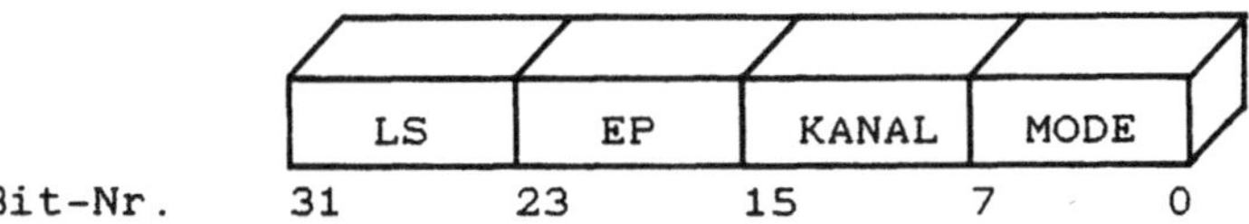

Bild 4.14: Einheitlicher Kanal-Deskriptor im 32-Bit-Doppelwort.

Die Kanal-Deskriptoren werden im Treiber interpretiert und zum
Anfordern von Verbindungswegen und zur Berechnung von Wandler-
adressen herangezogen. Dadurch ist die Wirkung der Prozedur
unabhängig davon, in welchem Lokalsystem sie aufgerufen wird.
Den Ablauf zeigt das Struktogramm in Bild 4.15. Zur Unterstützung werden die Prozeduren VERBINDUNG zum Aufbau einer Regionalbusverbindung und RBRELEASE zur Busfreigabe sowie LOCK_LB und
UNLOCK_LB zur Reservierung bzw. Freigabe des Lokalbus aus der
Koppel-Software verwendet. ERROR ist eine Fehlerbehandlungsrou-
tine aus dem Betriebssystem.

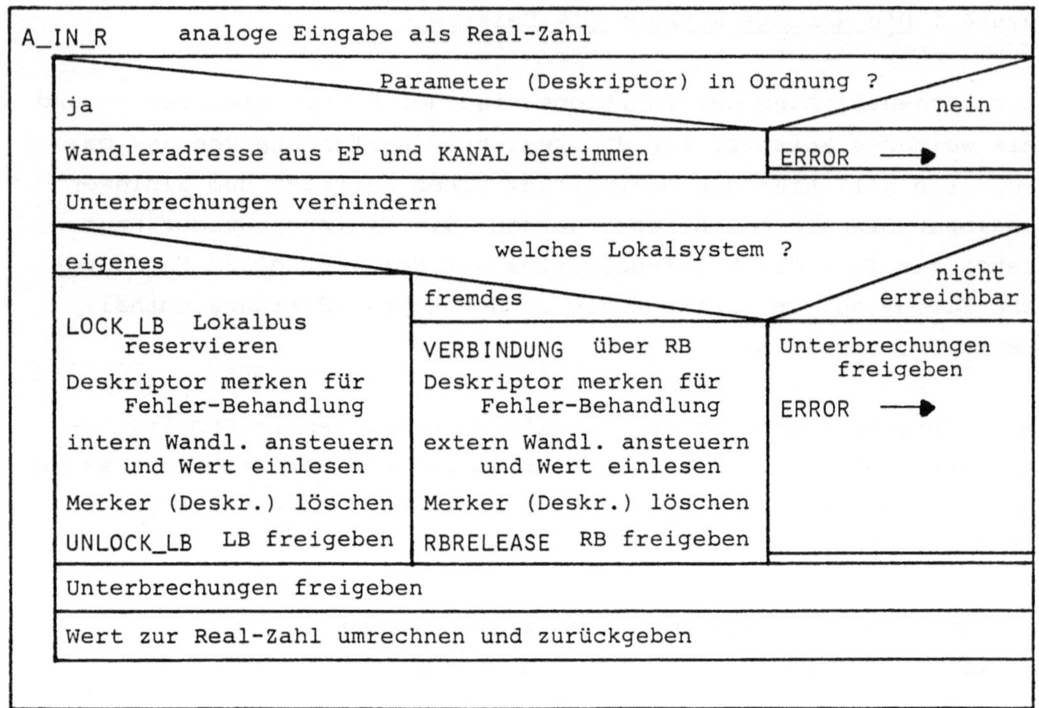

Bild 4.15: Struktogramm des Treibers für die analoge Eingabe.

4.5.5 Eine Übersicht über Systemaufrufe

Die Systemaufrufe des Betriebssystems REX bilden einen speziell
zusammengestellten und auf die vorgesehene Anwendung in der
Automatisierungstechnik abgestimmten Satz von Funktionen. Sie
sind sowohl in ihrer Zusammenstellung als auch in ihrem jeweiligen Funktionsumfang und ihren Parametern für die Nutzung in konfigurierbaren Automatisierungsbausteinen und die Erfüllung der
dort gestellten Echtzeitanforderungen optimiert.

Die von einem Anwenderprogramm aufrufbaren und ihm damit zugänglichen Funktionen der Exekutive lassen sich entsprechend ihrer
Aufgaben in vier Gruppen gliedern. Neben einem Aufruf zur individuellen Steuerung der Numerikunterstützung des Betriebssystems
sind dies Systemaufrufe zur

- Steuerung der Task- und Job-Bearbeitung (Kap. 4.5.2),
- Kommunikation der Tasks und Jobs untereinander und mit der
  Außenwelt (Kap. 4.5.3),
- Informationsgewinnung aus dem System,
- analogen und binären Prozeß-Ein/Ausgabe (Kap. 4.5.4).

Hinzu kommt eine Gruppe von Systemaufrufen, die nur für andere
Betriebssystemprogramme erreichbar ist und diesen die Funktionen
der Koppel-Software direkt zugänglich macht.

In der nachfolgenden Tabelle 4.1 sind die für Anwenderprogramme
zugänglichen Systemaufrufe der Exekutive (35 in Version 1.2 vom
Juli 1985) mit ihren jeweiligen Prozedurnamen, ihren formalen
Parametern (in der Form von PL/M-86-Prozeduren) und einer kurzen
Funktionsbeschreibung zusammengestellt. Für eine nähere Erklärung der einzelnen Aufrufe und insbesondere der Parameter wird
auf das Anwenderhandbuch (Mäncher, Waldschmidt, 1985) verwiesen.
Wichtig ist nur zu wissen, daß manche Parameter aus zwei Teilen
zusammengesetzt sind (z. B. Ls_Job = Ls_ + _Job) und daß ein
formaler Parameter 'Name_Ptr' mit der Endung '_Ptr' einen Zeiger
zu einer Variablen oder einem Feld darstellt, das mit 'Name'
bezeichnet wird.

Tabelle 4.1: Die Systemaufrufe der Exekutive.

NAME	(*formale Parameter*) Kurzbeschreibung
<u>Aufrufe zur Steuerung der Job- und Task-Bearbeitung</u> Die Aufrufe dieser Gruppe dienen zur Steuerung der Bearbeitung von Jobs und Tasks und orientieren sich an den Definitionen der Exekutiv- und der Funktionszustände (siehe Kap. 4.5.2). Während jeder Aufruf einen Wechsel des Exekutivzustandes verursacht, wird eine Änderung des Funktionszustandes eines Jobs nur durch einen expliziten oder impliziten Aufruf von RUN über den Parameter *Order* (Nummer des Folge-Funktionszustandes) ausgelöst.	
LOAD	(*Ls_Job*, *Src_Dir_Ptr*, *Report_Ptr*) LOAD veranlaßt das Laden eines Jobs, der im durch *Src_Dir_Ptr* bestimmten Directory-Segment näher beschrieben ist, im Lokalsystem *Ls_* und mit der Priorität bzw. Nummer *_Job*. Dazu wird nach der Reservierung der Jobnummer der Lader (siehe Kap. 4.6.4) des Zielsystems beauftragt, der mit einer niedrigen Priorität arbeitet. Er sucht Platz für die Segmente und überträgt gegebenenfalls deren Inhalt.
RELOAD	(*Ls_Job*, *Src_Dir_Ptr*, *Report_Ptr*) RELOAD überträgt einen bereits geladen Job, der im durch *Src_Dir_Ptr* bestimmten Directory-Segment beschrieben ist, in das durch *Ls_* bestimmte Lokalsystem oder gibt ihm die durch *_Job* festgelegte neue Priorität. Der bisher belegte Speicherbereich bzw. die alte Jobnummer wird freigegeben. Die zeitraubenden Aufgaben werden wieder durch den im Zielsystem beauftragten Lader ausgeführt.

NAME	(*formale Parameter*) Kurzbeschreibung
ASSIGN	(*Ls_Job*, *Report_Ptr*) ASSIGN meldet im Lokalsystem *Ls_* den *_Job* als startklar an und versetzt ihn in den Exekutivzustand 'ruhend'.
DELETE	(*Ls_Job*, *Report_Ptr*) DELETE löscht den *_Job* aus dem Verzeichnis der geladenen Jobs (Directory) und gibt die Jobnummer und die belegten Speicherbereiche wieder frei.
SAVE	(*Ls_Job*, *Dir_Ptr*, *Report_Ptr*) SAVE ist für das Zurückspeichern (Retten) eines Jobs auf einen Massenspeicher vorgesehen. Wegen der nicht ausgebauten globalen Busverbindung ist SAVE nicht implementiert.
RUN	(*Ls_Job*, *Mode*, *Order*, *Time*, *Master_Order*, *Report_Ptr*) RUN veranlaßt das Starten eines Jobs mit dem Auftrag, den Funktionszustand *Order* (siehe Kap. 4.5.2.2) zu bearbeiten. Der Startzeitpunkt wird durch *Time* in Verbindung mit der Angabe *Mode* bestimmt. Durch *Master_Order* kann dem Zieljob eine Pointervariable übergeben werden.
SLEEP	(*Ls_Job*, *Mode*, *Order*, *Time*, *Report_Ptr*) SLEEP sorgt für das definierte Abschließen und Beenden eines zyklisch arbeitenden Jobs. Es veranlaßt, daß *Ls_Job* zum Zeitpunkt *Time* (in Verbindung mit *Mode*) den Exekutivzustand 'ruhend' annimmt. *Order* bezeichnet einen später vorgesehenen Funktionszustand.

NAME	(*formale Parameter*) Kurzbeschreibung
ABORT	(*Ls_Job, Report_Ptr*) ABORT bricht die Ausführung eines Jobs sofort ab, versetzt diesen in den Exekutivzustand 'ruhend' und streicht ihn aus allen Prioritäts- und Warte-listen.
WAIT	(*Mode, Time, Report_Ptr*) WAIT überführt den aufrufenden Job bis zu einem bestimmten Zeitpunkt, der sich aus *Time* in Ver-bindung mit *Mode* ergibt, in den Exekutivzustand 'wartend'. Dieser Zustand kann durch den Ablauf der Wartezeit oder durch den Systemaufruf RESUME wieder aufgehoben werden.
EXIT	(*Next, Mode, Order, Time*) EXIT beendet die Bearbeitung des aufrufenden Jobs und löst den durch *Next* festgelegten impliziten Folgeaufruf (DELETE, RUN oder SLEEP) aus, der die weitere Bearbeitung des aufrufenden Jobs be-stimmt. Die übrigen Parameter *Mode*, *Order* und *Time* werden an den Folgeaufruf weitergegeben. Sie können zum Beispiel den Zeitpunkt für einen er-neuten Programmstart festlegen und damit eine zyklische Bearbeitung veranlassen. Ohne einen Aufruf von EXIT geht ein Job nach dem Erreichen seines Endes in den Exekutivzustand 'ruhend' über.
ERROR	(*Error_Nr*) ERROR gibt eine Fehlermeldung mit der Fehlernum-mer *Error_Nr* aus und bricht sofort die weitere Ausführung des aufrufenden Jobs (ähnlich ABORT) ab.

NAME	*(formale Parameter)* Kurzbeschreibung
RESUME LOCK_ME	*(Ls_Job, Report_Ptr)* RESUME hebt den Wartezustand eines Jobs auf. Der Job wird seiner Priorität entsprechend an der Stelle fortgesetzt, an der seine Bearbeitung zuvor unterbrochen wurde (z. B. durch WAIT). LOCK_ME verhindert das Verdrängen des aufrufenden Jobs durch solche höherer Priorität bis zum Ende des folgenden System-Aufrufes, bis zum Aufruf von RELEASE oder bis zum Ende der Ausführung des Jobs.

<u>Aufrufe für die Kommunikation in Jobs und Tasks</u>
Hier sind die Funktionen des Betriebssystems für die Kommunikation zwischen Jobs, für die Zeichen-Ein/Ausgabe und für die Protokollerstellung in Echtzeit zusammengefaßt.

SEND	*(Ls_Job, Mode_Box, Time, Leng, Source_Ptr,* *Quit_Ptr, Report_Ptr)* SEND überbringt, abhängig vom gewählten *Mode_*, die unter der Adresse *Source_Ptr* abgelegte Botschaft der Größe *Leng* oder den Zeiger zu dieser Botschaft in die angegebene Mail-_*Box* des Zieljobs. Die Semaphore *Quit* wird auf '1' gesetzt. Die Botschaft kann vom Zieljob über RECEIVE aus dessen Mailbox abgeholt werden, wobei auf Wunsch der Empfang durch dekrementieren von *Quit* bestätigt wird.

NAME	(*formale Parameter*) Kurzbeschreibung
RECEIVE	(*Mode_Box*, *Dest_Ptr*, *Report_Ptr*) RECEIVE empfängt die Botschaft aus der gewählten *_Box* entsprechend dem gewünschten *Mode_* und legt sie unter der Adresse *Dest_Ptr* ab. Die Semaphore *Quit* (SEND, BROADCAST) wird um '1' dekrementiert, wenn dies vom Absender gewünscht war.
CONNECT	(*Ls_Job*, *Answer_Ptr*, *Report_Ptr*) CONNECT stellt über Lokal- und Regionalbus eine Verbindung zum Zieljob her und liefert die Basis-Adressen und die Längen der Code- und Data-Segmente des angesprochenen Jobs in das Feld *Answer* zurück. Danach ist ein individueller Zugriff zu diesen Segmenten möglich. Die Verbindung muß über RELEASE wieder gelöst werden.
RELEASE	RELEASE trennt eine Verbindung zu einem anderen Job (CONNECT) wieder auf und macht damit Lokal- und Regionalbus wieder verfügbar. Alle sonstigen Systemsperren (z. B. aus LOCK_ME) werden ebenfalls gelöst.
BROADCAST	(*Count*, *Info_Ptr*, *Time*, *Leng*, *Source_Ptr*, *Quit_Ptr*, *Report_Ptr*) BROADCAST überbringt, abhängig vom gewählten *Mode_*, die unter der Adresse *Source_Ptr* abgelegte Botschaft der Größe *Leng* oder den Zeiger zu dieser Botschaft in die angegebenen Mailboxes von *Count* verschiedenen Jobs. Der Parameter *Info_Ptr* zeigt zu einem Feld, in dem die Kanalbeschreibungen, bestehend aus *Ls_Job* und *Mode_Box* (siehe SEND), für die verschiedenen Botschaftsziele ab-

NAME	(*formale Parameter*) Kurzbeschreibung
	gelegt sind. Unter *Quit* wird die Anzahl der tatsächlich abgesetzten Botschaften gemeldet und auf Wunsch beim Empfang durch RECEIVE dekrementiert. *Report_Ptr* zeigt auf ein Feld zur Aufnahme der Fehlermeldungen zu jedem Zieljob.
SEND_REPORT	(*Report_Nr, Text_Ptr, Report_Ptr*) SEND_REPORT setzt die Report-Meldung *Text* zusammen mit der Lokalsystem- und Job-Nummer des veranlassenden Jobs und der *Report_Nr* an das Protokollgerät ab.
WRITE	(*IO_Str, Mode, Source_Ptr, Count, Actual_Ptr, Report_Ptr*) WRITE gibt eine Zeichenfolge der Länge *Count* aus dem Quell-Puffer *Source* an den angegebenen Kanal *IO_Str* aus. *Actual* ist eine Variable zur Rückmeldung der Zahl der tatsächlich ausgegebenen Zeichen.
READ	(*IO_Str, Mode, Dest_Ptr, Count, Actual_Ptr, Report_Ptr*) READ liest eine Zeichenfolge der Länge *Count* vom angegebenen Kanal *IO_Str* in den Ziel-Puffer *Dest* ein. *Actual* meldet die Zahl der tatsächlich gelesenen Zeichen zurück.

Aufrufe zur Informationsgewinnung

Mit den folgenden Aufrufen können verschiedene Informationen (Zeiten, Job-Zustände, Hardware-Verfügbarkeit etc.) vom Betriebssystem abgefragt werden.

NAME	(*formale Parameter*) Kurzbeschreibung
TIME_OF_DAY	TIME_OF_DAY liest die aktuelle Tageszeit und liefert sie als 4-Byte-Variable (1/100 Sek., Sek., Min., Std.) in BCD-Darstellung zurück.
GET_TIME	(*Answer_Ptr*) GET_TIME legt im 8-Byte-Feld *Answer* das aktuelle Datum (nicht implementiert) und die Tageszeit (wie bei TIME_OF_DAY) ab.
GET_DIR	(*Ls_Job*, *Mode*, *Answer_Ptr*, *Report_Ptr*) GET_DIR sucht, je nach dem gewählten *Mode*, anhand der Jobnummer *_Job* oder anhand des im Antwortfeld *Answer* enthaltenen Namens nach einem Directory-Segment (siehe Kap. 4.3.2) und schreibt dieses in *Answer* ein.
GET_STATUS	(*Ls_Job*, *Mode*, *Answer_Ptr*, *Report_Ptr*) GET_STATUS überträgt, je nach *Mode*, Teile oder das gesamte Statusfeld (siehe Kap. 4.3.1) eines Jobs in das Feld *Answer*.
CHECK	(*Ls_Job*, *Report_Ptr*) CHECK vergleicht die Ergebnisse der Selbsttests mit den im Statusfeld Hardware eines Jobs angeforderten Hardware-Moduln und beschreibt die Antwortvariable *Report* bitweise mit deren momentaner Verfügbarkeit bzw. Funktionsfähigkeit.
ACTIVE_JOB	(*Ls*) ACTIVE_JOB meldet den im Lokalsystem *Ls* gerade aktiven Job zurück.

NAME	*(formale Parameter)* Kurzbeschreibung
	<u>Aufrufe zur analogen und binären Prozeß-Ein/Ausgabe</u> Die analogen- und binären Ein/Ausgabeprozeduren dienen zur Ankopplung an einen technischen Prozeß.
A_IN_R	*(IO_Str)* A_IN_R liest ein analoges Spannungs- bzw. Stromsignal über eine Analog-I/O-Karte vom gewählten Kanal *IO_Str* ein und liefert seinen Wert als normierte Real-Zahl (-1.0...+1.0) zurück.
A_OUT_R	*(IO_Str, Wert, Ober_Grenze, Unter_Grenze)* A_OUT_R gibt den normierten Real-*Wert* als analoge Spannung bzw. Strom über eine Analog-I/O-Karte auf dem angegebenen Kanal *IO_Str* aus. Der Wert wird auf die angegebenen Grenzwerte *Ober_Grenze* und *Unter_Grenze* oder auf den maximalen Stellbereich begrenzt und in seiner tatsächlich ausgegebenen Größe (begrenzt und auf die Wandler-Wortlänge gerundet) zurückgemeldet.
SAVED_A_OUT_R	*(IO_Str)* SAVED_A_OUT_R liefert den bei der letzten Ausgabe auf dem gewählten Kanal *IO_Str* gespeicherten Wert zurück.
A_LIMIT_R	*(IO_Str, Wert, Ober_Grenze, Unter_Grenze)* A_LIMIT_R ahmt die begrenzende und rundende Funktion der analogen Ausgabe auf den *Wert* mit dem gewünschten Kanal *IO_Str* nach und liefert so ebenfalls die "tatsächlich ausgegebene" Größe zurück.

NAME	(*formale Parameter*) Kurzbeschreibung
B_IN	(*IO_Str*) B_IN liest, abhängig von der in *IO_Str* enthaltenen Mode-Angabe, Bit- oder Byte-Informationen vom gewünschten Kanal auf einer Binär-I/O-Karte ein.
B_OUT	(*IO_Str*, *Wert*) B_OUT gibt Bit- oder Byte-Informationen über den gewünschten Kanal *IO_Str* aus.
SAVED_B_OUT	(*IO_Str*) SAVED_B_OUT liest den bei der letzten Ausgabe auf dem gewählten Kanal *IO_Str* gespeicherten Wert zurück.

Steuerung der Numerik-Unterstützung

Die Unterstützung der Betriebssystem-Exekutive für den Coprozessor 8087 und die Numerik-Funktionen in der Bibliothek (Kap. 4.8) können für jeden Job getrennt beeinflußt werden.

| SET_REAL_NUM | (*Mode_87*, *Int_87_Ptr*, *Numeric_Error_Ptr*)
SET_REAL_NUM initialisiert den Numerik-Prozessor 8087 und setzt auf Wunsch den angegebenen *Mode_87* anstelle des Ersatzwertes. *Int_87_Ptr* zeigt zu einer eigenen Interrupt-Routine zur Ausnahmebehandlung für den Coprozessor. *Numeric_Error_Ptr* zeigt zu einem Wort für die Fehlermeldungen aus den Funktionen der Numerik-Bibliothek. Werden für einzelne Parameter Null-Angaben gemacht, so werden innerhalb der Prozedur die implementierten Defaultwerte benutzt. |

4.6 <u>DER KONFIGURATOR</u>

Unter dem Sammelbegriff Konfigurator sind alle Programme des
Betriebssystems zusammengefaßt, die die aktuelle Konfiguration
der Hardware und der Software des Systems überwachen und modifizieren. Sie beinhalten für den Systemstart und die Initialisierung Hauptprogrammteile sowie Programme, die während des normalen Betriebs von der Exekutive als Task, ähnlich wie die Anwenderprogramme, behandelt werden. Ihr Aufbau unterscheidet sich
jedoch von dem der Anwenderprogramme, um einen direkten Zugriff
zu den Systemdaten zu ermöglichen. Sie haben entweder eine sehr
hohe Priorität und können so alle übrigen Jobs und Tasks verdrängen oder eine niedrige, wodurch sie ihre Aufgaben als Hintergrundaktivität ausführen.

Die Aufgaben des Konfigurators lassen sich in vier weitgehend
unabhängige Bereiche gliedern:

1. Die Selbsttestprogramme stellen die Funktionsfähigkeit der
   einzelnen Hardware-Moduln und damit die verfügbaren Resourcen
   des Systems fest (näheres in Maehle, Joseph 1982; Weiß 1982b;
   Bieniek 1984).

2. Die Initialisierung lokaler Hardware und lokaler Systemdaten
   wird durch das Betriebssystem-Hauptprogramm als Teil des Konfigurators organisiert (Peter 1984, Bieniek 1984).

3. Eine wichtige Aufgabe ist die Synchronisation der absoluten
   Zeiten in den verschiedenen Lokalsystemen eines Regionalsystems, die dezentral durchgeführt wird (Mäncher 1984a, Bieniek 1984).

4. Ein vierter Aufgabenbereich betrifft die Software-Konfiguration des Systems, insbesondere die selbsttätige Installation
   und Inbetriebnahme fest eingetragener Programme nach einem
   Kaltstart oder einem Wiederanlauf (Grawunder 1984). In diesen
   Bereich gehört auch der Lader für Anwenderprogramme.

Jedem Aufgabenbereich ist ein eigenes Programmpaket zugeordnet, das aus einem Hauptprogramm für den Systemstart, verschiedenen Unterprogrammen und eventuell einer oder mehreren Tasks besteht.

4.6.1 Der Systemstart

Zur Einordnung und zur Erklärung der Funktionen der einzelnen Elemente des Konfigurators kann der Ablauf bei einem Systemstart dienen, der in Bild 4.16 in Form eines Struktogramms dargestellt ist:

1. Nach dem Kaltstart oder dem Rücksetzen eines lokalen Mikrorechners wird (Programmbeginn an der Reset-Adresse) zunächst der *Einschalttest* (power-up-test) als nicht unterbrechbarer Hauptprogrammteil der Selbsttestprogramme durchlaufen. Hierin werden nach einer 'start-small'-Strategie (siehe dazu auch Nilson 1978a und Maehle 1981) zuerst die Prozessorfunktionen der CPU 8086, danach die des Coprozessors 8087 und dann die Funktionen des Hauptspeichers getestet. Der ebenfalls vorgenommene Test der Ein/Ausgabeeinheiten ist zu diesem Zeitpunkt allerdings nur bedingt aussagefähig, da zumindest vor einem Kaltstart, noch keine Ausgaben an den Prozeß erfolgt sind.

2. Es schließt sich die *lokale Initialisierung* der Peripheriebausteine des Mikrorechners, der zugehörigen Verwaltungslisten sowie der lokalen Systemdaten an. Das geschieht an dieser Stelle im wesentlichen durch den Aufruf untergeordneter Initialisierungsprozeduren in den verschiedenen Software-Moduln des Konfigurators und der Exekutive.

3. Der nachfolgende Vorgang zur *regionalen Synchronisation* stellt zur Unterscheidung zwischen Kalt- und Warmstart zunächst fest, ob ein anderes Lokalsystem aktiv ist:

   - Reagiert eines der übrigen Lokalsysteme des Regionalsystems und liefert auf die entsprechende Anfrage eine exakte Zeitangabe, so ist ein *Warmstart* durchzuführen. Die Absolutzeit (time-of-day) wird übernommen und die lokale Uhr entsprechend gestellt.

- Ist von keinem anderen Lokalsysteme ein Zeitangabe zu erhalten, so liegt ein *Kaltstart* vor. Es wird in einer Synchronisationsschleife, in der sich beim Kaltstart die Mikrorechner aller Lokalsysteme aufhalten, auf die Zeiteingabe von außen gewartet. Die an einem Lokalsystem erfolgte Zeiteingabe wird an die übrigen weitergereicht und als aktuelle Systemzeit übernommen.

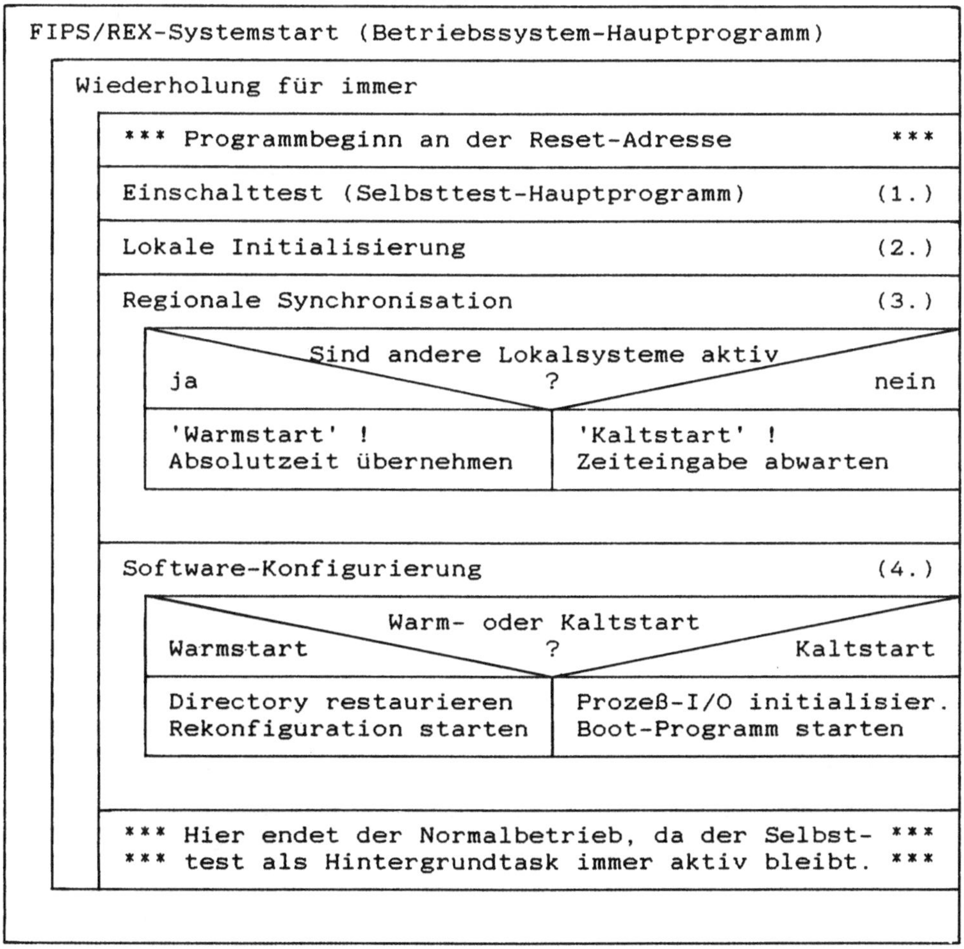

```
FIPS/REX-Systemstart (Betriebssystem-Hauptprogramm)
  Wiederholung für immer
    *** Programmbeginn an der Reset-Adresse             ***
    Einschalttest (Selbsttest-Hauptprogramm)           (1.)
    Lokale Initialisierung                             (2.)
    Regionale Synchronisation                          (3.)
                    Sind andere Lokalsysteme aktiv
      ja                        ?                        nein
      'Warmstart' !                 'Kaltstart' !
      Absolutzeit übernehmen        Zeiteingabe abwarten

    Software-Konfigurierung                            (4.)
                     Warm- oder Kaltstart
      Warmstart                  ?                    Kaltstart
      Directory restaurieren        Prozeß-I/O initialisier.
      Rekonfiguration starten       Boot-Programm starten

    *** Hier endet der Normalbetrieb, da der Selbst-  ***
    *** test als Hintergrundtask immer aktiv bleibt.  ***
```

Bild 4.16: Das Struktogramm des Systemstarts im Konfigurator.

4. Bei der selbsttätigen *Software-Konfigurierung* zur Installation und Inbetriebnahme fest eingetragener Programme wird
   anhand der vorherigen Feststellung ebenfalls zwischen Kalt-
   und Warmstart unterschieden:

   - Bei einem Warmstart muß berücksichtigt werden, daß infolge
     der vorangegangenen Aktionen des eigenen und fremder Lokal-
     systeme Informationen vorhanden sind, die noch Gültigkeit
     haben und deshalb nicht zerstört werden dürfen:
     o Die eigenen Prozeßschnittstellen können mit gültigen Aus-
       gabesignalen belegt sein und dürfen daher weder neu ini-
       tialisiert noch vorbesetzt werden.
     o Die Directories der anderen Lokalsysteme enthalten Ein-
       träge, anhand derer das eigene Directory restauriert wer-
       den muß.
     Die anschließend gestartete *Rekonfiguration* nimmt die Sy-
     stemtasks und die Anwenderjobs wieder in Betrieb.

   - Zur Ausführung eines Kaltstarts werden als Ergänzung zur
     vorangegangenen lokalen Initialisierung auch die Prozeß-
     schnittstellen initialisiert und die Ausgänge mit Ruhewer-
     ten beschrieben. Das anschließend gestartete *Boot-Programm*
     lädt die in der Boot-Liste (Kap. 4.3.3) festgelegten Sy-
     stemtasks und anwendungsbezogenen Jobs und nimmt sie in
     Betrieb.

Die nachfolgenden Anweisungen des für den Systemstart durchlau-
fenen Hauptprogramms sollten eigentlich nie erreicht werden, da
der Selbsttest als Hintergrundaktivität des Systems läuft. Er
wird als Task mit niedrigster Priorität verwaltet, enthält eine
Endlosschleife und verläßt von selbst nie den aktiven Zustand.
Sollte er dennoch inaktiv werden, kann dies nur die Folge eines
fatalen Fehlers in der Hardware oder auch der Software sein. Der
Scheduler findet eine leere Prozessorwarteschlange vor und kehrt
zu einer dafür vorgesehenen Stelle im Hauptprogramm zurück. Die
beabsichtigte Folge ist ein erneuter Systemstart, der durch den
Neubeginn an der Reset-Adresse eingeleitet wird.

4.7 DAS DIALOGSYSTEM

Das Dialogsystem ermöglicht die an den eigentlichen Automatisierungsaufgaben orientierte und von den Betriebssystemfunktionen unabhängige Bedienung des Automatisierungssystems FIPS. Es ist speziell auf die Anforderungen von Anwenderjobs in der Automatisierungstechnik ausgerichtet und bestimmt deren Aufbau mit. Hierdurch ist eine standardisierte Bedienung von Jobs unterschiedlichster Funktion gegeben, die sich auch an eventuelle übergeordnete Einrichtungen (z. B. eine Leitstation) anpassen läßt. Dem Anwenderprogrammierer wird die Erstellung eigener Bedienprogramme erspart und die Programmieraufgabe durch den vorgegebenen Aufbau von Parameterfeldern und die dadurch entstehende einheitliche Parameterdokumentation erleichtert.

Von Bedeutung für die Fehlertoleranz, aber auch für andere parallel arbeitende Anwenderprogramme, ist die Fähigkeit des Dialogsystems zur gleichzeitigen und transparenten Behandlung von mehreren kooperierenden Jobs. Das Dialogsystem wertet zu diesem Zweck ohne Zutun des Bedieners die Statusinformationen eines angewählten Jobs aus und erkennt daran die Anzahl und die Nummern der zugehörigen Cojobs. Die Existenz mehrerer kooperierender Jobs wird dadurch, außer bei ihrer Installation im System, nach außen hin nicht bemerkt.

Die Bedienung des Mikrorechnersystems FIPS und der darauf implementierten Anwenderprogramme mittels des Dialogsystems wird ausführlich im Anwenderhandbuch (Mäncher, Waldschmidt 1985) beschrieben. Dort findet sich auch ein Beispiel für die Installation, Inbetriebnahme und Beeinflussung von kooperierenden Programmen. An gleicher Stelle ist ein Musterprogramm mit den vollständigen Deklarationen der im folgenden Kapitel 4.7.1 angesprochenen Listen für die Ein- und Ausgabe von Informationen wiedergegeben.

Die Realisierung des Dialogsystems als Teil des Betriebssystems REX sowie des Betriebsprogramms für das Konsolen-Interface als dazu passendem Gegenstück sind in Johnson, Dzombic (1984) doku-

mentiert. An dieser Stelle werden daher nur die dabei angewendeten Prinzipien erläutert.

4.7.1 Die Schnittstelle zum Anwenderprogramm

Das Dialogsystem legt für Anwenderjobs den Aufbau von vier speziellen Listen für die ein- und ausgehenden Informationen fest,
von denen je zwei Listen der Ein- und der Ausgabe dienen (Bild
4.17). Die Listen 0 und 1 bilden eine äußere Ebene und sind für
den normalen Bediener zugänglich. Mit ihrer Hilfe kann er den
Arbeitspunkt des Anwenderjobs vorgeben (Liste 0) oder sich Informationen zum aktuellen Betriebspunkt des zu automatisierenden
Prozesses ansehen (Liste 1). Die Listen 2 und 3 sind nur dem
autorisierten Bediener für die Zwecke der Konfigurierung und
Parametrierung zugänglich (Schlüsselschalter 'LIST' auf der lokalen Bedienkonsole in Bild 4.18). Liste 2 enthält die Konfigurationsparameter des Jobs, Liste 3 zeigt innere Zustände an.

	Eingangsgrößen	Ausgangsgrößen
Bedienung (Betriebsgrößen)	Liste 0 (Sollwert,...)	Liste 1 (Regelgröße,...)
Konfigurierung, Parametrierung (interne Größen)	Liste 2 (Reglerparameter,..)	Liste 3 (Zustandsgrößen,...)

Bild 4.17: Die Einteilung der ein- und ausgehenden Informationen
eines Automatisierungsprogramms in Listen.

Die Jobs selbst dürfen nur die Listen 1 und 3 beschreiben, die
von anderen Programmen und vom Bediener wiederum nur zu lesen
sind. Das Dialogsystem zeigt jeweils alle vier Listen an. Es
läßt aber nur eine Änderung der Eingangslisten 0 und 2 durch den
Bediener zu und übergibt die geänderten Listen als Botschaft an
alle parallel arbeitenden Jobs mit Hilfe der Betriebssystemprozedur BROADCAST (siehe dazu auch das Beispiel in Kap 4.5.3.2).
Die Anwenderjobs übernehmen die geänderten Listen zu definierten
Zeitpunkten mit Hilfe der Betriebssystemprozedur RECEIVE aus
ihren Briefkästen (Mailbox_0 - Liste 0, Mailbox_1 - Liste 2)
geschlossen in ihre aktuellen Listen.

Die Beschreibungen der Listenelemente sowie die Zeiger zu den
Listen liegen im Code-Segment der Jobs und können dort vom Dia-
logsystem zur typabhängigen Parameterbehandlung gelesen werden,
die aktuellen Listen selbst liegen im Data-Segment. Für die
Leseoperationen werden die direkten Kommunikationsfunktionen
CONNECT und RELEASE (Kap. 4.5.3.1) der Exekutive benutzt.

Der vorgegebene Listenaufbau bietet auch die Möglichkeit zur
Verknüpfung mehrer Jobs zu einer funktionalen Einheit, z. B. zu
einer Kaskadenregelung aus mehreren gleichen Reglern, indem von
einem Job aus die Listen eines anderen mit Hilfe des Botschaftensystems beschrieben werden. Ein Beispiel dafür ist die Sollwertvorgabe in der Versuchsanordnung in Kap. 6.1.3.

4.7.2 Die Bedienfunktionen

Die Bedienung erfolgt über Datenendgeräte oder spezielle Bedien-
konsolen, die am Konsolen-Interface (Kap. 3.2.3.3) angeschlossen
sind. Eine Bedienkonsole (LOP - local operator panel), wie sie
in Bild 4.18 dargestellt ist, besitzt neben einer numerischen
Tastatur spezielle Funktionstasten zur Auslösung der einzelnen
Befehle. Grundsätzlich können alle Eingaben durch Editierfunk-
tionen rückgängig gemacht werden und die tatsächliche Ausführung
der Bedieneingriffe, z. B. der Änderung von Parametern, erfolgt
erst nach einer ausdrücklichen Bestätigung mittels einer speziellen EXEC- (execute) Taste.

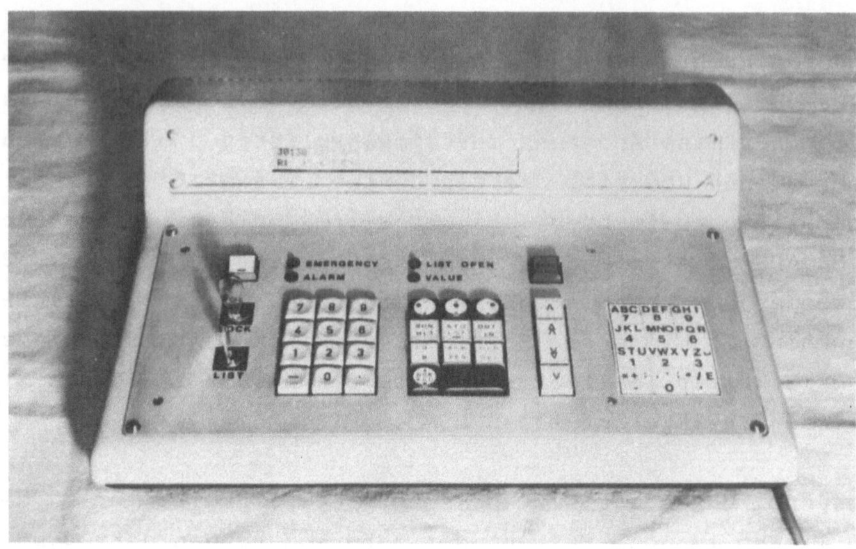

Bild 4.18 Eine Bedienkonsole (LOP) für die lokale Bedienung.

Der Ablauf der Bedienung ist anhand des Zustandsdiagramms in
Bild 4.19 organisiert, das die jeweils erlaubten Eingaben definiert und die möglichen Zustandsübergänge festlegt. (Zur Definition von Bedienfolgen über Zustandsdiagramme siehe z. B. Heinzl
1984.) Jede abgeschlossene Eingabe bewirkt sowohl die Speicherung des entsprechenden Kommandos bis zur späteren Bestätigung
(EXEC) als auch einen Übergang zum resultierenden Nachfolgezu-
stand. Eine genaue Erklärung des Zustandsdiagramms mit den möglichen Eingaben und Übergängen ist sowohl in Mäncher, Waldschmidt (1985) als auch in Johnson, Dzombic (1984) enthalten.

Das Zustandsdiagramm des Dialogsystems kennt 13 Zustände, die in
vier Dialogebenen mit unterschiedlichen Zugangsrechten zusammengefaßt sind:

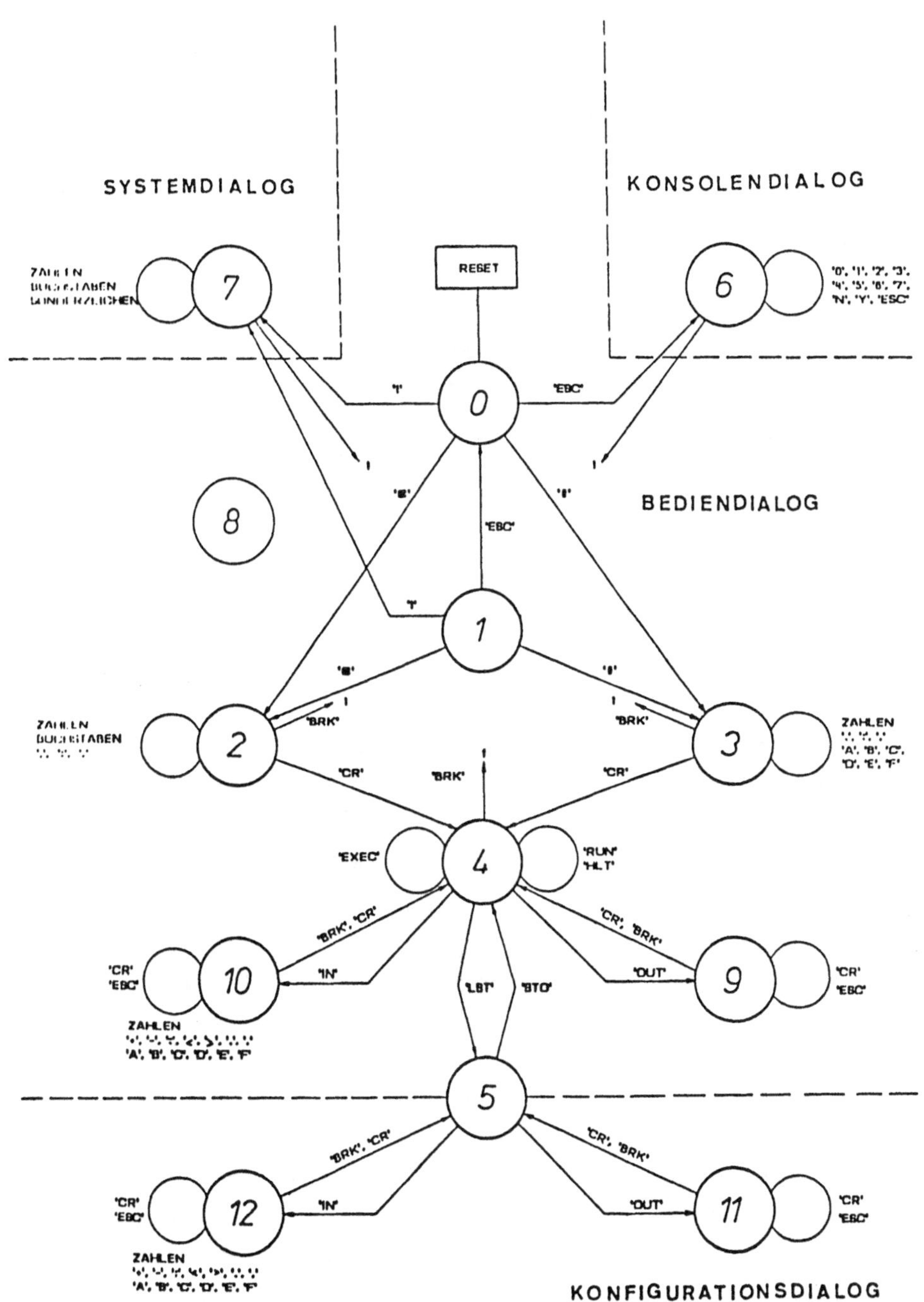

Bild 4.19 Das Zustandsdiagramm des Bediendialogs.

- Der *Systemdialog* besteht nur aus dem Zustand 7. Er dient zur Installation von Jobs und Tasks und zur interaktiven Ein/Ausgabe mit Sonderprogrammen.

- Im *Konsolendialog* (Zustand 6) werden die am Konsolen-Interface angeschlossenen Ein/Ausgabegeräte für die Bedienung und Protokollierung konfiguriert.

- Der *Bediendialog* umfaßt die Zustände 0 bis 4 und 8 bis 10 und ermöglicht die normale Bedienung eines Anwenderprogramms. Das Programm kann gestartet und wieder angehalten werden und der Bediener kann auf die Listen 0 und 1 mit den Arbeitspunkten und Betriebsparametern zugreifen.

- Im *Konfigurationsdialog* (Zustände 5, 11 und 12) werden die Listen 2 und 3 (Konfigurationsparameter und interne Zustandsgrößen) bearbeitet.

Die Aufgabe des Betriebsprogramms im Konsolen-Interface ist die Entgegennahme, Anzeige und Aufbereitung (Zeilen-Editierung) der Bedienereingaben und die Anzeige der Reaktion des Dialogsysytems auf die weitergereichten und abgeschlossenen Eingaben. Dabei werden, abhängig vom augenblicklichen Zustand des Dialogs und gesteuert durch das Dialogsystem, jeweils nur bestimmte, sinnvolle Eingaben zugelassen. So werden Bedienfehler frühzeitig verhindert und unnötige Reaktionen des Dialogsystems vermieden.

Das Dialogsystem ist auf der Seite des 8086 als Task mit niedriger Priorität organisiert. Es wird nach jeder abgeschlossenen Eingabe (in der Regel eine Zeile) durch einen Interrupt des Konsolen-Interface gestartet und seiner Priorität entsprechend als Hintergrundaktivität bearbeitet. Die Interrupt-Routine zum Taskstart ist in der Exekutive untergebracht ("sonstige Hardware-Interrupt-Prozeduren" in Bild 4.6).

4.8 <u>DIE BIBLIOTHEK</u>

Der Hauptzweck der im Betriebssystem integrierten Bibliothek ist
die Erleichterung der Anwendungsprogrammierung. Die enthaltenen
Prozeduren sind systemneutral (nicht prozessorneutral) und stellen dem Programmierer eine erweiterte Maschine zur Verfügung.
Sie sind speziell auf den optimalen Einsatz des Numerik-Copro-
zessors i8087 (Intel 1980a) ausgerichtet und machen dessen vollen Funktionsumfang auch für Programme zugänglich, die in Hoch-
sprachen mit einem eingeschränkten Vorrat an Datentypen (z. B.
PL/M-86) geschrieben sind.

Daneben wird die Effektivität der Anwenderprogramme durch die
Beschleunigung numerischer Berechnungen gesteigert. Durch die
mehrfache Verwendung des einmalig im EPROM implementierten Pro-
grammcodes wird ein ökonomischer Umgang mit dem begrenzten Speicherplatz erreicht. Das ist in dezentralen Automatisierungssystemen deshalb von Bedeutung, weil keine Auslagerung und kein
Nachladen von Programmen auf Massenspeicher möglich ist.

Ein Teil der Bibliothek wird von der '8087 Support Library'
(Intel 1981) gestellt, die als Standard-Unterstützung für den
Numerik-Coprozessor mit integriert ist. Der wesentliche Teil
besteht jedoch aus zusätzlichen numerischen Operationen unterschiedlicher Komplexität für die verschiedenen Zahlenformate
(siehe Tabelle 4.2). Die hier verfügbaren Funktionen lassen sich
bei Bedarf erweitern. Insbesondere können auch regelungstechnische Standardprozeduren (Regelalgorithmen, Schätzalgorithmen,
Optimierungsverfahren usw.) in optimierter Form erstellt und in
die Bibliothek integriert werden.

Zum Ansprechen der im EPROM abgelegten Bibliotheksprozeduren
werden Interfaces benötigt, die aus den Aufrufen der segmentier-
ten und verschiebbaren Anwenderprogramme (relativ zum Segmentan-
fang) Intersegment-Aufrufe machen. Diese stehen in Disketten-
Bibliotheken auf dem Entwicklungssystem zum Binden bereit, wobei
auch der benötigte Stack für die wiedereintrittsfähigen EPROM-
Bibliotheksprozeduren reserviert wird. Die Disketten-Bibliothe-

ken mit den Interface-Prozeduren können bei einer Erweiterung oder Änderung der integrierten EPROM-Bibliothek durch eine Generierungsdatei automatisch erzeugt werden.

Tabelle 4.2: Zusätzliche numerische Operationen der Bibliothek.

Operationen	Anzahl
Umwandlung von ASCII-Zeichenfolgen (Ein/Ausgabe)	3
Ein/Ausgabe-Operationen	14
(8087 ‹-› verschiedene Zahlenformate im Speicher)	
Grundrechenarten	4
(im 8087-Stack zur Verwendung beliebiger Zahlenf.)	
Hilfsfunktionen (im 8087-Stack)	9
Exponentialfunktionen	5
Logarithmenfunktionen	4
Winkelfunktionen	4
Inverse Winkelfunktionen	4
Vektoroperationen, Short Real	7
Vektoroperationen, Long Real	7
Matrizenoperationen, Short Real	7
Matrizenoperationen, Long Real	7
Insgesamt	75

4.9 DIE REALISIERUNG DES BETRIEBSSYSTEMS

Der überwiegende Teil des Betriebssystems ist in der höheren
Programmiersprache PL/M-86 (Intel 1980c) geschrieben, die in der
Regel auch für Anwenderprogramme benutzt wird. PL/M-86 ist eine
aus PL-1 abgeleitete, blockstrukturierte Sprache und speziell
für System-Implementierungen geeignet (Input-, Output-Befehle,
Variablen mit absoluten Adressen usw.). Ihre Verwendung hat
folgende Gründe:

- Die allgemeinen Vorteile einer Hochsprache gegenüber Assembler
  und Macro-Assembler sind ihre leichtere Erlernbarkeit, die
  bessere Dokumentation und einfachere Wartung von Programmen.
  Sie haben eine besondere Bedeutung, wenn viele verschiedene
  Programmierer an einem Projekt arbeiten.

- Der mit Assembler erzielbare Geschwindigkeitsgewinn gegenüber
  einem optimierenden Compiler ist erstens von einem untergeordneten wissenschaftlichen Interesse, erfordert zweitens einen
  versierten Programmierer und läßt sich drittens an kritischen
  Stellen auch nachträglich einbauen.

Ein Teil des Betriebssystems wurde trotzdem in Assembler erstellt:

- Die Taskumschalter wären zwar auch in PL/M-86 realisierbar,
  jedoch nur mit trickreicher Programmierung und unter Beachtung
  des dabei generierten Codes. Daher ist die Realisierung in
  Assembler übersichtlicher und effektiver.

- Interrupt-Tabellen und Einstiegsstellen für Systemaufrufe sind
  in Assembler definiert, da die Prüfungsmechanismen des Compi-
  lers für Datentypen, Prozeduren usw. in PL/M-86 eine Zuordnung
  schwierig machen und außerdem die Definition in Assemler übersichtlicher ist.

- Einige Elemente des Runtime-Interface (siehe Kap. 4.3.1) mit
  Einstiegsstellen und Zeigern sollen beim Binden in eine feste

Reihenfolge gebracht werden und feste Adressen (Offsets) innerhalb der Segmente erhalten. Durch ihre Erstellung in Assembler ist dies auch bei Verwendung der verfügbaren Bindeprogramme LINK86, LOC86 und LIB86 (Intel 1980d) möglich.

Neben den aufgeführten, zur Implementierung der Echtzeit-Funktionen benötigten Bindegliedern sind die Selbsttest-Programme für die Prozessoren 8086 und 8087 und den Speicher in Assemblersprache realisiert. Das ist auch nicht anders möglich. Ein Großteil der Programmbibliothek mit numerischen Operationen (trigonometrische und transzendente Funktionen, Vektor- und Matrizenrechnung) zur Unterstützung von Anwender-Programmen liegt ebenfalls als Assembler-Realisierung vor, was eine wesentlich bessere Nutzung des 8087 und damit eine höhere Verarbeitunsleistung erlaubt. Die ganze übrige Software, wie aufrufbare Systemprozeduren, Zeitverwaltung, I/O-Treiber, Bedienprogramm usw., ist in PL/M-86 programmiert.

Die Systemgenerierung erfolgt auf einem Mikrorechner-Entwicklungssystem. Zur Anpassung an eine geänderte Hardware-Konfiguration ist jedoch normalerweise nur die Modifikation der getrennt vom übrigen Betriebssystem erstellten Tabelle zur Lokalsystembeschreibung (siehe Kap. 4.3.3) erforderlich.

Da kein direkt erreichbarer Massenspeicher vorgesehen ist, über den ein Urladen erfolgen könnte, ist das gesamte Betriebssystem in EPROM-Speichern implementiert. Der Programmcode belegt insgesamt 128 KByte des Speicherbereichs eines Lokalsystem und umfaßt damit gerade eine mit EPROM-Bausteinen vom Typ 2764 bestückte Speicherbaugruppe. Er teilt sich wie folgt auf:

Lokalsystembeschreibung		16 KByte
Bibliothek	<	16 KByte
Systemmonitor	<	16 KByte
Dialogsystem	<	16 KByte
Konfigurator	<	32 KByte
(davon ca. 22 KByte Selbsttestprogramme)		
Exekutive + Koppel-Software	<	32 KByte

Zu dem Programmcode im EPROM kommt noch Arbeitsspeicher im RAM.
Er umfaßt bei den derzeit zugelassenen 128 Tasks in einem Regionalsystem 8 KByte, die nur lokal erreichbar sind, und weitere
11 KByte regional erreichbares RAM.

5. SPEZIELLE ENTWICKLUNGSHILFEN

Da das Mikrorechnersystem FIPS als Teil eines dezentralen Automatisierungssystems keine geeignete Entwicklungsumgebung bietet,
erfolgt die Erstellung von Anwender-Software ebenso wie die der
System-Software grundsätzlich auf einem unabhängigen Entwick-
lungsrechner, z. B. einem Mikrorechner-Entwicklungssystem. Hier
stehen auch die im folgenden angesprochenen Entwicklungshilfen
zur Verfügung, die auf die Entwicklungswerkzeuge des Prozessor-
herstellers (Intel- oder Siemens-Entwicklungssysteme mit Betriebssystem ISIS-II und entsprechende Dienstprogramme) abge-
stimmt sind. Die Handhabung der Entwicklungswerkzeuge ist in den
zugehörigen Unterlagen (Intel 1980c; Intel 1980d) beschrieben.

Der prinzipielle Ablauf der Programmentwicklung unter Verwendung
der speziellen Entwicklungshilfen zur Erstellung von Tasks für
das Betriebssystem REX ist in Bild 5.1 dargestellt. (Nicht gezeigt sind die unvermeidlichen Schleifen zur Fehler-Korrektur.)
Der Ablauf kann gleichzeitig als Leitfaden für die anschließende
Erklärung der einzelnen Dateien dienen.

5.1 HILFSDATEIEN FÜR DIE ERSTELLUNG EINER TASK

Der grundsätzliche Aufbau der Echtzeit-Anwenderprogramme ist
durch die Betriebssystem-Schnittstelle bereits weitgehend vordefiniert. Sie werden nach den sieben Funktionszuständen INIT,
DIALOG, START, OPERATE, STOP, FAIL und RECOVER (siehe Kap.
4.5.2.2) oder einer Teilmenge daraus in Prozeduren mit entsprechenden Namen gegliedert. Um eine Bedienung über das Dialogsystem zu ermöglichen, sind die vom Programm benötigten Parameterlisten (siehe Kap. 4.7.1) zu erstellen.

Die vielen Gemeinsamkeiten der Anwenderprogramme legen die Verwendung von Standard-Dateien als Startpunkt für neue Programme
nahe. Diese werden zusammen mit den Entwicklungs- und Dokumen-
tationshilfen auf dem Entwicklungssystem bereitgehalten.

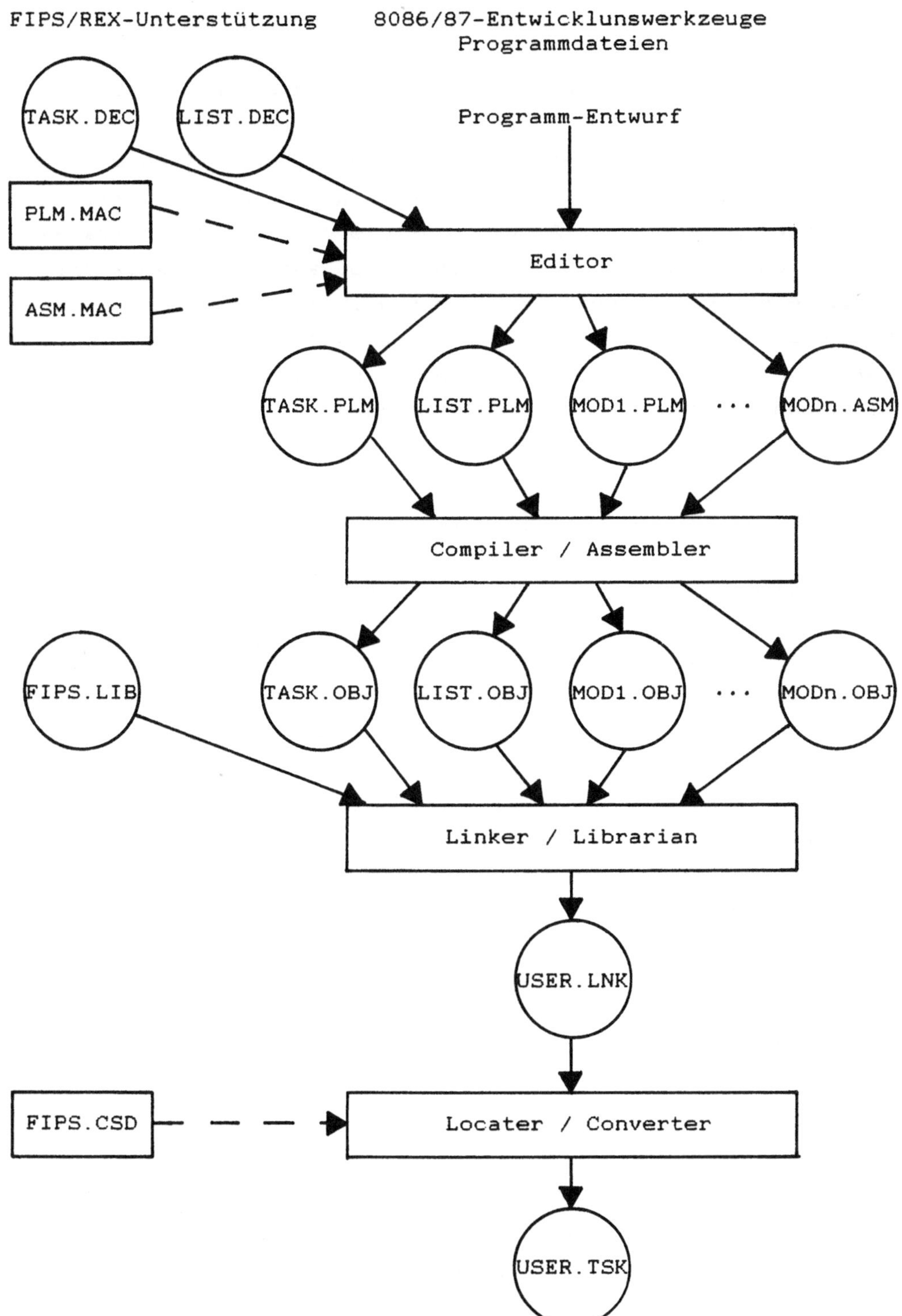

Bild 5.1: Die Entwicklung von FIPS/REX-Anwenderprogrammen.

Deklarationsdateien als Ausgangsbasis für Anwenderprogramme

TASK.DEC und LIST.DEC dienen als Ausgangsbasis zum Aufbau eines
eigenen Anwenderprogrammes. TASK.DEC beinhaltet die Grundkon-
struktion des ausführbaren Teils des Anwenderprogrammes mit den
sieben Prozeduren (Funktionszuständen) und den Extern-Deklarationen zum Listenteil. LIST.DEC baut die vier vom Dialogsystem
behandelten Listen auf. Darin enthaltene, aber nicht speziell
benötigte Prozeduren und Listen können in den Moduln des neu zu
schaffenden Anwenderprogramms (TASK.PLM und LIST.PLM) gelöscht
werden, da später beim Binden automatisch sinnvolle Default-
Funktionen bzw. -Listen eingesetzt werden.

Editierhilfen auf dem Entwicklungssystem

Um auch eine einheitliche optische Gestaltung der zusätzlich erstellten Programmen-Moduln (MOD1.PLM ... MODn.ASM) zu erhalten
und dem Programmierer einige Aufbereitungshilfen an die Hand zu
geben, werden für den Bildschirmmodus des ISIS-II-Editors CREDIT
vordefinierte Macros bereitgestellt. PLM.MAC und ASM.MAC sind
auf die jeweilige Programmiersprache (PL/M bzw. Assembler) abge-
stimmte Macro-Dateien und definieren beim Aufruf des Editors die
Macroaufrufe für den Bildschirmmodus. Es werden einheitliche
Modul-, Prozedur- und Seitenköpfe (PLMM.MAC, PLMP.MAC, PLMF.MAC,
ASMM.MAC, ASMP.MAC, ASMF.MAC) mit der für die REX-Tasks passen-
den Compiler- bzw. Assemblersteuerung (siehe auch Kap. 4.3.1)
sowie einige Textaufarbeitungs- und Gestaltungs-Werkzeuge zur
Verfügung gestellt.

Steuerdateien zur Generierung von Tasks

Um dem Anwenderprogrammierer die Erzeugung ladbaren Codes zu
erleichtern, wurden Steuerdateien zur Abarbeitung mit dem ISIS-
II-Batch-Kommando SUBMIT geschaffen. Es sind dies für reine Anwenderprogramme die Datei FIPS.CSD und für betriebssystemnahe
Tasks RUNL.CSD.

Der Anwenderprogrammierer bindet die getrennt übersetzten Teile
seines Programmes (TASK.OBJ, LIST.OBJ, MOD1.OBJ ... MODn.OBJ),
eventuell sonstige Prozeduren oder eigene Bibliotheken zusammen
mir der Bibliothek FIPS.LIB in eine Object-Datei mit der Endung
'.LNK' (z. B. USER.LNK). Durch die Eingabe des ISIS-II-Befehls
'SUBMIT FIPS (USER)' wird der weitere Ablauf gesteuert. In der
Datei FIPS.CSD sind geeignete Adressen für die Segmente CODE,
DATA, STACK und DIRECTORY eingetragen, so daß eine ladbare Task
(USER.TSK) entsteht. FIPS.CSD kann in eine andere Datei kopiert
und modifiziert werden, um andere Adressen (z. B. für die EPROM-
Implementierung eines getesteten Anwenderprogramms) vorzugeben.

5.2 <u>BIBLIOTHEKEN UND ZUGEHÖRIGE EXTERN-DEKLARATIONEN</u>

Die meisten Bibliotheken werden in einer Version für verschiebbare (mit der Compiler-Option 'compact' übersetzte) Anwenderprogramme und der in Kap. 4.3.1 beschriebenen Segmentierung und in
einer Version für nicht verschiebbare ('large' übersetzte) Programme zur Systemerweiterung angeboten. Die Endung 'C' weist auf
Compact-Bibliotheken, die Endung 'L' auf Large-Bibliotheken hin.
Für alle verfügbaren Bibliotheksfunktionen existieren Extern-
Deklarationen in zu den jeweiligen Bibliotheken gehörenden Deklarationsdateien (*.DEC). Da vom Anwenderprogrammierer nur die
Compact-Bibliotheken verwendet werden, sind sie hier näher erläutert. Für die Large-Bibliotheken zur Systemprogrammierung
gilt sinngemäß die gleiche Erklärung. Die Unterschiede werden
kurz erwähnt.

<u>Bibliotheken zur Generierung von Tasks</u>

Die Bibliothek FIPS.LIB faßt die Einzelbibliotheken FREXC.LIB,
FSUPC.LIB, FRUNC.LIB, PLM86.LIB und 8087.LIB zusammen, die nachfolgend kurz beschrieben sind. Sie enthält damit alle notwendigen Object-Moduln zur Generierung einer Task.

In FREXC.LIB werden die Schnittstellen zu den in Tab 4.1 zusammengefaßten Funktionen des Betriebssystems REX zur Verfügung gestellt. Die zugehörigen Extern-Deklarationen sind unter REX.DEC zu finden. Sie machen alle Betriebssystemaufrufe zur gezielten Beeinflussung eines Jobs und seines Ablaufes, zur Kommunikation zwischen den Jobs, zur Gewinnung von Informationen über einzelne Jobs oder das gesammte System und zur Ein- und Ausgabe von analogen und binären Prozeßsignalen zugänglich.

Die Bibliothek FSUPC.LIB enthält die Schnittstelle zu der im Betriebssytem enthaltenen und im EPROM abgelegten Bibliothek (siehe Kap. 4.8) und macht die mathematischen Funktionen zur Ausnutzung des Coprozessors 8087 zugänglich. Diese beinhalten die Funktionen der Intel-Bibliotheken CEL87.LIB (common elementary functions library) und DCON87.LIB (decimal conversion library), die im zugehörigen Handbuch (Intel 1981) näher beschrieben sind. Die Extern-Deklarationen zu diesen Funktionen sind unter CEL87.DEC und DCON87.DEC abgelegt. Ergänzt wird FSUPC.LIB durch die Bibliothek NUM.LIB, die trigonometrische, exponentielle, logarithmische, Matrizen- und Ein/Ausgabe-Operationen zur Verfügung stellt. Eine erläuternde Datei mit Aufrufbeispielen ist unter NUM.TXT zu finden, die Extern-Deklarationen unter NUM.DEC. Weiterführende Informationen sind aus Leidel (1982) zu entnehmen.

FRUNC.LIB stellt die Verbindung zwischen Betriebssystem und Anwendertask her und beinhaltet dazu das Runtime-Interface (siehe Kap. 4.3.1). Hier sind auch die Default-Prozeduren für nicht benutzte Funktionszustände (nicht deklarierte Pozeduren im Anwenderprroramm), die Default-Listen und die Mailboxes abgelegt.

Die Bibliotheken PLM86.LIB und 8087.LIB sind als Teil der Intel-Entwicklungsunterstützung für die Prozessoren 8086/87 ebenfalls in FIPS.LIB integriert.

Bibliotheken mit Hilfsfunktionen

Die Bibliothek BASISC.LIB enthält spezielle Prozeduren zur Zeit-
rechnung (ADD_TIME, COMPARE_TIME), zur Ausgabe von Registerinhalten sowie zum Retten und Setzen des Interrupt-Status. Die
Extern-Deklarationen sind unter BASIS.DEC zu finden. FCIOC.LIB
stellt Funktionen für die Zeichen-Ein/Ausgabe über die Konsole
zur Verfügung, deren Deklarationen unter CIO.DEC abgelegt sind.

Bibliotheken für Programme zur Betriebssystemerweiterung

Für 'large' übersetzte Programme zur Systemerweiterung existiert
keine zusammenfassende Bibliothek wie FIPS.LIB. Es werden daher
die einzelnen Bibliotheken zum erstellten Programm gebunden:
FREXL.LIB, FRUNL.LIB, FSUPL.LIB, PLM86.LIB und 8087.LIB. Diese
entsprechen in ihrer Funktion den jeweiligen Compact-Bibliotheken und benutzen die gleichen Deklarationsdateien. Die Bibliotheken BASISL.LIB und FCIOL.LIB entsprechen BASISC.LIB bzw.
FCIOC.LIB.

In FREXL.LIB sind zusätzlich zu den Funktionen der FREXC.LIB die
Schnittstellen zu den Prozeduren der Koppel-Software für Zugriffe zum Regionalbus enthalten. Ihre Deklarationen sind KOPPEL.DEC
zu entnehmen. Für die Systemprogrammierung steht darüber hinaus
eine Anzahl weiterer Deklarationsdateien und weiterer Object-
Moduln zur Verfügung.

6. FEHLERTOLERANTE REGELPROGRAMME

Zur praktischen Erprobung und Verifikation der Fehlertoleranzverfahren sowie zur Demonstration der Eigenschaften des Mikrorechnersystems FIPS dienen verschiedene regelungstechnische Anwenderprogramme. Eine Gruppe enthält jeweils gleiche Regler in
den vier Fehlertoleranzklassen, die gleichzeitig und nebeneinander betrieben werden können (Kap. 6.1). Damit ist die *funktionsspezifische Implementierung* der Fehlertoleranz für einzelne Regelkreise mit spezifischen Anforderungen verwirklicht. In Kap.
6.2 wird als ein weiteres Anwendungsbeispiel eine adaptive Mehrgrößenregelung vorgestellt, die Fehlertoleranz mit Parallelverarbeitung vereint.

6.1 DIGITALE REGLER IN VERSCHIEDENEN FEHLERTOLERANZKLASSEN

Die Kombination mit verschiedenen Reglertypen und Fehlertoleranzklassen soll die allgemeine Anwendbarkeit des Konzepts der
Fehlertoleranzklassen zeigen und die Möglichkeit bieten, die zur
Realisierung der Fehlertoleranz eingesetzten Verfahren unter
verschiedenen praktischen Bedingungen zu erproben und dabei auch
ihre Verträglichkeit mit abtastzeit- oder parameterempfindlichen
Regelalgorithmen zu testen. Darüber hinaus liefert ihre konkrete
Realisierung einige Daten und Erfahrungswerte zum Vergleich der
vier Fehlertoleranzklassen bezüglich ihres jeweiligen Rechen-
zeitbedarfs, ihres Programmumfangs und ihres Realisierungsauf-
wands.

Es wurden die folgenden Reglertypen implementiert, die als Stan-
dard-Automatisierungsbausteine (Tasks, siehe Kap. 4.2.2) auch
für zukünftige Experimente mit dem Mikrorechnersytem FIPS zur
Verfügung stehen:

- parameteroptimierte P-, PI- und PID-Regler,
- strukturangepaßte Regler, hier nur als Deadbeat-Regler (DB)
  betrieben,
- ein Eingrößen-Zustandsregler (ZR) mit Beobachter.

Da im Rahmen dieser Arbeit der Schwerpunkt auf der Erprobung der
Fehlertoleranz liegt, wurde bei der Umsetzung der digitalen Regelalgorithmen Wert auf ein reproduzierbares Reglerverhalten
gelegt. Die Regler arbeiten deshalb mit festen, über Listen
(siehe Kap. 4.7) einstellbaren Dynamikparametern, für die geeignete (nicht unbedingt optimale) Defaultwerte bereitstehen.

Die Ein/Ausgangsregler sind gemeinsam in einem Programm untergebracht. Ihr spezifisches Verhalten wird nur durch die entsprechende Parameterwahl (P, PI, PID) bzw. durch eine zusätzliche
Strukturumschaltung (Deadbeat) bestimmt. Es wird mit Geschwin-
digkeitsalgorithmen gearbeitet, denen als Dynamikparameter die
Koeffizienten der zeitdiskreten z-Übertragungsfunktion übergeben
werden. Die Gleichung zur Berechnung einer neuen Stellgröße $u(k)$
für die parameteroptimierten Regler lautet:

$$u(k) = u(k-1) + q_0\, e(k) + q_1\, e(k-1) + q_2\, e(k-2). \qquad (6.1)$$

Hierin bedeuten k die diskrete Zeit, die sich aus $k = t\,/\,T_0$
(diskrete Zeit k = Zeit t / Abtastzeit T_0) ergibt, und $e(k)$ die
Regeldifferenz. Das dynamische Verhalten der Regler ergibt sich
aus den Parametern q_0, q_1 und q_2 (Zählerkoeffizienten der Reg-
ler-Übertragungsfunktion). Bei den praktischen Versuchen wurde
durch ihre entsprechende Wahl das Verhalten analoger Regler an-
genähert.

Eine ausführliche Behandlung des zugrundeliegenden zeitdiskreten
Modells und die Herleitung des Regelalgorithmus findet sich z.B.
bei Isermann (1977). Dort sind auch der nachfolgende Algorithmus
einer Regelung auf endliche Einstellzeit (Deadbeat-Regler) und
die Gleichungen zur Bestimmung der zugehörigen Reglerparameter
angegeben:

$$\begin{aligned}
u(k) = {}& p_1\, u(k-1-d) + p_2\, u(k-2-d) + \ldots + p_m\, u(k-m-d) \\
& + q_0\, e(k) \quad\;\; + q_1\, e(k-1) \quad\; + \ldots + q_m\, e(k-m).
\end{aligned} \qquad (6.2)$$

182

Der strukturangepaßte Deadbeat-Regler besitzt die Ordnung m des zu regelnden Prozesses. Neben den Zählerkoeffizienten $q_0 \ldots q_m$ seiner z-Übertragungsfunktion werden auch die Nennerkoeffizienten $p_1 \ldots p_m$ als vom jeweiligen Prozeß abhängige Parameter sowie die diskrete Prozeßtotzeit d (Vielfaches von T_0) vorgegeben.

Im Unterschied zu den oben genannten Ein/Ausgangsregelungen wird bei der Zustandsregelung die Stellgröße nicht direkt aus den Prozeßgrößen, sondern über den Zustandsgrößenvektor $\hat{\underline{x}}(k)$ und den Rückführvektor $\underline{k}^T$ berechnet:

$$u(k) = -\underline{k}^T \, \hat{\underline{x}}(k). \tag{6.3}$$

Die Zustandsgrößen werden im vorliegenden Fall mit Hilfe eines Beobachters gewonnen, der die Zustände eines Prozeßmodells (Systemmatrix $\underline{A}$, Eingangsvektor $\underline{b}$, Ausgangsvektor $\underline{c}^T$) durch die Rückführung der Ausgangsgröße des Prozesses $y(k)$ über den Beobachter-Rückführvektor $\underline{h}$ abgleicht und so geeignete Schätzwerte liefert (siehe auch Ackermann, 1972 und Isermann, 1977):

$$\hat{\underline{x}}(k+1) = (\underline{A} - \underline{h}\,\underline{c}^T)\,\hat{\underline{x}}(k) + \underline{b}\,u(k) + \underline{h}\,y(k) \tag{6.4}$$

Die Werte des Rückführvektors $\underline{h}$ bestimmen die Dynamik des Beobachters und damit auch des gesamten Regelkreises mit. Sie werden hier zu

$$h_i = - a_i \tag{6.5}$$

gewählt (a_i sind die besetzten Elemente der Systemmatrix $\underline{A}$ in Beobachternormalform), so daß der Beobachter Deadbeat-Einschwingverhalten zeigt (siehe Isermann 1977).

Dem Zustandsregler in der vorliegenden Form müssen als Parameter neben den Elementen des Rückführvektors $\underline{k}^T$ auch die Parameter des Prozeßmodells zur Verwendung im Beobachter vorgegeben werden. Sie wurden für die durchgeführten Versuche mit Hilfe von Schätzverfahren off-line bestimmt.

Eine ausführliche Beschreibung der Realisierung sowie eine Reihe
praktischer Versuche mit den Ein/Ausgangsreglern (P, PI, PID und
Deadbeat) findet sich bei Waldschmidt (1985a), während die Zustandsregler in Johnson (1984) dokumentiert sind. An den gleichen Stellen ist auch die Bestimmung der Streckenparameter der
verwendeten analog simulierten Testprozesse und der zugehörigen
Reglerparameter wiedergegeben.

6.1.1 Die Software-Realisierung der Regler

In Bild 6.1 ist der prinzipielle Ablauf der OPERATE-Prozedur
(siehe Kap. 4.5.2.2, Funktionszustände), also des normalen, zyklischen Betriebs eines einfachen Regelprogramms der Fehlertoleranzklasse N im Mikrorechnersystem FIPS dargestellt. Er ist in
ähnlicher Form auch in nicht fehlertoleranten Systemen zu finden. Angegeben sind jeweils die Programmabschnitte und die dort
bearbeiteten regelungstechnischen Größen.

Beim Empfang von Parameterlisten werden zunächst die von übergeordneten Programmen eventuell neu vorgegebenen Größen entgegengenommen (siehe Kap. 4.7, Dialogsystem). Im konkreten Fall
eines digitalen Reglers ist dies normalerweise nur der Sollwert
$W(k)$. Der Listenempfang erfolgt vor der Erfassung der Regelgröße
$Y(k)$, um deren zeitlichen Abstand zu der anschließenden Regelung
mit der Berechnung einer neuen Stellgröße $U^{*}(k)$ und der darauf
folgenden Ausgabe der tatsächlichen, analogen Stellgöße $U(k)$
klein zu halten. Mit dem Abschluß der Task durch EXIT wird
gleichzeitig der Wiederstart zum nächsten Abtastzeitpunkt veranlaßt (siehe Kap. 4.5.2.1, Exekutivzustände).

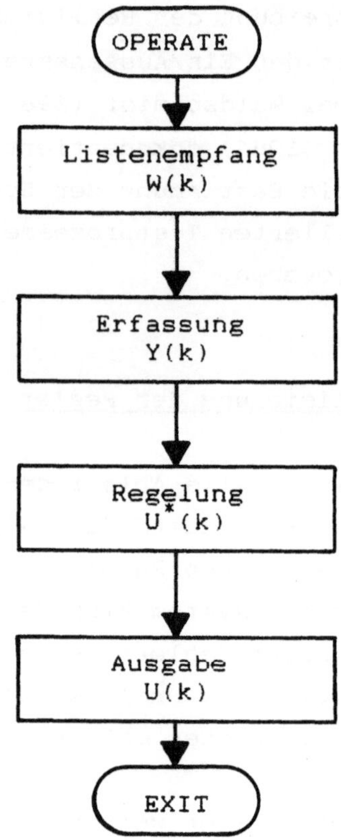

Bild 6.1: Prinzipieller Ablauf einer einfachen Regeltask.

6.1.1.1 Rekonfigurierbare Regler der Klasse W

Für einen Regler der Fehlertoleranzklasse W wird eine zweite
Task in einem zweiten Lokalsystem benötigt, die für eine Übernahme der Regelungsaufgabe im Backup-Betrieb bereit steht. Sie
besitzt keine eigenen Prozeßschnittstellen und benötigt daher
außer Speicherplatz und Rechenzeit keine zusätzlichen Resourcen.
Beide Tasks sind gleich und können durch eine interne Umschaltung sowohl die Normalfunktion des Hauptreglers (Bild 6.2,
links) als die Funktion der Backuptask (Bild 6.2, rechts) übernehmen.

Gegenüber der einfachen Regeltask sind hier einige zusätzliche Programmschritte erforderlich. Nach der Erfassung der Regelgröße, die von der Backuptask nicht durchgeführt wird, findet zunächst ein Informationsaustausch statt, bei dem jede Task zur anderen eine Botschaft sendet (siehe Kap. 4.5.3.2, Botschaftensystem). Dieser Austausch wird aus zwei Gründen durchgeführt:

- Die übersandte Botschaft signalisiert dem Empfänger, daß der jeweilige Sender sich noch im normalen Betriebszustand befindet und seine Funktion ausführt. Umgekehrt stellt der Sender anhand der Rückmeldungen des Betriebssystems fest, ob der Empfänger seine Botschaften ordnungsgemäß entgegennimmt.

- Die Task in Normalfunktion übermittelt als Inhalt der Botschaft die aktuelle Regelgröße $Y(k)$ und die zuletzt berechnete Stellgröße $U^*(k-1)$. Damit können interne Felder der Backuptask aktualisiert und ein schnelles und einigermaßen stoßfreies Umschalten ermöglicht werden.

Auf das Eintreffen der Botschaft wird nur für eine begrenzte Zeit gewartet (WAIT, siehe Tab. 4.1), um ein gegenseitiges Blockieren zu verhindern. Bleibt sie mehrmals hintereinander ganz aus und ist die Cotask nicht mehr erreichbar, wird angenommen, daß diese ausgefallen ist. Es wird eine entsprechende Fehlermeldung ausgegeben und die Aufgabenverteilung wird geändert. Bei dieser *Rekonfiguration* übernimmt gegebenenfalls die Backuptask die Regelungsaufgabe im Backup-Betrieb, der dann dem Normalbetrieb (Bild 6.2, links) entspricht.

Der weitere Ablauf der Regelgrößenberechnung und Stellgrößenausgabe gleicht dem in einer einfachen Task (Bild 6.1) und ist ebenso wie die Erfassung der Regelgröße nicht fehlertolerant.

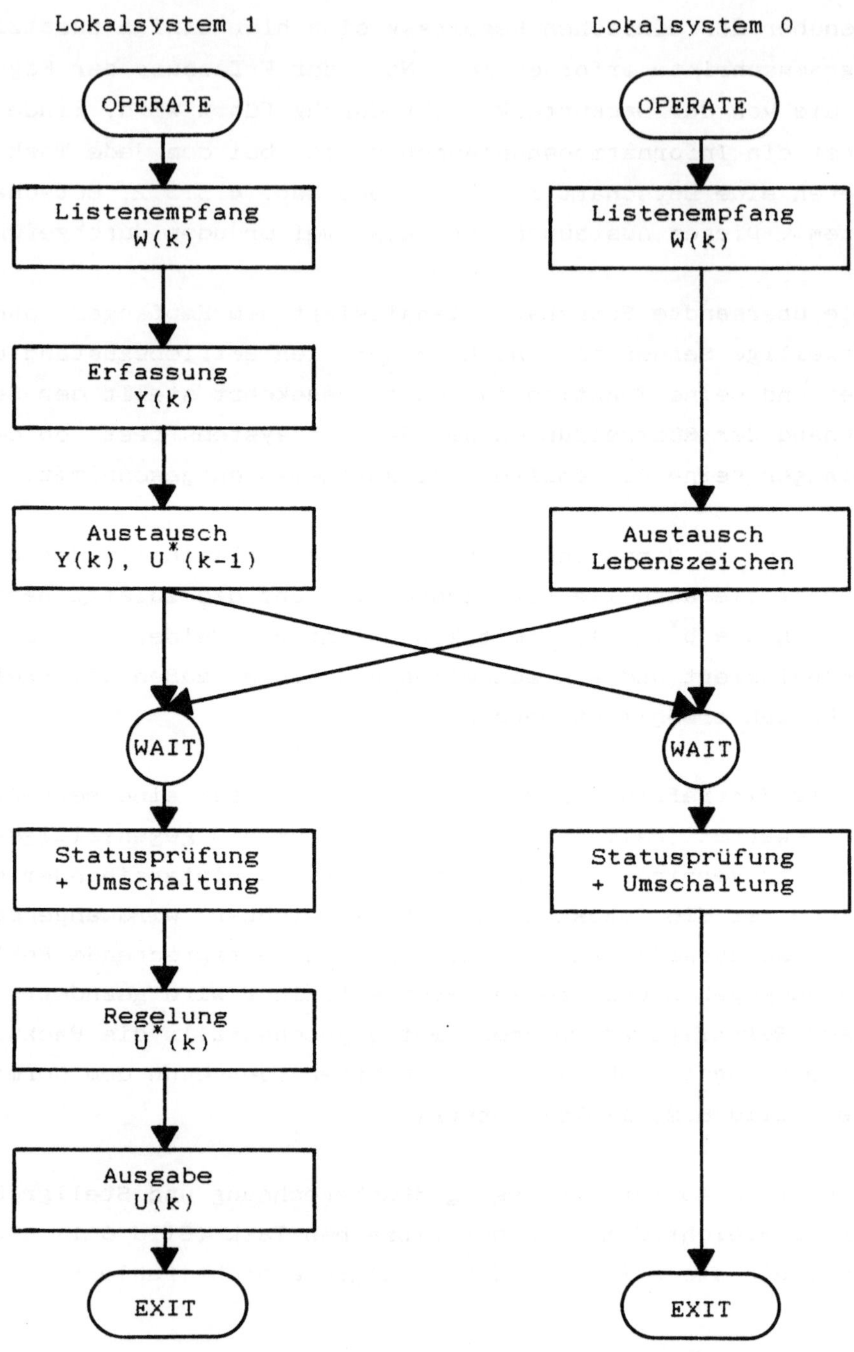

Bild 6.2: Prinzipieller Ablauf von Regeltasks der Klasse W.

Für die Realisierung eines rekonfigurierbaren Reglers der Fehlertoleranzklasse W sind auch verschiedene andere Anordnungen möglich. Beispielsweise ist mit geringem Realisierungs- aber hohem Rechenaufwand ein Vergleich von Rechenergebnissen denkbar. Umgekehrt würde eine Rekonfiguration durch das Betriebssystem zwar Rechenzeit einsparen, wäre aber wesentlich komplizierter zu realisieren. Die gewählte Lösung stellt einen Kompromiß dar.

6.1.1.2 Sicherheitsgerichtete Regler der Klasse S

Zur Realisierung eines Reglers der auf sicheres Verhalten ausgerichteten Fehlertoleranzklasse S sind ebenfalls zwei Tasks in verschiedenen Lokalsystemen erforderlich, in denen wieder zusätzliche Schritte im Ablauf eingefügt sind (Bild 6.3). Voraussetzung ist jedoch, daß jede der beiden Tasks, wie in Kap. 3.4.3 beschrieben, über eigene Ein/Ausgabekanäle im eigenen Lokalsystem verfügt.

Der Ablauf ist in beiden Tasks weitgehend identisch. Nach dem Empfang der Listen mit neuen Eingangsgrößen erfolgt die Erfassung der Regelgröße in beiden Systemen unabhängig voneinander. Mit dem anschließenden gegenseitigen Informationsaustausch werden wieder verschiedene Ziele verfolgt:

- Der Sender unterrichtet den Empfänger von seiner Aktivität und erhält selbst Informationen über den ordnungsgemäßen Botschaftenempfang.

- Die über getrennte Kanäle eingelesenen Werte der üblicherweise analogen Regelgröße Y(k) weisen aufgrund von zeitlichen Verschiebungen, ungenauer Justierung und sonstigen Einflüssen häufig leichte Differenzen auf. Diese müssen vor der weiteren numerischen Verarbeitung, die ansonsten absolut identische Ergebnisse liefert, abgeglichen werden.

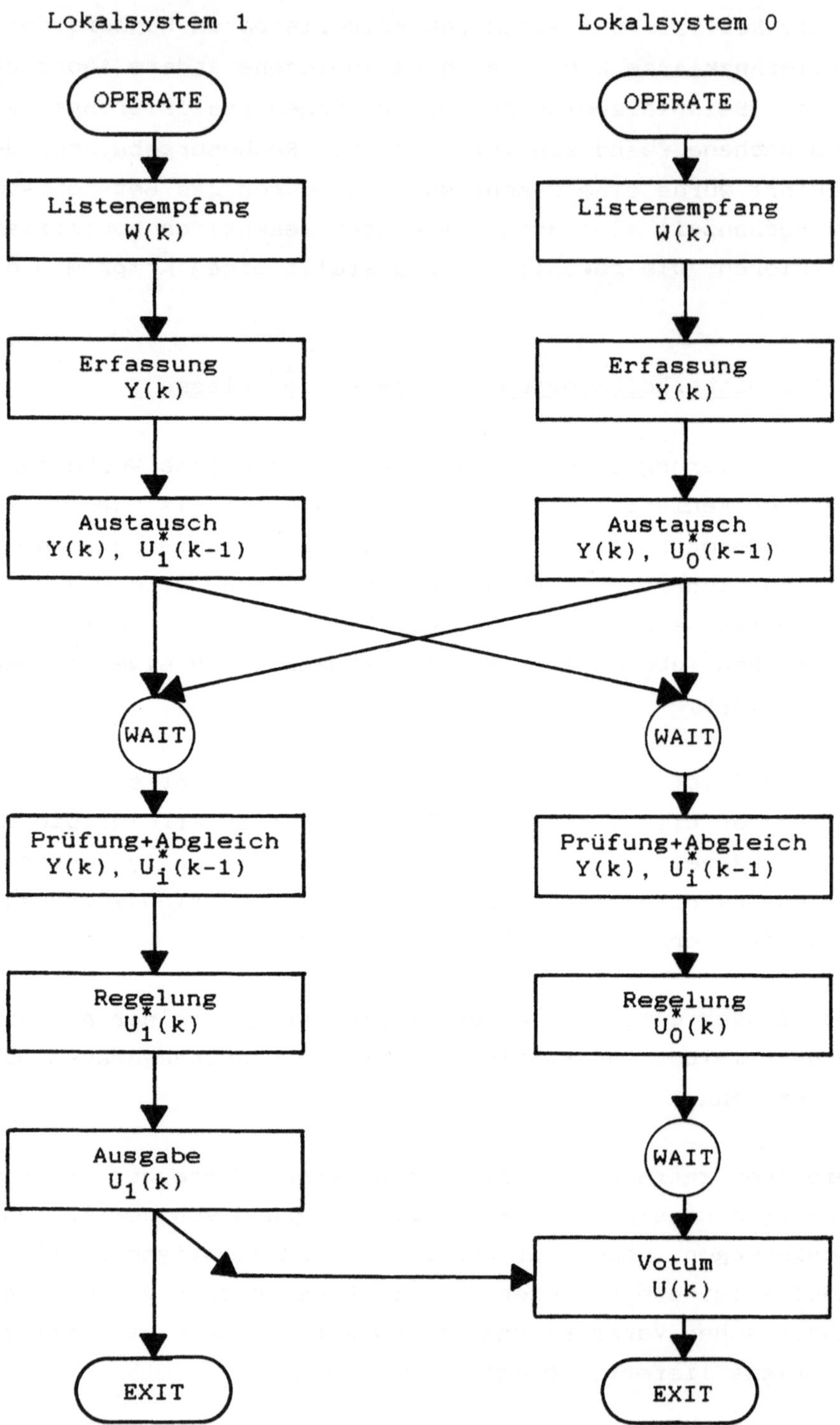

Bild 6.3: Prinzipieller Ablauf von Regeltasks der Klasse S.

- Liegen wiederholt grobe Unterschiede zwischen beiden Werten
  vor, so deutet das auf einen Fehler in einem der beiden Einle-
  sekanäle hin.

- Durch den Vergleich der im letzten Abtastschritt berechneten
  und hier ausgetauschten Stellgrößen $U^*(k-1)$ wird die Identität
  der Ergebnisse der vorangegangenen numerischen Berechnungen
  geprüft.

Auf den Empfang der Botschaft des jeweils anderen Systems wird
wieder nur für eine begrenzte Zeit gewartet. Nach ihrem Eintreffen werden die erwähnten Prüfungen und der Abgleich des numerischen Wertes der Regelgröße vorgenommen und die neue Stellgröße
$U^*(k)$ berechnet.

Erst danach unterscheiden sich die beiden Tasks. Die Task in Lokalsystem 1 (Bild 6.3, links) gibt die berechnete Stellgröße als
analogen Wert aus. Die zweite Task wartet zunächst, um Zeit für
die Ausgabe und für das Einschwingen der tatsächlich am Ausgang
anstehenden analogen Stellgröße zu schaffen. Anschließend wird
das Votum nach dem in Kap. 3.4.3 angegebenen Verfahren durchgeführt, wobei die gemessenen Werte von $U_1(k)$ am Ausgang von Lokalsystem 1 und von $U(k)$ hinter dem Schaltelement innerhalb eines Toleranzbandes um $U_0^*(k)$ liegen müssen.

Entsprechend dem in Kap. 2.4.3.2 formulierten *Identitätsprinzip*
werden von allen durchgeführten Operationen übereinstimmende Ergebnisse in beiden Systemen verlangt. Wird auch nur an einer
Stelle, bei der Prüfung der ausgetauschten Informationen oder
beim Zurücklesen der Stellgröße, eine Abweichung festgestellt,
so wird ein sicherer Zustand angesteuert. Dazu wird eine verein-
barte sichere Stellgröße ausgegeben (Lokalsystem 1) bzw. auf ein
sicheres Stellsignal umgeschaltet (Lokalsystem 0) und alle weiteren Aktivitäten eingestellt. Zusätzlich wird versucht, durch
einen Systemaufruf (SLEEP, siehe Kap. 4.5.2.1) auch die Bearbeitung zukünftiger Zyklen der Cotask zu verhindern.

6.1.1.3 <u>Hochzuverlässige Regler der Klasse Z</u>

Die Anordnung von Tasks für Regler der Fehlertoleranzklasse Z
hat eine gewisse Ähnlichkeit mit der für die Klasse S. Es werden
jedoch drei Tasks in drei verschiedenen Lokalsystemen installiert, die jeweils eigene Ein/Ausgabekanäle nach Kap. 3.4.2 besitzen.

Der Empfang neuer Parameterlisten und die Erfassung der aktuellen Regelgröße $Y(k)$ erfolgen wieder unabhängig voneinander in
allen drei Systemen. Für den anschließenden Austausch von Botschaften, bei dem jede Task zu jeder anderen sendet, gelten die
gleichen Überlegungen wie für die Klasse S. Im Unterschied zu
dieser besteht jedoch bei der vorliegenden dreifachen Anordnung
die Möglichkeit, eine fehlerhaft oder gar nicht mehr arbeitende
Task zu detektieren und auszugrenzen. Ebenso wird bei groben Abweichungen eines Meßwertes der verantwortliche, vermutlich de-
fekte Kanal festgestellt und der Meßwert von der weiteren Verarbeitung ausgeschlossen. Nach der Auswertung der von den Cotasks
erwarteten Botschaften erfolgt wieder die Stellgrößenberechnung.

Bisher war der Ablauf in allen drei Systemen identisch, und er
bleibt es in den beiden Lokalsystemen mit aktiver Stellsignal-
ausgabe (Bild 6.4, links und mitten) auch weiterhin. Die Task im
Lokalsystem 0 wartet zunächst wieder eine bestimmte Zeit für die
Ausgabe und das Einschwingen analoger Stellsignale ab, bevor das
Votum durchgeführt wird. Aus den zurückgelesenen Stellsignalen
$U_1(k)$ und $U_2(k)$ und der berechneten Stellgröße $U_0^*(k)$ wird nach
dem in Kap. 3.4.2 beschriebenen Verfahren die *Majorität* (siehe
Kap. 2.4.3.1) gebildet, das am besten geeignete Stellsignal
durchgeschaltet und abschließend zur Erkennung von Schalterfeh-
lern das zum Prozeß gehende Signal $U(k)$ nochmals überprüft.

Im Gegensatz zu der auf sicheres Verhalten ausgerichteten Fehlertoleranzklasse S werden in der Klasse Z die noch funktionsfä-
higen Tasks eines Reglers auf jeden Fall weiter bearbeitet, da
es das erklärte Ziel ist, dem Prozeß so lange wie möglich ein
gültiges, aktives Stellsignal zur Verfügung zu stellen.

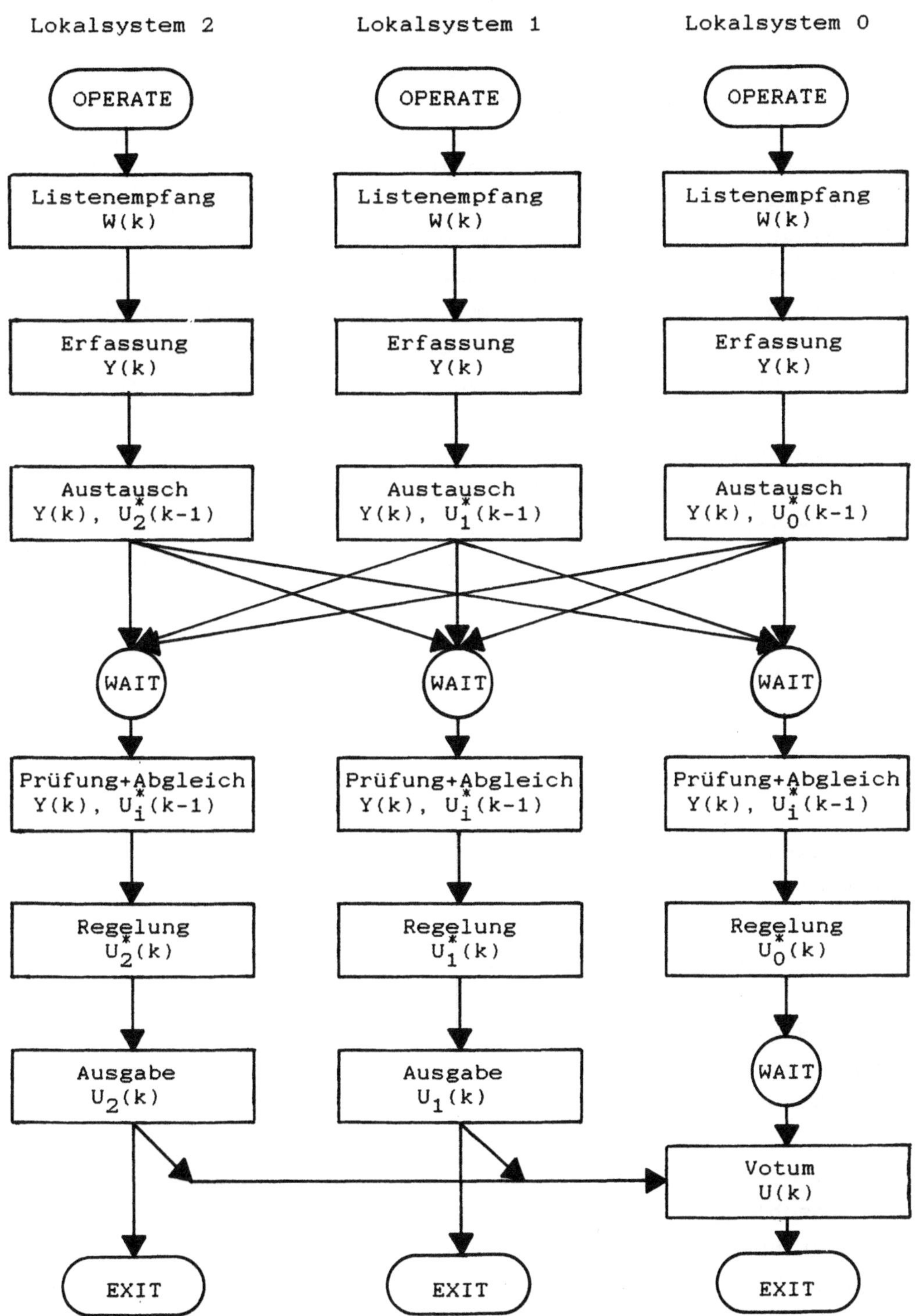

Bild 6.4: Prinzipieller Ablauf von Regeltasks der Klasse Z

6.1.2 Experimente an analog simulierten Prozessen

6.1.2.1 Die Erzeugung von Fehlern

Für den praktischen Vergleich sollen Fehler an verschiedenen Stellen des Systems eingebracht werden können. Dazu sind teilweise Eingriffe in die Hardware nötig. Teilweise reichen jedoch auch die verfügbaren Software-Testhilfen aus, um durch eine gezielte Veränderung des Programmablaufs bzw. des Speicherinhalts Störungen zu simulieren. Die vorgesehenen Eingriffe entsprechen unterschiedlichen Teilausfällen bzw. Störungsursachen:

- Informationsverluste und -verfälschungen in Speichern lassen sich relativ einfach durch eine gezielte Veränderung des Speicherinhalts in den Segmenten des betroffenen Jobs realisieren. Dazu reicht das einfache Debug-Programm des Systemmonitors aus.

- Belastungs- oder störungsbedingte Unterbrechungen der normalen Programmbearbeitung können mit Hilfe des Systemmonitors oder durch kleine Störprogramme über entsprechende Systemaufrufe erzeugt werden.

- Der Ausfall eines Mikrorechners als der wesentlichen Verarbeitungseinheit eines Lokalsystems ist sehr einfach durch ein Rücksetzen zu verursachen. Zur Erzeugung eines dauerhaften Ausfalls ist ein entsprechender Schalter vorgesehen.

- Der Ausfall einer Bedieneinheit und der zugehörigen CI-Baugruppe muß nicht simuliert werden. Es reicht das Nichtbenutzen bzw. Nichtbeachten.

- Ausfälle von Prozeßschnittstellen werden durch das Auftrennen von Anschlußleitungen nachgebildet, was dem Totalausfall der darüber übertragenen Signale bzw. der Ein/Ausgabefunktionen entspricht. Signalverfälschungen können durch das Einspeisen falscher Signale an der Trennstelle ebenfalls verursacht werden.

- Die Veränderung von Bussignalen ist durch Kurzschlüsse und
  Unterbrechungen oder durch das Aufschalten anderer Signalquel-
  len prinzipiell möglich. Da jedoch die Gefahr dauerhafter
  Schäden besteht, müssen solche Eingriffe auf das Minimum beschränkt bleiben.

- Der Totalausfall eines Lokalsystems kann durch das Abschalten
  und gegebenenfalls durch das zusätzliche Auftrennen von Verbindungen herbeigeführt werden.

Damit läßt sich ein abgestuftes Spektrum von Fehlern und Ausfällen nachbilden und ihre jeweiligen Auswirkungen bzw. ihre Tolerierung durch Mikrorechnersystem überprüfen.

6.1.2.2 Die Versuchsanordnung

Als Strecke für die praktischen Versuche dient ein analoger
Prozeßsimulator. Er enthält vier getrennte Testprozesse dritter
Ordnung mit Tiefpassverhalten. Die Summenzeitkonstanten liegen
bei wenigen Sekunden, so daß zyklische Regelprogramme mit Abtastzeiten zwischen einigen hundert Millisekunden und einigen
Sekunden betrieben werden können. Die Versuchsanordnung, bestehend aus dem Mikrorechnersystem FIPS, dem Prozeßsimulator (Pro-
sim) und einem angeschlossenen Mehrkanalschreiber, ist in Bild
6.5 dargestellt. Der aktuelle Sollwert wird von Lokalsystem 1
über einen Anschluß des für einige Versuche mit dem adaptiven
Mehrgrößenregler (Kap. 6.2) verwendeten Klimaanlagen-Simulators
zum Schreiber ausgegeben.

Für Vergleiche und zu Demonstrationszwecken werden die vier
Testprozesse gleichzeitig betrieben, jeder mit einem Regler
einer anderen Zuverlässigkeitsklasse. Zur Vorgabe eines sich
ständig ändernden Sollwertes und zur Erzeugung von Störungen
dienen eigene Funktionsgeneratorprogramme (Waldschmidt 1985a),
die so konfiguriert werden, daß sie alle Regler gleichzeitig
ansprechen.

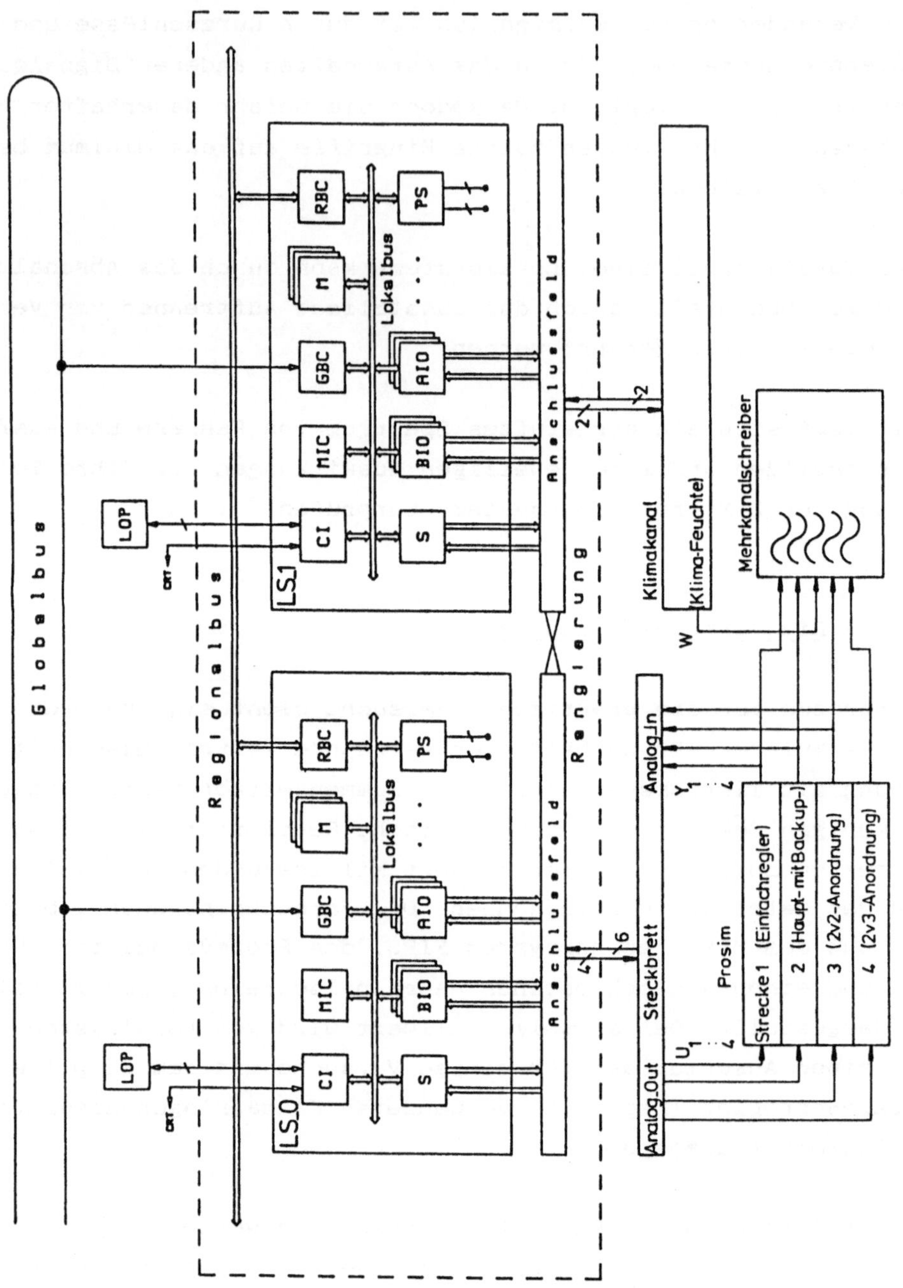

Bild 6.5: Die Versuchsanordnung für praktische Erprobungen, bestehend aus dem FIPS-Regionalsystem, einem analogen Prozeßsimulator mit vier unabhängigen Kanälen und einem Mehrkanalschreiber.

Die Aufgaben des für die Fehlertoleranzklasse Z eigentlich notwendigen dritten Lokalsystems werden vom Lokalsystem LS 1 mit
ausgeführt. Ebenso sind die hier nur einfach realisierten Funktionsgeneratorprogramme in diesem Lokalsystem plaziert. Bei den
praktischen Laborexperimenten mit der gezeigten Anordnung werden
Fehler daher immer im Lokalsystem LS 0 eingebracht.

6.1.2.3 **Ein Beispielexperiment**

In Bild 6.6 ist der Verlauf eines Experiments mit der in Bild
6.5 gezeigten Versuchsanordnung dokumentiert. Aufgezeichnet sind
die Regelgrößen der vier analogen Testprozesse, die jeweils von
PID-Reglern einer Fehlertoleranzklasse geregelt werden:

Y_1 - Klasse N   (Einfachregler),
Y_2 - Klasse W   (Haupt- mit Backup-Regler),
Y_3 - Klasse S   (2v2-Anordnung für sicheres Verhalten),
Y_4 - Klasse Z   (2v3-Anordnung für hohe Zuverlässigkeit).

Um die Aktivität der einzelnen Regelkreise sichtbar zu machen,
werden sie mit einem sich ständig ändernden Sollwert gespeist.
Diese Aufgabe übernimmt das Funktionsgeneratorprogramm, das ein
getaktetes Sinussignal erzeugt und dieses per Botschaftensystem
an die zu untersuchenden Regelkreise übermittelt. Der aktuelle
Sollwert wird zusätzlich über einen Analogkanal ausgegeben und
mitgeschrieben:

W   - aktueller Sollwert (getaktete Sinusfunktion).

Die Sollwertvorgabe durch das Funktionsgeneratorprogramm entspricht einer Verknüpfung von Automatisierungsbausteinen im
Rahmen einer Systemkonfigurierung (siehe Konfigurier-Oberfläche,
Kap. 4.2.3) und kann in ähnlicher Form z. B. zur Realisierung
von Kaskadenregelungen verwendet werden.

An den Signalverläufen lassen sich die Auswirkungen verschiedener in das System eingebrachter Fehler verfolgen. Die Zeitpunkte

der jeweiligen Eingriffe (1 bis 6) sind in Bild 6.6 markiert:

1) Zum Zeitpunkt (1) wird das Funktionsgeneratorprogramm gestartet und speist die bereits zuvor in Betrieb genommenen vier Regelkreise mit der Sinusfunktion als Sollwert. Diese folgen den vorgegebenen Werten mit der durch die Prozeß- und Reglerdynamik bestimmten Geschwindigkeit.

2) Der zum Zeitpunkt (2) herbeigeführte erste Fehler unterbricht die analogen Eingabekanäle im Lokalsystem LS 0, über die die aktuellen Regelgrößen erfaßt werden. In der Fehlertoleranzklasse Z, für die drei analoge Eingabekanäle zur Verfügung stehen, wird dieser Fehler maskiert und damit toleriert.

Die auf ein sicheres Verhalten ausgerichtete Klasse S (2 Eingabekanäle) erkennt anhand von Differenzen zwischen den eingehenden Signalen ebenfalls das Vorliegen einer Störung. Das Erkennen reicht bereits aus, um durch die Ausgabe des vorherbestimmten sicheren Stellsignals (hier 0.0) den Prozeß in einen sicheren Zustand zu bringen. Danach wird jede weitere Aktivität eingestellt.

Die Unterbrechung des Eingabekanals kann von den Programmen der Klassen N und W, die nur über einen Eingabekanal verfügen, nicht bemerkt werden. Da jedoch für den digitalen Teil des Rechners keine Störung vorliegt, werden weiterhin (falsche) Werte erfaßt und verarbeitet. Dies führt in Verbindung mit dem Integralanteil der hier eingestzten PID-Regelalgorithmen zu einem völligen Ausbrechen der Stell- und infolgedessen auch der Regelgrößen.

3) Nach der Wiederherstellung der Eingabekanäle (Zeitpunkt 3) für die Regelgrößen "fangen" sich die zuvor ausgebrochenen Regelkreise wieder und gehen nach einem Einschwingvorgang wieder in den normalen Betrieb über. Daran ist zu erkennen, daß der aufgetretene Fehler für die Fehlertoleranzklassen N und W die ganze Zeit unerkannt geblieben ist.

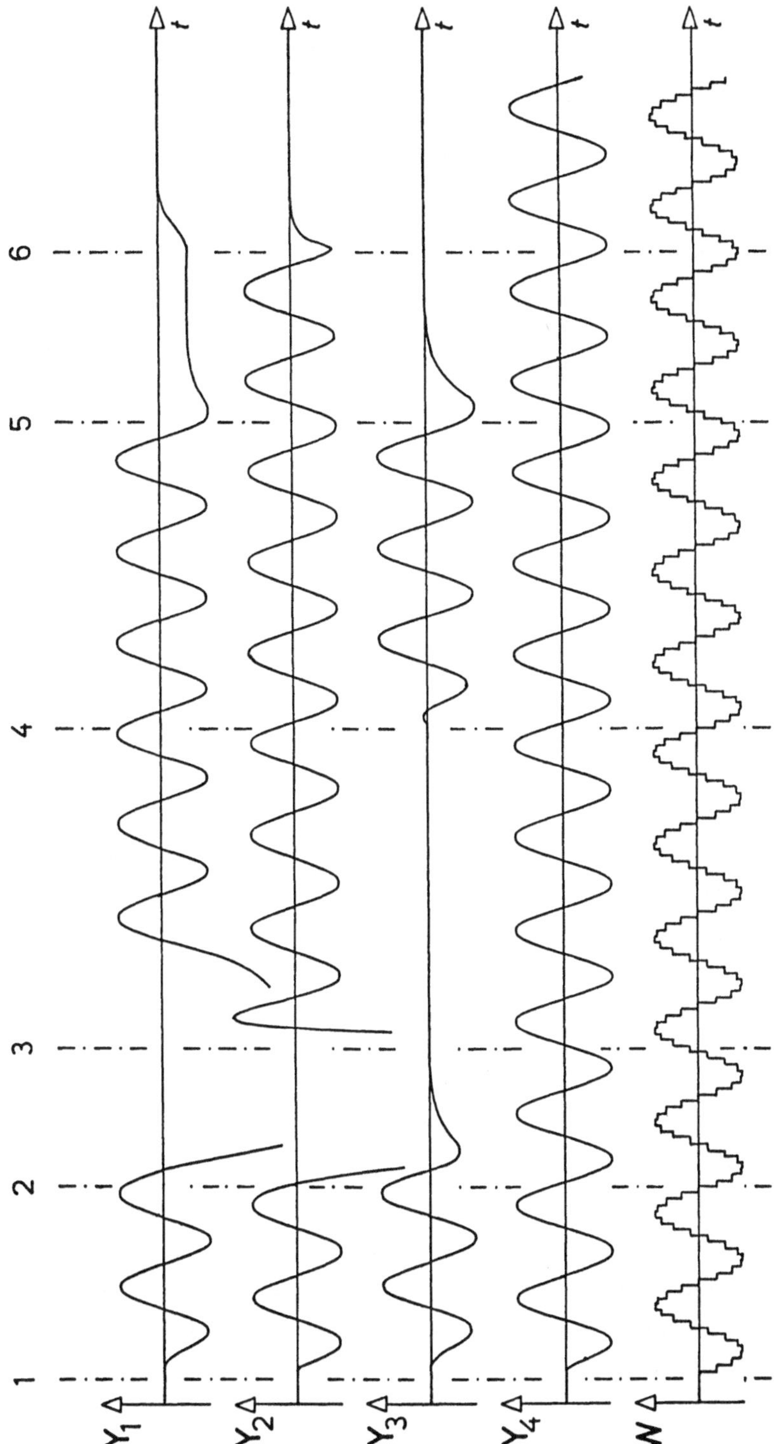

Bild 6.6: Signalverläufe eines Experiments mit vier verschiedenen Regelkreisen in vier verschiedenen Fehlertoleranzklassen.

Im Unterschied dazu beharrt der auf Sicherheit ausgelegte
Regelkreis auch nach der Reparatur in dem beim Auftreten des
Fehlers eingenommenen sicheren Zustand.

4) Die Wiederinbetriebnahme des Regelkreises in der Fehlertoleranzklasse S ist nur durch einen expliziten Bedieneingriff
möglich, der hier erfolgt ist.

5) An dieser Stelle wird als neuer Fehler der Prozessor im Lokalsystem LS 0 angehalten, wodurch eine Weiterbearbeitung der
hier auszuführenden Aufgaben nicht mehr möglich ist. Ein ähnlicher Effekt tritt bei Ausfällen anderer Bauelemente des
Mikrorechners (MIC) oder bei Fehlern in den lokalen Speicher-
moduln (M) auf. Auch dieser Fehler in einer digitalen Verarbeitungseinheit wird durch die Fehlertoleranzklasse Z toleriert. Er wird von der Fehlertoleranzklasse S erkannt und
führt zur Einnahme des sicheren Zustands.

Während der Einfachregler (Klasse N) keine weiteren Reaktionen mehr zeigt und bei dem letzten, im Ausgang gespeicherten,
Stellsignalwert verharrt, wird der Regler der Klasse W im
Backup-Betrieb im Lokalsystem LS 1 weiter bearbeitet. Hier
zeigen sich die Vorteile der Fehlertoleranzklasse W, die
Fehler in den digitalen Moduln tolerieren und damit eine
erhöhte Verfügbarkeit bieten kann, ohne daß zusätzliche Ein/
Ausgabekanäle oder sonstige exklusiv zu belegende Resourcen
zusätzlich reserviert werden müssen.

6) Zum Zeitpunkt (6) wurde durch das Abschalten (entspricht
einem völligen Ausfall) der Spannungsversorgungseinheit (PS)
ein Totalausfall des Lokalsystems LS 0 herbeigeführt. Davon
mit betroffen sind natürlich auch die Ein/Ausgabekanäle für
die Prozeßsignale, weshalb die bisher noch anstehenden Stellgrößen auf den Wert 0.0 zusammenbrechen und die daran angeschlossenen Regelstrecken (Y_1 und Y_2) nachfolgen.

Die Fehlertoleranzklasse Z ist auch in der Lage, diesen
Fehler, der praktisch alle Hardware-Moduln des Lokalsystems

LS O betrifft, zu tolerieren. Erst ein weiterer Fehler (Doppelfehler) kann die ausgeführte Funktion beeinträchtigen.

Das Verharren des Klasse-S-Reglers in der sicheren Ruhelage entspricht ebenfalls den gestellten Anforderungen.

Der Versuch zeigt, daß die Anwenderprogramme in den verschiedenen Fehlertoleranzklassen den jeweiligen Spezifikationen entsprechen und die an sie gestellten Anforderungen erfüllen. Er zeigt insbesondere auch, daß es möglich ist, die unterschiedlichen Fehlertoleranzklassen gleichzeitig im selben System zu implementieren und nebeneinander zu betreiben. Ähnliche Ergebnisse werden mit den Deadbeat- und Zustandsreglern in den verschiedenen Fehlertoleranzklassen oder mit einer beliebigen Auswahl aus den vorhandenen Kombinationen erzielt. Damit ist der funktionsspezifische Einsatz der Fehlertoleranz in einer sehr effektiven Weise möglich.

6.2 <u>FEHLERTOLERIERENDE, SCHNELLE ADAPTIVE MEHRGRÖSSENREGELUNG</u>

Als Anwendungsbeispiel zur Erprobung und zur Demonstration der
Möglichkeiten des Mikrorechnersystems FIPS wurde ein Programm
zur adaptiven Mehrgrößenregelung implementiert. Es vereinigt
durch die Aufteilung der schnellen Regelungsebene und der lang-
sameren Adaptionsebene auf zwei Lokalsysteme die Parallelverarbeitung (parallel processing) mit den Eigenschaften der Fehlertoleranzklasse W. Im Sinne eines 'graceful degradation' wird bei
Teilausfällen die Regelung vom intakten System übernommen und
nicht-adaptiv weitergeführt.

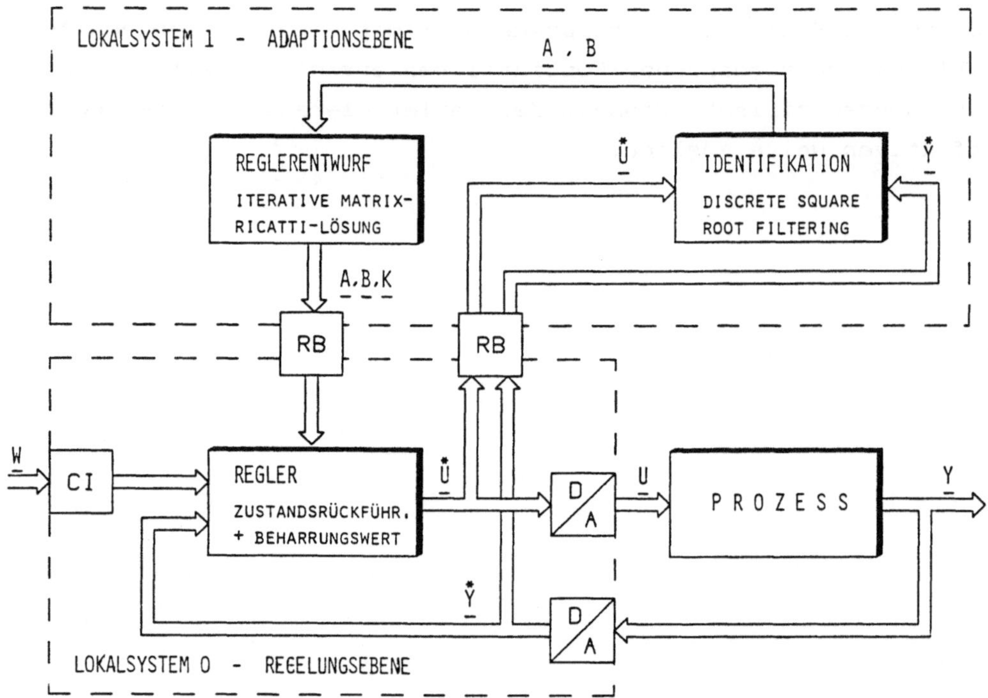

Bild 6.7: Realisierung und Verteilung der adaptiven Mehrgrößen-
Zustandsregelung auf dem fehlertoleranten Automatisierungssystem FIPS.

6.2.1 <u>Der parameteradaptive Regelkreis</u>

Die parameteradaptive Regelung, die ein relativ allgemeines
Prozeßmodell zuläßt, basiert auf der Kombination eines Schätzverfahrens zur Bestimmung der Prozeßparameter (daher 'parameter-
adaptiv') mit einer numerischen Berechnung der Parameter eines
digitalen Regelalgorithmus. Sie erlaubt die Inbetriebnahme von
Regelkreisen mit wenigen vorzugebenden Parametern, die ständige
Anpassung an langsam zeitveränderliche Prozesse oder an wech-
selnde Arbeitspunkte eines nichtlinearen Prozesses.

In Bild 6.7 ist das regelungstechnische Blockschaltbild des
parameteradaptiven Mehrgrößen-Regelkreises mit seinen Schnittstellen, die den FIPS-Hardware-Moduln CI, RB und AIO (A/D und
D/A) entsprechen, dargestellt. Die Regelungsebene enthält einen
Grundregelkreis mit einem zu regelnden technischen Prozeß und
dem eigentlichen Regler zur Berechnung der Stellsignale. Die
überlagerte Adaptionsebene besteht aus Identifikation und Reg-
lerentwurf. Die Identifikation bestimmt mittels eines rekursiven
Schätzverfahrens aus den Stellsignalen $\underline{U}$ und den Prozeßausgangs-
signalen $\underline{Y}$ (Regelgrößen), bzw. aus deren digitalisierten Werten
$\underline{U}^*$ und $\underline{Y}^*$, die Parameter $\underline{A}$, $\underline{B}$ eines linearen Prozeßmodells und
stellt diese für den Regelentwurf bereit. Hier werden aufgrund
der geschätzten Prozeßmodellparameter die Parameter des Reglers
neu bestimmt und in den Regler eingesetzt.

Der dazu notwendige Aufwand hängt wesentlich vom Typ des gewählten Reglers ab. Strukturangepaßte, die Prozeßdynamik kompensie-
rende Regler (z. B. Deadbeat- und Minimal-Varianz-Regler) lassen
sich direkt und damit schnell berechnen, sie sind jedoch sehr
empfindlich gegen ungenaue Prozeßmodellparameter und können nur
bei bestimmten Prozessen angewendet werden. Parameteroptimierte
Regler (z. B. PI, PID) und Zustandsregler, die ein angenehmeres
Regelverhalten zeigen, erfordern dagegen einen hohen Rechenaufwand für ihren Entwurf. Die benötigten Rechenzeiten sind außerdem nicht genau vorhersagbar, da für die Regler-Optimierung
normalerweise iterative Verfahren eingesetzt werden müssen. Um
dennoch feste und kurze Abtastzeiten zu erreichen, wurden bei

der im folgenden vorgestellten Realisierung die Regelungs- und
die Adaptionsebene erstmals zeitlich entkoppelt und programm-
technisch getrennt. Dadurch wurde außerdem die Verteilung auf
verschiedene Lokalsysteme möglich.

Eine übersichtliche Einführung in die adaptive Regelung findet
sich bei Isermann (1980), eine ausführliche theoretische Darstellung des hier betrachteten Mehrgrößenfalles bei Schumann
(1982). Die Dokumentation der im folgenden vorgestellten Realisierung ist in Leidel (1983) und Hiller (1984) enthalten.

6.2.2 <u>Die Elemente des parameteradaptiven Regelkreises</u>

<u>Prozeßmodell</u>

Als Basis für eine Zustandsregelung und um eine geschlossene
Beschreibung des Mehrgrößenprozesses mit abgetasteten Signalen
zu erhalten, wird ein zeitdiskretes lineares Zustandsraummodell

$$\underline{x}(k+1) = \underline{A}\,\underline{x}(k) + \underline{B}\,\underline{u}(k) \tag{6.6}$$

$$\underline{y}(k) = \underline{C}\,\underline{x}(k) \tag{6.7}$$

zugrunde gelegt. Es enthält einen Zustandsvariablenvektor $\underline{x}(k)$,
den Eingangsgrößenvektor $\underline{u}(k)$ und den Ausgangsgrößenvektor $\underline{y}(k)$
als Funktion der diskreten Zeitvariablen k. Die Matrizen $\underline{A}$, $\underline{B}$
und $\underline{C}$ beschreiben die Prozeßdynamik bzw. das Übertragungsverhal-
ten einschließlich der Kopplungen (siehe Ackermann, 1972 und
Isermann, 1977). Die tatsächlichen Ein- und Ausgangsgrößen $\underline{U}$ und
$\underline{Y}$ ergeben sich durch Addition der Beharrungswerte $\underline{U}_0$ und $\underline{Y}_0$ am
Arbeitspunkt:

$$\underline{U}(k) = \underline{u}(k) + \underline{U}_0 \tag{6.8}$$

$$\underline{Y}(k) = \underline{y}(k) + \underline{Y}_0. \tag{6.9}$$

Für die folgenden Betrachtungen und damit für die Anwendung der parameteradaptiven Regelung wird vorausgesetzt, daß der Prozeß

- beobachtbar,
- steuerbar,
- stabil

ist. Diese Voraussetzungen können nach Schumann (1982) auch enger gefaßt werden.

Zustandsregler

Die berechneten und zum Prozeß gegebenen Stellgrößen setzen sich nach Gl. (6.8) aus statischen ($\underline{U}_O$) und dynamischen ($\underline{u}(k)$) Anteilen zusammen. Die statischen Anteile berechnen sich aus der statischen Prozeßverstärkung in Verbindung mit den Führungsgrößen $\underline{W}(k)$, den Regelgrößen $\underline{Y}(k)$ und eventuell im Prozeß enthaltenen Gleichwerten, die durch eine explizite Schätzung ständig erfaßt werden. Durch die Vorgabe $\underline{Y}_O = \underline{W}(k)$ werden hier die Führungsgrößen eingebracht und gleichzeitig neue Bezugswerte für die dynamischen Größen geschaffen. Eine Alternative zur Gleichwertschätzung ist die fortlaufende Integration der dynamischen Stellgrößen, wodurch sich die statischen Beharrungswerte von selbst einstellen.

Für die eigentliche Zustandsregelung, die Rückführung der Prozeßmodell-Zustände mit

$$\underline{u}(k) = -\underline{K}\ \underline{x}(k) \qquad\qquad (6.10)$$

bleibt nun die Aufgabe der Systemstabilisierung und Ausregelung von Störung. Voraussetzung für die Zustandsrückführung ist natürlich, daß entsprechende Meßwerte bzw. beobachtete Werte für $\underline{x}(k)$ vorliegen. Sie werden hier mittels einer Zustandsrekonstruktion gewonnen (siehe Ackermann, 1972 und Schumann, 1982).

Identifikation

Die Identifikation ermittelt nach der gewicheteten Methode der kleinsten Quadrate aus den Ein- und Ausgangsgrößen $\underline{u}(k)$ und $\underline{y}(k)$ die Dynamik-Parameter des Prozesses, siehe Isermann (1974), wobei der Übersicht wegen hier die auf einen Ausgang wirkenden Größen jeweils für sich betrachtet werden. Für jeden Ausgang wird zum Zeitpunkt k ein Vorhersagefehler

$$e(k) = y(k) - \underline{\psi}^T(k)\,\hat{\underline{\Theta}} \tag{6.11}$$

definiert, der die Differenz zwischen dem gemessenen Ausgangssignal $y(k)$ und dem durch das Produkt aus dem Vektor der geschätzten Parameter $\hat{\underline{\Theta}}$ und dem Vektor der vergangenen Meßwerte (Meßvektor) $\underline{\psi}^T(k)$ gegebenen Vorhersagewerte angibt. Aus den Gleichungen für die verschiedenen Zeitpunkte k entsteht ein überbestimmtes Gleichungssystem, aus dem sich durch die Minimierung der quadratischen Verlustfunktion

$$V = \sum_{i=1}^{k} \lambda^{k-i}\, e(i) \tag{6.12}$$

die optimalen Schätzwerte $\hat{\underline{\Theta}}$ ergeben. Der sogenannte Gedächtnisfaktor λ ($0 < \lambda \leq 1$) bewirkt eine expontiell abnehmende Gewichtung älterer Messungen und erlaubt damit die laufende Anpassung der Prozeßmodellparameter an einen langsam zeitveränderlichen Prozeß. Die vorliegende Implementierung enthält zwei wichtige Besonderheiten:

- Die Minimierung der Verlustfunktion erfolgt rekursiv mit Hilfe des 'Discrete Square Root Filtering', das gute numerische Eigenschaften besitzt (siehe Strejc, 1979 und Mäncher, 1980). Das Gleichungssystem zur Bestimmung von $\hat{\underline{\Theta}}$ wird dabei durch orthogonale Transformationen auf Dreiecksform gebracht, indem mit jedem Schritt genau eine Fehlergleichung (6.12) verarbeitet wird.

- Es wird nicht unbedingt jede Messung verarbeitet. Das bedeutet
  lediglich den Verzicht auf redundante Informationen, erlaubt
  aber die gleichzeitige Entkopplung der Meßwerterfassung und
  der rechenaufwendigen Parameterschätzung. Verlangt wird nur
  die Konsistenz, nicht die Vollzähligkeit der einzelnen Fehler-
  gleichungen (6.11). Die zeitliche Entkopplung der Parameterschätzung ist die wesentliche Voraussetzung für die Trennung
  von Regelungs- und Adaptionsebene.

<u>Reglerentwurf</u>

Zum Entwurf der Zustandsregelung (Bestimmung der Rückführmatrix
$\underline{K}$ in Gl. 6.10) wird ein quadratisches Regelgütekriterium

$$I = \sum_{i=k+1}^{k+N} (\underline{x}^T(i)\ \underline{Q}\ \underline{x}(i) + \underline{u}^T(i-1)\ \underline{R}\ \underline{u}(i-1)) \qquad (6.13)$$

minimiert, wobei die Gewichtungsmatrizen $\underline{Q}$ und $\underline{R}$ positiv semide-
finit bzw. positiv definit sein müssen. Die Anwendung des Bell-
mann'schen Optimalitätsprinzips und die Optimierung für $N \rightarrow \infty$
führt zur rekursiven Matrix-Ricatti-Differenzengleichung (siehe
Isermann, 1977)

$$\underline{P}_{N-i} = \underline{Q} + \underline{A}^T\underline{P}_{N-i+1}\ [\underline{I}-\underline{B}(\underline{R}+\underline{B}^T\underline{P}_{N-i+1}\underline{B})^{-1}\underline{B}^T\underline{P}_{N-i+1}]\ \underline{A} \qquad (6.14)$$

mit $\underline{P}_N = \underline{Q}$ als Anfangswert. Deren stationäre Lösung

$$\underline{P} = \lim_{N \rightarrow \infty} \underline{P}_0 \qquad (6.15)$$

liefert eine zeitkonstante Rückführmatrix über die Beziehung

$$\underline{K} = (\underline{R} + \underline{B}^T\ \underline{P}\ \underline{B})^{-1}\ \underline{B}^T\ \underline{P}\ \underline{A}\ . \qquad (6.16)$$

Dieser quadratisch optimale Zustandsregler wird häufig auch als
Matrix-Ricatti-Regler bezeichnet. Bei der Regleroptimierung im

geschlossenen adaptiven Regelkreis kann nur selten bis zum Erreichen einer Fehlerschranke gerechnet werden. Daher wird die
Zahl der Iterationen für Gl. (6.14) begrenzt und als Startwert
jeweils die im vorangegangenen Adaptionsschritt erhaltene Matrix
$\underline{P}$ verwendet. Das kommt einer Nachoptimierung des Reglers in
jedem Adaptionsschritt gleich.

6.2.3 <u>Die Realisierung in der Fehlertoleranzklasse W</u>

Die adaptive Mehrgrößenregelung setzt in Form von zwei gleichen
Tasks (AMFIPS) auf dem FIPS-Betriebssystem REX auf. Sie ist daher nach Funktionszustän-
den (Kap. 4.5.2.2) geg-
liedert, die die ver-
schiedenen Programmstufen
des Echtzeitprogramms
enthalten. Bild 6.8 gibt
die Funktionszustände mit
den für die fehlertole-
rierende adaptive Rege-
lung AMFIPS relevanten
Übergängen wieder. Da
hierdurch Aufbau und Ab-
lauf der Tasks bereits
weitgehend vordefiniert
sind, erfolgt die weitere
Beschreibung anhand der
Funktionszustände. Zur
anschaulichen Darstellung
soll ergänzend das Dia-
gramm der zeitlichen Ak-
tivitäten in den betei-
ligten Lokalsystemen
(Bild 6.9) dienen.

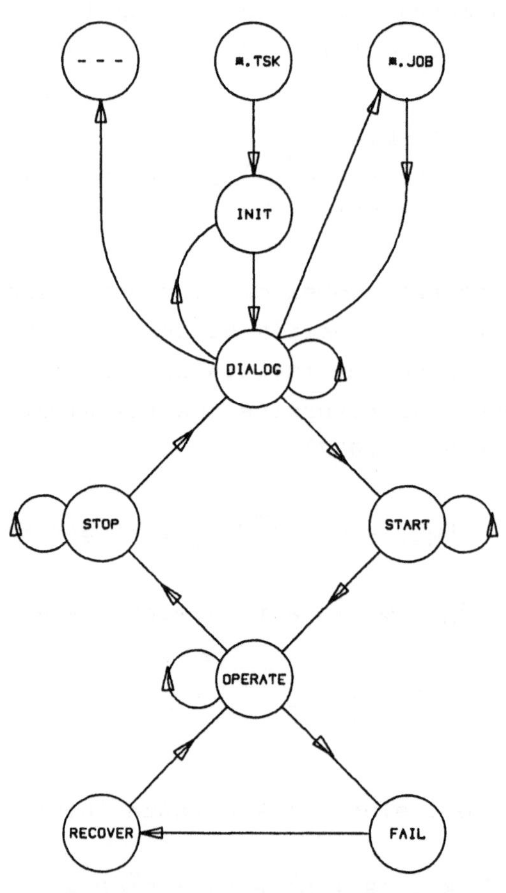

Bild 6.8: Die Funktionszustände einer Task
mit den für die adaptive Regelung
AMFIPS relevanten Übergängen.

INIT   dient zur Initialisierung von Daten-Bereichen einer
          neuen Task (*.TSK) und zum Setzen von Default-Werten.

DIALOG   wird zur Konfigurierung und Parametrierung von Regel-
          kreisen benutzt. Hierbei wird auch festgestellt, welche
          der beiden Tasks später als 'Master' (Grundregelkreis,
          höhere Priorität) und welche als 'Slave' (Adaptions-
          ebene, niedrigere Priorität) fungiert.

START   wird durch den Bediener angestoßen und besorgt die Inbe-
          triebnahme der adaptiven Regelung. Dazu ist eine weitere
          Unterteilung in drei 'Master'- und zwei 'Slave'-Stufen
          notwendig (Master-St 0, 1, 2 und Slave-St 0, 1 in Bild
          6.9). In Stufe 0 werden jeweils einmalig spezifische
          Startvorbreitungen getroffen. Danach beginnt der 'Mas-
          ter' die zyklische Programmbearbeitung mit der Abtast-
          zeit T_O und regt den Prozeß mit einem Pseudo-Rausch-
          Binär-Signal (PRBS) an. Er füllt in Stufe 1 zunächst nur
          seine Meßvektoren mit aktuellen Werten auf, während er
          in Stufe 2 die Meßwerte an den 'Slave' übergibt und dort
          jeweils die 'Slave'-Stufe 1 zur Voridentifikation ohne
          Reglerberechnung anstößt. Nach abgeschlossener Voriden-
          tifikation wird der 'Slave' in den Zustand OPERATE ver-
          setzt und führt den ersten Reglerentwurf durch, während
          der 'Master' noch so lange in START verweilt, bis gül-
          tige Reglerparameter vorliegen. Beim wiederholten Star-
          ten an einem bereits bekannten Prozeß wird die gesamte
          Anfahrprozedur übersprungen.

OPERATE   führt in der 'Master'-Funktion die normale Zustandsrege-
          lung und in der 'Slave'-Funktion die Adaptionsebene mit
          Identifikation und Reglerentwurf aus. Die Adaption wird
          jeweils mit neu übergebenen Meßwerten angestoßen und ak-
          tuelle Reglerparameter abgeholt. Ist die Adaptionsebene
          wegen ihrer längeren Rechenzeiten noch aktiv, so werden
          nur Statusinformationen und Lebenszeichen ausgetauscht.
          Bleibt das Lebenszeichen des 'Masters' aufgrund eines
          Ausfalls aus, so merkt dies der 'Slave' nach Abschluß

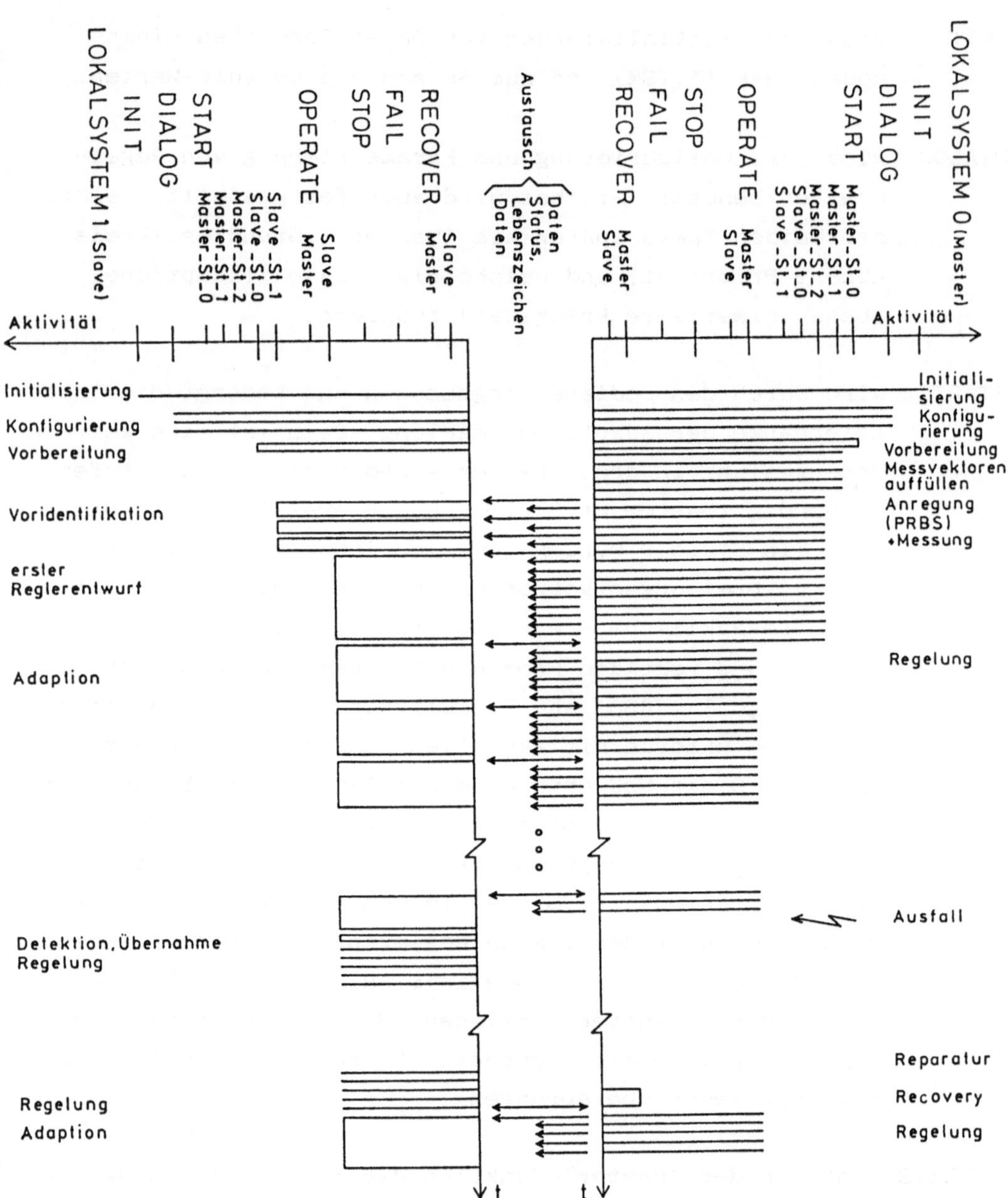

Bild 6.9: Das Diagramm zeigt die Aktivitäten der an der adaptiven Regelung beteiligten Tasks in den Lokalsystemen 0 (Master) und 1 (Slave) während des Anfahrens und des Normalbetriebs und beim Ausfall des Master-Rechners.

des Reglerentwurfs und einer Karenzzeit von 2 T_o und
übernimmt die Regelung in Back-up-Funktion. Der Vorgang
führt, ebenso wie der Ausfall des 'Slave', im Sinne
eines 'gracefull degradation' zu einer Reduzierung der
adaptiven Regelung auf eine feste Regelung mit den zu
diesem Zeitpunkt aktuellen Parametern.

STOP   dient zum Anhalten der Regelung nach vorheriger Beruhi-
          gung der Prozeßdynamik ($\underline{x}(k) \rightarrow 0$).

FAIL   hat hier keine spezifische Bedeutung.

RECOVER ist für die Wiederinbetriebnahme einer Task nach einem
          Ausfall vorgesehen. Die aktuellen Daten werden von der
          noch intakten Cotask übernommen und es wird in den nor-
          malen Operationszyklus zurückgekehrt.

Zur Realisierung des Austauschs von Statusinformationen, Lebens-
zeichen und Daten zwischen den beiden Tasks werden die REX-Funk-
tionen zur direkten Kommunikation CONNECT und RELEASE herangezogen. Dadurch ist die Berücksichtigung von Bedingungen, beispielsweise der Abschluß einer Identifikation oder Reglerberech-
nung, vor dem Datenaustausch und das anschließende Setzen spezieller Schalter, also ein bidirektionaler Informationsaustausch, während einer einzigen Verbindungsaufnahme und damit
sehr schnell möglich. Die Adressierung der Variablen der Cotask
bereitet keine Probleme, da beide Tasks und damit auch deren
Datensegmente gleich aufgebaut sind.

Der hier beschriebene und in Bild 6.9 skizzierte Ablauf läßt
sich, zumindest teilweise, auch an den in Bild 6.10 wiedergege-
benen Signalen eines Versuchslaufs an einem analog simulierten
Zweigrößenprozeß erkennen. Während der Ausgabe des PRBS erfolgt
die Voridentifikation zur Anpassung des Reglers an den unbekann-
ten Prozeß, danach eine fortlaufende Verbesserung. In einer
späteren Phase ist die Adaption an einem veränderten Prozeß zu
sehen (erkennbar an den Stellbewegungen nach einem Sprung) und
gegen Ende die Übernahme der Regelung durch den 'Slave'-Regler.

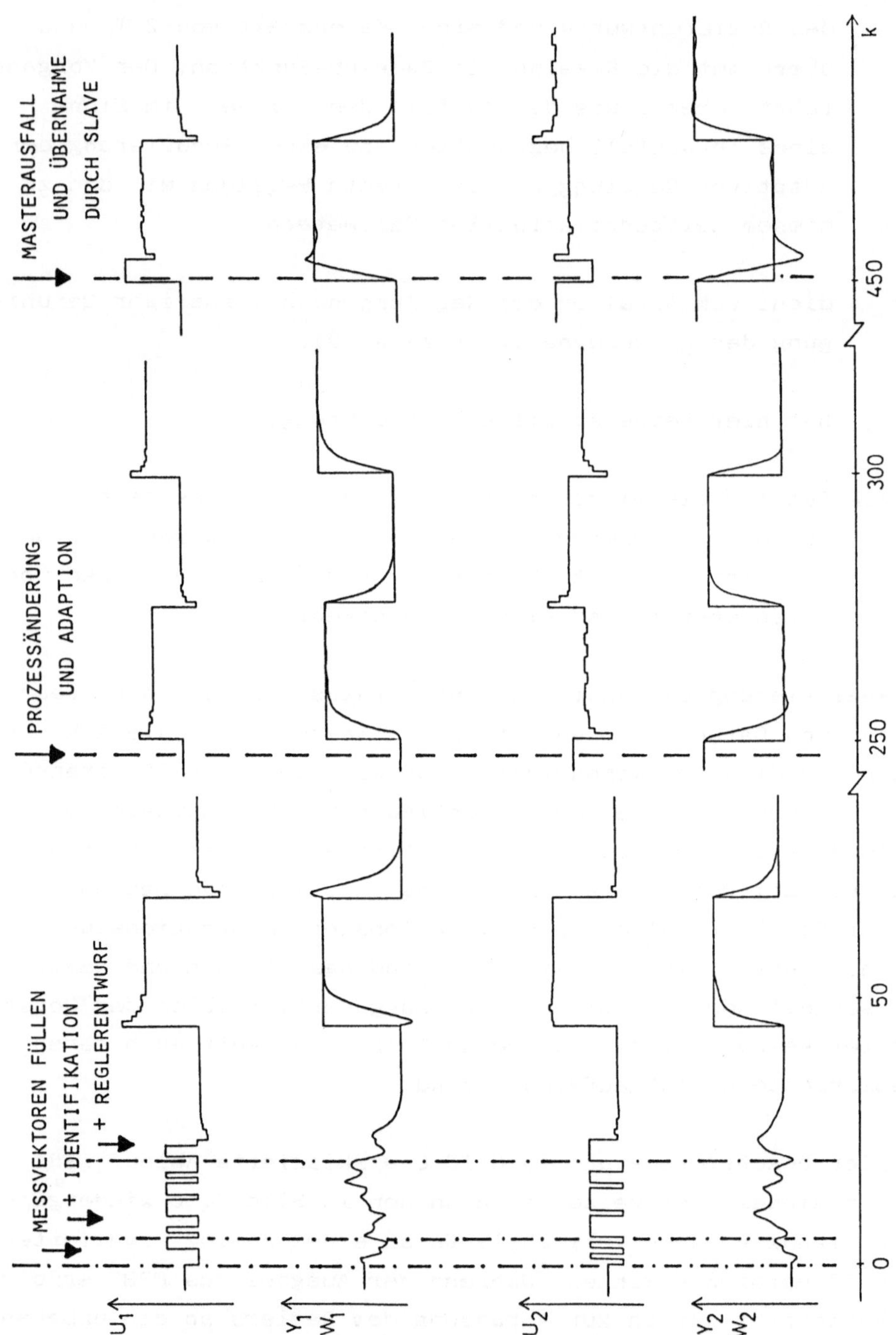

Bild 6.10: Die verschiedenen Bearbeitungsphasen sind auch an den Signalen eines Versuchslaufs zu erkennen: Anfahrvorgang (k=0...40), Adaption an einen veränderten Prozeß (k=240...280), Ausfall des Master-Rechners und Übernahme der Regelung durch den Slave (k=450).

Der Ausfall des 'Masters' erfolgte nach der ersten Stellbewe-
gung, also im ungünstigsten Moment. Der Verlauf der Stell- und
Regelgrößen zeigt dennoch ein gutes Verhalten. Ein Ausfall des
'Slave' würde, außer dem Wegfall der fortlaufenden Anpassung an
die Prozeßdynamik, gar keine nach außen sichtbaren Folgen haben.

Mit der bestehenden Systemkonfiguration (zwei FIPS-Lokalsysteme,
Mikroprozessoren 8086/8087, 5MHz, Hochsprache PL/M-86, Betriebssystem REX), bei der mehr Wert auf die Zuverlässigkeit als auf
die Schnelligkeit gelegt wird, ergeben sich für eine adaptive 2-
Größen-Regelung die folgenden Rechenzeiten:

```
Regelung:                                 ca.   30ms        (fest)
Adaption (Schätzung + Optimierung):       350ms...2s   (schwankend)
minimale Abtastzeit (> Regelung):         40ms
```

Bei einer konventionellen Realisierung in einem Programm und
ohne zeitliche Entkopplung der Regelungsebene und der Adaptionsebene würde bei gleicher Hardware die Rechenzeit zwischen ca.
350 ms und 2 s schwanken. Da die Abtastzeit so groß sein muß,
daß auch der längstmögliche Adaptionszyklus noch ausgeführt werden kann, kommen nur minimale Abtastzeiten im Sekundenbereich in
Frage.

Die hier erfolgte programmtechnische Trennung der Ebenen erlaubt
dagegen kurze und vor allem feste Abtastzeiten. Die im FIPS-Sy-
stem mögliche Verteilung auf verschiedene Lokalsysteme bringt in
Verbindung mit den entsprechenden Umschaltmechanismen neben zusätzlicher Rechenleistung auch den Vorteil einer auf Wirtschaftlichkeit ausgerichteten Fehlertoleranzklasse W mit sich.

7. GEGENÜBERSTELLUNG DER FEHLERTOLERANZKLASSEN

In diesem Kapitel werden die vier Fehlertoleranzklassen noch
einmal gegenübergestellt und bezüglich ihres Aufwands und der
mit ihnen erreichbaren Verbesserungen verglichen. Die Gegenüberstellung bezieht sich speziell auf das Beispiel des Mikrorechnersystems FIPS und auf die hierin vorgenommenen, in Kap. 6.1
beschriebenen Implementierungen fehlertoleranter Regelprogramme.

7.1 DIE TOLERIERBAREN FEHLER

Ein wichtiges Kriterium für die Beurteilung der Fehlertoleranz
ist die prinzipielle Fähigkeit und der jeweils notwendige Aufwand zur Tolerierung eines bestimmten Fehlers. Dazu sind in
Tabelle 7.1 die im Mikrorechnersystem FIPS gegebenen Möglichkeiten zur Tolerierung von Hardware-Fehlern zusammengestellt. Die
einzelnen Fehler sind der Reihe nach aufgeführt. In den Spalten
für die drei verglichenen Fehlertoleranzklassen ist jeweils ver-
merkt, ob und mit welchem relativen Aufwand der betreffende Fehler durch das zur Fehlertoleranzklasse gehörende Verfahren tole-
rierbar ist.

Die Tabelle enthält nur qualitative Bewertungen, da es insbesondere bei der Software-Realisierung der Fehlertoleranzklasse W
noch einige Variationsmöglichkeiten gibt. Konkrete Zahlenanga-
ben, die auf der in Kap. 6.1 beschriebenen Realisierung der Reg-
lerprogramme basieren, sind deshalb erst in einem speziellen
Aufwandsvergleich in Kap. 7.3 enthalten. Die Bewertungen bedeuten im einzelnen:

++ Der betreffende Fehler wird durch die gegebene Systemstruktur
   ohne speziellen Aufwand toleriert.

+ Für die Tolerierung dieses Fehlers ist nur ein geringer zusätzlicher Aufwand (z. B. in Form von Rechenzeit) erforderlich.

n   Die Zahlenangabe n gibt an, wie viele gleiche Einheiten in
    verschiedenen Lokalsystemen für eine bestimmte Automatisie-
    rungsfunktion reserviert sein müssen, um den Ausfall einer
    Einheit tolerieren zu können. Die Einheiten können auch Teile
    von Moduln sein, z. B. ein einzelner Ausgabekanal auf einer
    Interface-Baugruppe.

-   Der hohe Aufwand macht eine Tolerierung nicht sinnvoll. Der
    Fehler wird daher in dieser Fehlertoleranzklasse nicht tole-
    riert.

-- Ein solcher Fehler ist mit dem betreffenden Fehlertoleranz-
    verfahren grundsätzlich nicht tolerierbar.

Für die Aufstellung werden einige Annahmen über den Aufbau des
Regionalsystems gemacht:

- Das Regionalsystem (RS) besteht aus n Lokalsystemen (LS). Für
  die (2v3)-Anordnung der Fehlertoleranzklasse Z muß n >= 3 sein.

- Lokalsysteme bestehen minimal aus Spannungsversorgung (PS),
  Lokalbus (LB), Mikrorechener (MIC), Speichereinheiten (M) und
  einem Regionalbuskoppler (RBC).

- Konsolen-Interfaces (CI) sind in mindestens zwei der an einem
  Votum bzw. Vergleich beteiligten Lokalsysteme vorhanden.

- Der Globalbus ist zweimal vorhanden und in zwei verschiedenen
  Lokalsystemen ist je ein Globalbuskoppler (GBC) eingebaut.
  (Beim realen Aufbau ist der Globalbus ausgeklammert).

- Der Regionalbus ist einmal vorhanden.

- Die Prozeß-Ein/Ausgabe-Baugruppen (AIO, BIO) und Schalterbaugruppen (S) sind je nach Bedarf an Kanälen in den verschiedenen Lokalsystemen enthalten.

Tabelle 7.1: Tolerierbare Hardware-Fehler in den einzelnen Fehlertoleranzklassen des FIPS-Systems.

Fehlertoleranzklasse — *Realisierung* / Fehlerart	Klasse W *Rekonfiguration*	Klasse S *(2v2)- Identität*	Klasse Z *(2v3)- Majorität*
Modul-Ausfälle			
1. LB - Ausfall	--	++	++
2. PS - Ausfall	--	++	++
3. MIC - Ausfall	+	2	3
4. M - Ausfall	2	2	3
5. CI - Ausfall	++	++	++
6. GB- u. GBC-Ausfall bedingt möglich:	++ Ersatz d. CI	++ Ersatz d. CI	++ Ersatz d. CI
7. A-I - Ausfall +)	2 *)	2	3
8. A-O - Ausfall +)	2 *)	1 + S	2 + S
9. B-I - Ausfall +)	2 *)	2	3
10. B-O - Ausfall +)	2 *)	1 + S	2 + S
11. RB- u. RBC-Ausfall	++	++	+
12. S - Unterbrechung auf Prozeßseite	--	--	--

Fehlertoleranzklasse Realisierung Fehlerart	Klasse W Rekonfi- guration	Klasse S (2v2)- Identität	Klasse Z (2v3)- Majorität
sonstige Fehler			
13. 220V Netz-Ausfall	24V-Batt.	24V-Batt.	24V-Batt.
14. 24V - Batterie- Ausfall	++	++	++
15. transiente Fehler, durch Wiederanlauf zu beseitigen	++	++	++
16. undefinierte ein- fache Hardware- Fehler, die zu differierenden Ergebnissen führen	--	++	++
17. Mehrfachfehler	--	Erweiterung auf 3v3,4v4 usw.	Erweiterung auf 3v5,4v7 usw.

*) Die Verdoppelung des Aufwands an Prozeßschnittstellen ist
   unter Berücksichtigung der nur geringen Zuverlässigkeitsverbesserung nicht mehr ohne weiteres mit dem für die Fehlertoleranzklasse W gesteckten Ziel der Wirtschaftlichkeit verein-
   bar. Da außerdem für die Fehlererkennung in diesen Einheiten
   erhebliche zusätzliche Rechenzeit erforderlich ist, ist der
   Gesamtaufwand mit dem für die Fehlertoleranzklassen Z und S
   vergleichbar. Eine Realisierung ist daher nicht mehr sinnvoll
   und ist auch nicht erfolgt.

+) Die Ausfälle der Eingänge und der Ausgänge für Prozeßsignale
   sind als A-I, A-O, B-I und B-O getrennt aufgeführt.

7.2 <u>DIE VERBESSERUNG RELEVANTER KENNGRÖSSEN</u>

Ein Maß für den Erfolg bei der Einführung von Fehlertoleranz ist die Verbesserung der für die jeweilige Fehlertoleranzklasse relevanten Kenngröße. Zu ihrer Ermittlung soll hier das konkrete Beispiel der in Kap. 6.1 beschriebenen Realisierung fehlertoleranter Regelprogramme auf der Basis des Mikrorechnersystems FIPS mit dem zugehörigen Betriebssystem REX dienen. Die Zahlenwerte sind in Tab. 7.2 zusammengefaßt. Sie wurden mit Hilfe der anschließend noch einmal zusammengestellten Gleichungen unter den folgenden Annahmen berechnet.

Für die Zuverlässigkeit der einzelnen Hardware-Moduln werden vereinfachend gleiche Werte zugrunde gelegt, die in etwa den üblichen Angaben der Hersteller elektronischer Baugruppen entsprechen. Für Sicherheitsbetrachtungen wird zusätzlich pessimistisch angenommen, daß alle Modul-Ausfälle gefährlich sind.

<u>Modul MIC, M, CI, AIO, BIO, RBC, GBC, PS</u>

$$MTBF_{mod} = 100000 \text{ h}$$
$$MTTR_{mod} = 10 \text{ h}$$

Daraus ergibt sich für die Verfügbarkeit und die Sicherheitsverfügbarkeit und deren Komplemente:

$$V_{mod} = 0{,}99990$$
$$U_{mod} = 1{,}0 \cdot 10^{-4}$$

Demgegenüber werden die reinen Busverbindungen, die eine wesentlich bessere, aber schwer quantifizierbare Zuverlässigkeit haben, vernachlässigt:

$$V_{LB} = V_{RB} = 1{,}0$$
$$U_{LB} = U_{RB} = 0{,}0$$

<u>Lokalsystem</u>

Zur Ausführung einer einfachen Regelaufgabe, wie sie in Kap. 6.1
vorliegt, werden innerhalb eines Lokalsystems folgende Moduln
benötigt:

CI - MIC - M - AIO - PS - LB

Ihre Berücksichtigung liefert für die Verfügbareit eines Lokalsystems:

$$V_{LS} = V_{CI} \; V_{MIC} \; V_M \; V_{AIO} \; V_{PS} \; V_{LB} = 0,99950 \tag{7.1}$$

Dem entsprechen:

$$U_{LS} \qquad \approx 5 \cdot 10^{-4}$$
$$MTBF_{LS} \qquad \approx 20000 \; h$$

In den Anordnungen der Fehlertoleranzklassen S und Z ist ein
Schalter enthalten. Dessen aktive Funktion entspricht in etwa
der einer binären Ausgabe, die in Gl. (7.1) an die Stelle des
Moduls AIO tritt und damit in V_{LS} berücksichtigt ist. Die Kontaktgabe des Schalters wird vernachlässigt (siehe Kap. 3.4.4).
Für die Berechnung der Kenngrößen der Fehlertoleranzklassen
gelten im einzelnen die folgenden Gleichungen:

<u>Klasse N</u>

$$V_Z = V_S = V_{LS} \tag{7.2}$$

<u>Klasse W</u>
(Siehe Kap. 3.3.5 für die prinzipielle Hardware-Anordnung,
Kap. 6.1.1.1 für die konkrete Umsetzung in die Software und
den Anhang für die zugehörige Zuverlässigkeitsberechnung.)

$$V_Z = V_S = (V_{CI}V_{MIC}V_M + V_{RBLS} - V_{CI}V_{MIC}V_M V_{RBLS}) \; V_{AIO}V_{PS}V_{LB} \tag{7.3}$$

mit der Abkürzung

$$V_{RBLS} = V_{CI} \; V_{MIC} \; V_M \; V_{PS} \; V_{LB} \; V_{RBC} \; V_{RB} \; V_{RBC} \tag{7.4}$$

Klasse S
(Siehe Kap. 3.4.3 für das Prinzip und Gln. (3.2) und (3.3) zur Berechnung.)

$$V_Z = V_{LS}^2 \tag{7.5}$$

$$V_S = 2 \; V_{LS} - V_{LS}^2 \tag{7.6}$$

Klasse Z
(Siehe Kap. 3.4.2 und Gl. (3.1).)

$$V_Z = V_S = 3 \; V_{LS}^2 - 2 \; V_{LS}^3 \tag{7.7}$$

Um eine faßbare bezogene Größe für den Vergleich zu erhalten, ist in Tab. 7.2 zusätzlich die Verbesserung der Unverfügbarkeit angegeben. Sie wird aus dem Kehrwert der auf die Unverfügbarkeit eines einfachen Systems bezogenen Unverfügbarkeit ($U_{LS} \, / \, U_Z$) bzw. Sicherheitsunverfügbarkeit ($U_{LS} \, / \, U_S$) gebildet, gibt also den Faktor an, um den die jeweilige Größe verkleinert wird.

Ergebnisse

Die Tabelle läßt die wesentliche Verbesserung der Zuverlässigkeit um zwei bis drei Größenordnungen durch die Fehlertoleranzklasse Z erkennen. Bei Berücksichtigung ihrer sonstigen vorteilhaften Eigenschaften, wie Verzögerungsfreiheit und Fehlererkennung aufgrund eines impliziten Fehlermodells, wird deutlich, daß ihr Einsatz auch für sehr hohe Ansprüche an die Zuverlässigkeit in Frage kommt.

Tabelle 7.2: Die Verbesserung der relevanten Zuverlässigkeits- und Sicherheitskenngrößen der verschiedenen Fehlertoleranzklassen.

Fehlertoleranzklasse Kenngröße		Klasse N	Klasse W	Klasse S	Klasse Z
Verfügbarkeit	V_Z	0,99950	0,99980	0,99900	0,999999251
Unverfügbarkeit	U_Z	$5,0 \cdot 10^{-4}$	$2,0 \cdot 10^{-4}$	$10,0 \cdot 10^{-4}$	$7,5 \cdot 10^{-7}$
Verbesserung	U_{LS} / U_Z	1,0	2,5	0,5	666,9
Sicherheitsverfügbarkeit	V_S	0,99950	0,99980	0,999999750	0,999999251
Sicherheitsunverfügbarkeit	U_S	$5,0 \cdot 10^{-4}$	$2,0 \cdot 10^{-4}$	$2,5 \cdot 10^{-7}$	$7,5 \cdot 10^{-7}$
Verbesserung	U_{LS} / U_S	1,0	2,5	2000,0	666,9

Erkennbar ist aber auch die noch größere Wirkung der Fehlertoleranzklasse S auf die Sicherheit des Systems, die der einer idealen (1v2)-Anordnung gleichkommt. Sie ist mit den gleichen sonstigen Vorteilen verbunden, wie sie auch in der Klasse Z zu finden sind. Erkauft wird die gute sicherheitspezifische Verbesserung allerdings mit einem Verlust an Zuverlässigkeit gegenüber einer einfachen Standardlösung in der Fehlertoleranzklasse N. Die Ursache für diese zunächst vielleicht überraschende Erscheinung liegt darin, daß zur Ausführung aller Aktivitäten beide beteiligten Lokalsysteme intakt sein müssen. Dies ist aus der Sicht der Zuverlässigkeit eine serielle Anordnung.

Die Fehlertoleranzklasse W bringt ebenfalls eine merkliche Verbesserung der Kenngrößen um den Faktor 2,5. Ihre Wirkung ist jedoch um Größenordnungen geringer als bei den speziell darauf ausgerichteten Klassen Z und S. Der eigentliche Vorteil liegt in dem geringen dazu notwendigen Aufwand. Er zeigt sich erst bei den Aufwandsbetrachtungen im folgenden Kap. 7.3.

7.3 DER ERFORDERLICHE AUFWAND

Für den Aufwandsvergleich werden neben dem reinen "Zählen" der
benötigten Lokalsysteme auch der Bedarf an Speicherplatz und die
Belastung der Prozessoren durch die verschiedenen Tasks herangezogen. Die in Tabelle 7.3 zusammengefaßten Zahlen beziehen sich
wieder auf die realisierten Regelprogramme (Kap. 6.1) in der
vorliegenden Umgebung. Da es sich um für Experimente geeignete
Programme mit dementsprechenden zusätzlichen Funktionen handelt,
sind der ermittelte Aufwand an Speicherplatz und die gemessenen
Rechenzeiten auf jeden Fall größer als in optimierten, endgülti-
gen Anwenderprogrammen. Das hat jedoch nur einen geringen Einfluß auf die angegeben Vergleichszahlen, die die jeweilige Größe
in Beziehung zur entsprechenden Größe einer Task der Fehlertoleranzklasse N setzen.

Die Bedeutung der angegebenen Zahlen ist von der jeweiligen konkreten Anwendung und insbesondere von der Zahl der dabei ohnehin
eingesetzten Lokalsysteme und ihrer jeweiligen Auslastung abhängig. Sie bedürfen daher eines Kommentars.

Da jede Task einen Automatisierungsbaustein darstellt, dessen
Programm-Code zur Ausstattung des Systems gehört und der belie-
big oft eingesetzt werden kann, darf der Umfang der Code-Segmen-
te eigentlich nicht einer einzelnen Anwendung angelastet werden.
Ihr Größenvergleich vermittelt jedoch einen guten Eindruck vom
notwendigen Realisierungsaufwand.

Anders ist es bei den Daten-Segmenten, die für jede einzelne
Applikation in jedem Lokalsystem plaziert werden. Sie machen
sich allerdings erst dann direkt als Aufwand bemerkbar, wenn der
Speicherplatz knapp wird.

Ähnliche Überlegungen gelten für die Rechenzeiten der Tasks, die
in jedem Zyklus des normalen Betriebes benötigt werden und ein
gutes Maß für den Bedarf an Rechenleistung abgeben. Für die Beurteilung der Systembelastung müssen jedoch einige zusätzliche
Ansprüche der fehlertoleranten Regler berücksichtigt werden:

Tabelle 7.3: Gegenüberstellung der Hardware-Anforderungen und des Speicherplatz- und Rechen-
zeitbedarfs der fehlertoleranten Regelprogramme.

Fehlertoleranzklasse Aufwand für ...		Klasse N	Klasse W	Klasse S	Klasse Z
Umfang des Code-Segments	PID,DB	3029	4544	5331	8480
je Task in Byte	ZR	3413	4417	5033	8012
Summe der Code-Segmente	PID,DB	3029	9088	10662	25440
aller Cotasks in Byte	ZR	3413	8834	10066	24036
Summe der Code-Segmente,	PID,DB	1,00	3,00	3,52	8,40
bezogen auf Klasse-N-Task	ZR	1,00	2,59	2,95	7,04
Umfang des Daten-Segments	PID,DB	851	979	868	1080
je Task in Byte	ZR	418	461	515	682
Summe der Daten-Segmente	PID,DB	851	1958	1736	3240
aller Cotasks in Byte	ZR	418	922	1030	2046
Summe der Daten-Segmente,	PID,DB	1,00	2,30	2,04	3,81
bezogen auf Klasse-N-Task	ZR	1,00	2,21	2,46	4,89

Fehlertoleranzklasse Aufwand für ...		Klasse N	Klasse W	Klasse S	Klasse Z
Rechenzeit je Zyklus je Task in Millisek.	PID,DB ZR	5,76 4,22	10,34+ 9,98 9,95+ 9,17 (Haupt+Back.)	7.67+10,05 9,24+12,30 (Regl.+Voter)	9,72+15,09 10,08+12,40 (Regl.+Voter)
Summe der Rechenzeiten aller Cotasks in Millisek.	PID,DB ZR	5,76 4,22	20,32 19,12	17,72 21,54	34,53 32,56
Summe der Rechenzeiten, bezogen auf Klasse-N-Task	PID,DB ZR	1,00 1,00	3,53 4,53	3,08 5,10	5,99 7,72
Mindestanzahl der Lokalsysteme im Regionalsystem		1	2	2	3
Anzahl reservierter Prozeßschnitt- stellen (jeweils Eingang + Ausgang, Schalter als ein Ausgang gezählt)		1	1	2	3

- Die vergleichenden und votierenden Regler der Fehlertoleranzklassen Z und S machen häufigen Gebrauch von den Betriebssystemfunktionen zur Kommunikation und Synchronisation und ver-
  längern dadurch die mittlere Reaktionszeit des Systems. Sie
  müssen außerdem mit einer hohen Priorität betrieben werden, um
  die enthaltenen Zeitbeziehungen möglichst gut einzuhalten. Dadurch beeinflußen sie das Zeitverhalten der übrigen Tasks ne-
  gativ.

- Die rekonfigurierbaren Regler der Fehlertoleranzklasse W müssen im Backup-Betrieb (siehe Kap. 6.1.1.1) ihre Prozeßschnittstellen sowohl beim Einlesen als auch bei der Ausgabe über den
  Regionalbus ansprechen. Die Rechenzeit der Backup-Task beträgt
  dabei ca. 4 ms mehr als die des Hauptreglers im Normalbetrieb.
  Sie steigt also im Fehlerfall gegenüber der des Backup-Reglers
  im Normalbetrieb um rund 40 % an.

Trotz dieser Überlegungen sollte die Rechenleistung normalerweise nicht zum Engpaß werden. Wird sie es wegen zu vieler gleichzeitig betriebener Jobs und Tasks dennoch, so ist dies auch ohne
Fehlertoleranz ein guter Grund, die Aufgaben auf mehrere Lokalsysteme zu verteilen. Dabei entstehen mit verhältnismäßig geringem Aufwand zusätzliche Möglichkeiten für Fehlertoleranz.

Ist umgekehrt ein System nur so geringfügig ausgelastet, daß
alle Funktionen in einem einzigen Lokalsystem ausgeführt werden
können, so würde die Implementierung von Fehlertoleranz bereits
für die Klasse W die Installation von mindestens zwei und für
die Klasse Z von drei Lokalsystemen erforderlich machen und damit praktisch eine Verdopplung bzw. Verdreifachung des Aufwands
bedeuten. Das zeigt am deutlichsten die Abhängigkeit der Aufwandsbetrachtungen vom jeweiligen Anwendungsfall.

Die einzige Größe, die sich eindeutig und allgemein vergleichen
läßt, ist die Zahl der für eine Automatisierungsfunktion exklusiv reservierten und dieser daher direkt anzulastenden Prozeßschnittstellen. Zählt man die für die Fehlertoleranzklassen S
und Z erforderlichen Schalter wie die in Funktion und Aufbau

vergleichbaren Stellsignalausgänge mit, so ergibt sich hier für die Fehlertoleranzklasse S ein zweifacher und für die Fehlertoleranzklasse Z ein dreifacher Aufwand, während die Fehlertoleranzklasse W mit den bereits vorhandenen Einrichtungen auskommt.

Hier zeigt sich der eigentliche Sinn einer auf Wirtschaftlichkeit ausgerichteten Fehlertoleranz. Geht man davon aus, daß ein Regionalsystem aus anderen Gründen bereits aus mehreren Lokalsystemen besteht und genügend Redundanz in Form von Speicherplatz- und Rechenzeitreserven beinhaltet, so verursacht die Verwendung einer Task der Klasse W anstelle einer entsprechenden der Klasse N keinerlei zusätzliche Kosten. Sie bringt jedoch eine Verbesserung der Zuverlässigkeit um den Faktor 2,5.

In diesem Zusammenhang sei an die bei der Formulierung des Fehlertoleranzzieles Wirtschaftlichkeit in Kap. 2.1.3 angegebene Optimierungsaufgabe erinnert: Die vorhandene Redundanz ist (ohne zusätzlichen Aufwand) so zu verteilen, daß die Zuverlässigkeit derjenigen Automatisierungsfunktion gesteigert wird, deren Ausfall am kostspieligsten ist.

8. <u>ZUSAMMENFASSUNG</u>

Der Zweck dieser Arbeit ist die Entwicklung und die Untersuchung
von Verfahren zur Implementierung von Fehlertoleranz in dezentralen Automatisierungssystemen. Dazu dient zunächst eine Analyse der mit der Fehlertoleranz angestrebten Ziele *Zuverlässigkeit, Sicherheit* und *Wirtschaftlichkeit* und die Angabe von Kenngrößen zu ihrer Bewertung. Davon ausgehend wird eine modifizierte, an den Zielen orientierte Klassifizierung der Fehlertoleranz
vorgenommen. Unter Beachtung industrieller Randbedingungen und
der Besonderheiten dezentraler Automatisierungssysteme werden
zur Realisierung der angestrebten Ziele geeignete Prinzipien und
Verfahren der Fehlertoleranz ausgewählt.

Den Ausgangspunkt für den Aufbau des fehlertoleranten Mikrorech-
nersystems FIPS bildet die globale Grundstruktur dezentraler
Automatisierungssysteme mit Lokalsystemen als Untereinheiten.
Durch die Ergänzung der Option *Regionalbus* wird ein zusätzlicher
Kommunikationsweg geschaffen, der mehrere Lokalsysteme zu einem
Regionalsystem zusammenfaßt. Diese mittlere Systemebene enthält
keine unverzichtbaren zentralen Hardware-Elemente mehr, da der
Regionalbus für den normalen Betrieb nicht benötigt wird. Sie
schafft jedoch eine wichtige Voraussetzung für die enge Zusam-
menarbeit und die weitgehend freie Aufgabenverteilung zwischen
den beteiligten Lokalsystemen und bietet damit die Möglichkeit
zu einer Rekonfiguration. Sie ermöglicht so die *Tolerierung
bestimmter Hardware-Fehler* in den digitalen Moduln der Lokalsysteme.

Mit Hilfe der *dezentral realisierten Vergleichs- und Votiereinrichtungen* ist auch die *Tolerierung beliebiger Einfachfehler* in
der Hardware möglich. Diese Fehlertoleranz schließt die Bussysteme und Spannungsversorgungen mit ein. Sie berücksichtigt
insbesondere auch die häufig ausgeklammerten, für die Automatisierung aber wesentlichen Schnittstellen zum technischen Prozeß.

Ein wichtiges Merkmal des fehlertoleranten Mikrorechnersystems
FIPS ist das zugehörige Echtzeitbetriebssystem REX. Es ist in

der Lage, unabhängig vom Ort eines Systemaufrufs und des durch diesen angesprochenen Objektes, alle Aufträge *regional* auszuführen. Die dabei anfallende Kommunikation zwischen den verschiedenen Lokalsystemen bleibt sowohl für den Bediener als auch für den Anwendungsprogrammierer transparent. Diese Transparenz ist eine weitere Voraussetzung für eine mit vertretbarem Aufwand realisierbare Rekonfiguration. Sie eröffnet nebenbei die Möglichkeit zur parallelen Bearbeitung komplexer Algorithmen durch die Verteilung der daran beteiligten Programme auf unterschiedliche Lokalsysteme.

Zur Erleichterung der allgemeinen Bedienung, insbesondere aber auch zur Unterstützung des Wiederanlaufs von Echtzeitprogrammen wurden die *Funktionszustände* für Tasks und Jobs eingeführt. Sie erlauben es, innerhalb des Anwenderprogramms spezielle Maßnahmen zur Informationsrückgewinnung und zur Wiederanpassung an inzwischen veränderte reale Prozeßzustände zu ergreifen und dabei auf spezielle Eigenschaften des Programms oder des technischen Prozesses Rücksicht zu nehmen. Der zugehörige Support ist in das Betriebssystem integriert und sorgt durch eine gewisse Standardisierung auch für eine einfachere und damit weniger fehleranfällige Programmerstellung.

Einige implementierte Anwenderprogramme zeigen beispielartig die Realisierung fehlertoleranter Funktionen in den verschiedenen Fehlertoleranzklassen. Sie stellen *konfigurierbare Software-Bausteine* für die Prozeßautomatisierung dar, die nebeneinander und gleichzeitig mit sonstigen, nicht fehlertoleranten Funktionen des Automatisierungssystems genutzt werden können. Dadurch und durch ihren Charakter einer Option zeigen sie einen sehr effektiven Weg zur Realisierung und Anwendung von Fehlertoleranz. Die Erprobung der Anwenderprogramme an analog simulierten Testprozessen demonstriert die fehlertoleranten Eigenschaften des Systems. Sie zeigt die Brauchbarkeit des vorgestellten Konzepts zur Implementierung von Fehlertoleranz in dezentralen Automatisierungssystemen.

LITERATURVERZEICHNIS

Ackermann, J. (1972).
  Abtastregelung. Springer Verlag, Berlin, Heidelberg, New
  York.

Avizienis, A. (1984).
  On current problems in fault-tolerant computing. GI-Fachtagung 'Fehlertolerierende Rechnersysteme', Informatik-Fachberichte Nr. 84, Springer Verlag, Berlin, Heidelberg, New York.

Bayer, M; Demmelmeier, F.; Endl, H.; Ries, W.; Wiemann, B. (1983).
  *Implementierung der Beriebssystemfunktionen für das
  fehlertolerante Multimikrorechnersystem FURTURE*. Lehrstuhl
  für Prozeßrechner, TU München, Interner Bericht 1/83.

Bergmann, S. (1983).
  Digitale parameteradaptive Regelung mit Mikrorechner. Dissertation am Fachbereich 19, TH Darmstadt. Fortschritt-Berichte
  der VDI-Zeitschriften, Reihe 8, Nr. 55, VDI-Verlag Düsseldorf.

Birck, H. (1977).
  Kompaktregler mit Mikrorechner-Bausteinen. Dissertation an
  der Fakultät für Elektrotrechnik, TU München.

Bonn, G.; Lorenz, L. (1980).
  *Steuerung, Synchronisation und Kommunikation bei parallelen
  Prozessen*. FhG-Berichte 2-80.

Brause, R.; Ammann, E.; Dal Cin, M.; Dilger, E.; Lutz, J.;
  Risse, R. (1983).
  Konzepte des fehlertoleranten Arbeitsplatzrechners ATTEMPTO.
  GI-Workshop 'Fehlertolerante Mehrprozessor- und Mehrrechner-
  systeme', Universität Erlangen.

Brinch Hansen, P. (1977).
  Betriebssysteme. Carl Hanser Verlag, München, Wien.

Dal Cin, M. (1979).
  Fehlertolerante Systeme. Teubner-Verlag, Stuttgart.

Demmelmeier, F.; Ries, W. (1982).
  *Implementierung von anwendungsspezifischer Fehlertoleranz für
  Prozeßautomatisierungssysteme*. GI-Fachtagung 'Fehlertolerierende Rechnersysteme', Informatik-Fachberichte Nr. 54, Springer Verlag, Berlin, Heidelberg, New York.

Demmelmeier, F. (1984a).
  *Betriebssystemfunktionen im fehlertoleranten Multimikrorech-
  nersystem FUTURE*. Regelungstechnische Praxis, Heft 9, S. 408-
  415.

Echtle, K. (1984).
  *Fehlermaskierende verteilte Systeme zur Erfüllung hoher Zu-
  verlässigkeits-Anforderungen in Prozeßrechner-Netzen*. GI/NTG-

Fachtagung 'Architektur und Betrieb von Rechnersystemen',
Informatik-Fachberichte 78, Springer Verlag, Berlin, Heidelberg, New York.

Electronics (1983).
Fault-Tolerant Computers, special issue. Electronics, January 1983.

Endl, H. (1982).
Prozeß-Ein/Ausgabe für ein fehlertolerantes Multimikrorechnersystem. GI-Fachtagung 'Fehlertolerierende Rechnersysteme', Informatik-Fachberichte Nr. 54, Springer Verlag, Berlin, Heidelberg, New York.

Färber, G. (1979).
Prozeßrechentechnik. Springer Verlag, Berlin, Heidelberg, New York.

Färber, G. (1980).
Ein dezentralisierter fairer Bus-Arbeiter. Elektronik, Heft 8, 1980.

Färber, G. (1981).
Task Specific Implementation of Fault Tolerance in Process Automation Systems. In Dal Cin, M. und Dilger, E. (1981). Self-Diagnosis and Fault-Tolerance. Attempto Verlag, Tübingen.

Färber, G. (1982).
Fehlertolerante Rechnersysteme für die Prozeßautomatisierung. Regelungstechnische Praxis, Heft 5, 1982, S. 160-168.

Gaede, K. (1977).
Zuverlässigkeit, Mathematische Modelle. Carl Hanser Verlag, München, Wien.

Goldberg, J. (1984).
The Problem of Confidence in Fault-Tolerant Computer Design. GI/NTG-Fachtagung Architektur und Betrieb von Rechensystemen, Informatik-Fachberichte 78. Springer Verlag, Berlin, Heidelberg, New York.

Görke, W. (1983).
Zur Begriffsbildung im Fachgebiet fehlertoleranter Rechensysteme. Mitteilungen der GI/GMR/NTG-Fachgruppe Fehlertolerierende Rechensysteme, Nr. 2, November 1983.

Großpietsch, K.-E.; Kaiser, J.; Kröger, R.; Nett, E.; Pedar, A.; Speicher, M. (1983).
Recovery-Strategien in objektorientierten verteilten Systemen. GI-Workshop 'Fehlertolerante Mehrprozessor- und Mehrrechnersysteme', Universität Erlangen.

Gunningberg, Per (1983).
Voting and Redundancy Management implemented by Protocols in Distributed Systems. Proc. of 13th Int. Symposium on Fault Tolerant Computing, IEEE Computer Society, S. 182-185.

Heger, D.; Steusloff, H.; Syrbe, M. (1979).
Echtzeitrechnersystem mit verteilten Mikroprozessoren.
Forschungsbericht DV 79-01 des BMFT, Karlsruhe.

Heinzl, J. (1984).
*Entwicklungsmethodik für Geräte mit Steuerung durch Mikro-
elektronik.* VDI-Berichte Nr. 55.

Höfle-Isphording, U. (1978).
Zuverlässigkeitstheorie. Springer Verlag, Berlin, Heidelberg,
New York.

IEEE-spectrum (1981).
Reliability - a special issue. IEEE-spectrum, Vol. 18, No. 10.

Isermann, R. (1974).
Prozeßidentfikation. Springer Verlag Berlin, Heidelberg, New
York.

Isermann,R. (1977).
Digitale Regelsysteme. Springer Verlag, Berlin, Heidelberg,
New York.

Isermann, R. (1980).
Parameter-adaptive control algorithms - a tutorial.
6th IFAC/IFIP-Conference on Digital Computer Applications,
Düsseldorf.

Klein, A,; Will, B. (1983).
Model of a Basic Fault-Tolerant System BFS. Siemens Forsch.-
u. Entwickl.-Ber. Bd. 12, Nr. 1.

Konakovsky, R. (1977).
*Definition und Berechnung der Sicherheit von Automatisie-
rungssystemen.* Dissertation an der Universität Stuttgart,
Vieweg-Verlag, Braunschweig.

Kopetz, H.; Lohnert, F.; Merker, W.; Pauthner, G. (1982).
Fehlertoleranz in MARS. GI-Fachtagung 'Fehlertolerierende
Rechnersysteme', Informatik-Fachberichte, Nr. 54. Springer
Verlag, Berlin, Heidelberg, New York.

Kronawitter, G.; Neudorfer, E; Sendler, W.; Freyberger, F. (1981).
*Entwicklung und Aufbau einer fehlertolerierenden Reglersta-
tion FTR.* PDV-Bericht 212, Gesellschaft für Kernforschung,
Karlsruhe.

Lange, P. (1976).
*Die Möglichkeiten einer verbesserten Sicherheitsbeurteilung
für elektrotechnische Anlagen.* Elektrie 30, Heft 2.

Laprie, J.-C. (1984).
*Dependable Computing and Fault-Tolerance: Concepts and Termi-
nology.* Proposal to the IFIP WG 10.4 'Reliable Computing und
Fault-Tolerance', Summer 1984 Meeting, Kissimmee, Florida,
USA. Mitteilungen der GI/GMR/NTG-Fachgruppe Fehlertolerieren-
de Rechensysteme, Nr. 4, Januar 1985.

Lauber, R. (1976).
Prozeßautomatisierung I. Springer Verlag, Berlin, Heidelberg, New York.

Levi, P. (1981).
Betriebssysteme für Realzeitanwendungen. Datakontext-Verlag, Köln.

Lüers, H. (1983).
Mehrmikrorechner-System für redundante Flugführungsaufgaben. GI-Workshop 'Fehlertolerante Mehrprozessor- und Mehrrechnersysteme', Universität Erlangen.

Maehle, E. (1981).
Self-Test Programs and their Application to Fault-Tolerant Multiprocessor Systems. In Dal Cin, M. und Dilger, E. (1981), Self-Diagnosis and Fault-Tolerance, Attempto Verlag, Tübingen.

Maehle, E.; Joseph, H. (1982).
Selbstdiagnose in fehlertoleranten DIRMU-Multi-Mikroprozessorkonfigurationen. GI-Fachtagung 'Fehlertolerierende Rechnersysteme', Informatik-Fachberichte, Nr. 54. Springer Verlag, Berlin, Heidelberg, New York.

Mäncher, H. (1984a).
Synchronization tools and a restart method in the fault-tolerant distributed automation system FIPS. 2. GI/NTG/GMR-Fachtagung 'Fehlertolerierende Rechensysteme', Informatik-Fachberichte Nr. 84, Springer Verlag, Berlin, Heidelberg, New York.

Mäncher, H.; Waldschmidt, U. (1985).
Anwenderhandbuch: Fehlertolerantes Mikrorechnersystem FIPS mit Echtzeitbetriebssystem REX. Institut für Regelungstechnik, TH Darmstadt.

Meyna, Arno (1982).
Einführung in die Sicherheitstheorie: sicherheitstechnische Analyseverfahren. Carl Hanser Verlag, München, Wien.

Nilson, S.A. (1978a).
Selbsttestverfahren für Mikrorechner. VDI-Berichte Nr. 328.

Nix, H.-G. (1985).
Einsatz von Mikrorechnern für Sicherheitsaufgaben. VDI/VDE-GMR-Fachtagung Mikroelektronik in der Automatisierungstechnik, Baden-Baden, VDI-Berichte 550, VDI-Verlag, Düsseldorf.

Oppelt, W. (1972).
Kleines Handbuch technischer Regelvorgänge, 5. Auflage. Verlag Chemie, Weinheim.

Randell, B. (1978).
Reliability issues in computing system design. ACM Computing surveys, Vol. 10.

Rau, J. (1970).
  Optimization and probability in systems engineering. Reinhold
  van Nostrand, New York.

Reinschke, K. (1973).
  Zuverlässigkeit von Systemen, Band 1. VEB Verlag Technik,
  Berlin.

Ripps, D. L. (1980).
  On Operating Systems. IPI Industrial Programming Inc.,
  Jericho, New York.

Risse, T.; Brause, R.; Dal Cin, M; Dilger, E.; Lutz, J. (1984).
  Entwurf und Struktur einer Betriebssystemschicht zur Imple-
  mentierung von Fehlertoleranz. GI-Fachtagung 'Fehlertolerierende Rechnersysteme', Informatik-Fachberichte Nr. 84, Springer Verlag, Berlin, Heidelberg, New York.

Schmidt, G.; Sendler, W. (1980a).
  Redundanzkonzepte in modernen Prozeßautomatisierungssystemen.
  Regelungstechnische Praxis, 23, Heft 9.

Schneeweiss, W. (1980a).
  Zuverlässigkeits-Systemtheorie. Datakontext-Verlag, Köln.

Schneeweiss, W. (1980b).
  Minimale Pfade und minimale Schnitte bei Zuverlässigkeits-
  untersuchungen. Regelungstechnik, Heft 9.

Schneider, W. (1974).
  Berechnung und Sicherheit von parallelredundanten Schalt-
  werken. Dissertation an der TU Braunschweig.

Schumann, R. (1982).
  Digitale parameteradaptive Mehrgrößenregelung. -Ein Beitrag
  zu Entwurf und Analyse -. Dissertation am Fachbereich 19, TH
  Darmstadt.

Seifert, M. (1984).
  Commercial Available Fault-Tolerant Systems. Mitteilungen der
  GI/GMR/NTG-Fachgruppe Fehlertolerierende Rechensysteme, Nr.
  3, Juni 1984.

Sendler, W. (1982).
  Eine fehlertolerierende Reglerstation mit busorientierter
  Multi-Mikrorechner-Struktur und einem ökonomischen sowie
  effizienten Redundanzkonzept. Dissertation an der Fakultät
  für Elektrotrechnik, TU München.

Störmer, H. (1970).
  Mathematische Theorie der Zuverlässigkeit. Oldenbourg Verlag,
  München.

Strejc, V. (1979).
  Least squares parameter estimation. Tutorial on systems
  identification. IFAC-Symposium on identification and system
  parameter estimation, Darmstadt.

Stübler, H. J. (1978).
  Zuverlässigkeitserfahrungen mit Prozeßrechnern. Regelungstechnische Praxis, Heft 6.

Syrbe, M. (1981).
  *The description of fault-tolerant systems - a necessity of
  the pratice*. In Dal Cin, M. and Dilger, E. Self-Diagnosis and
  Fault-Tolerance. Attempto Verlag, Tübingen.

Trauboth, H. (1984).
  *Zuverlässigkeit von DV-Systemen - eine systemtechnische Auf-
  gabe*. GI/NTG-Fachtagung 'Architektur und Betrieb von Rechensystemen', Informatik-Fachberichte 78. Springer Verlag, Berlin, Heidelberg, New York.

Weiss, R. (1983).
  *Fehlertolerante Rechnersysteme - Funktionsprinzipien und
  Realisierungsformen*. Regelungstechnische Praxis, Heft 10, S.
  408-416.

Wettstein, H. (1978).
  Aufbau und Struktur von Betriebssystemen. Carl Hanser Verlag,
  München, Wien.

Wettstein, H. (1984).
  Architektur von Betriebssystemen. Carl Hanser Verlag,
  München, Wien.

Wensley, John H.(1983).
  An Operating System for a TMR Fault-Tolerant System. Proc. of
  13th Int. Symposium on Fault Tolerant Computing, IEEE Computer Society, S. 452-455.

Literatur von Firmen, Behörden und Organisationen

AMD (1981).
  The Am9513, System Timing Controller. Advanced Micro Devices,
  Inc., Sunnyvale, Kalifornien.

BBC (PROCONTROL I).
  Technische Beschreibungen und Firmenunterlagen. BROWN, BOVERI
  & CIE. AG, Mannheim.

Beckman (1980).
  Microprocessor Compatible CMOS 12-Bit D-to-A Converter.
  Beckman Instruments, Inc., Fullerton, Kalifornien.

Elba (1981).
  ESS 345112/H, sekundär getaktete Gleichspannungsnetzteile,
  Firmenuntelagen. ELBA-electronic GmbH, Altlußheim.

Harris (1979).
  HI-5900, Analog Data Acquisition Signal Processor, Harris
  Corporation, Melbourne, Florida.

Harris (1980).
HI-5712, High Performance 12 Bit Analog to Digital Converter.
Harris Corporation, Melbourne, Florida.

Hartmann & Braun (Contronic P).
Technische Beschreibungen und Firmenunterlagen. Hartmann &
Braun AG, Meß- und Regeltechnik, Frankfurt.

Hitachi (1981).
Alpha-numerische LCD-Anzeigen-Module, Firmenunterlagen.
Vertrieb Data-Modul, München.

Honeywell (TDC 2000).
Technische Beschreibungen und Firmenunterlagen. Honeywell
GmbH, Offenbach.

Intel (1977).
MCS-48 Microcomputer User's Manual. Intel Corporation, Santa
Clara, Kalifornien.

Intel (1979a).
Intel Multibus Specification. Intel Corporation, Santa Clara,
Kalifornien.

Intel (1979b).
The 8086 Family User's Manuel. Intel Corporation, Santa
Clara, Kalifornien.

Intel (1980a).
*The 8086 Family User's Manual: Supplement for the 8087
Numeric Data Processor.* Intel Corporation, Santa Clara,
Kalifornien.

Intel (1980b).
Component Data Catalog. Intel Corporation, Santa Clara,
Kalifornien.

Intel (1980c).
PL/M-86 User's Guide. Intel Corporation, Santa Clara,
Kalifornien.

Intel (1980d).
iAPX 86, 88 Family Utilities User's Guide. Intel Corporation,
Santa Clara, Kalifornien.

Intel (1980e).
iRMX 86 Operating System Description. Intel Corporation,
Santa Clara, Kalifornien.

Intel (1981).
8087 Support Library Reference Manual. Intel Corporation,
Santa Clara, Kalifornien.

National Semiconductor (1980).
MM57499 96 or 144-Keyboard Interface (SKI). National
Semiconductor Corp., Santa Clara, Kalifornien.

Siemens (1981a).
  AMS-Bus-System, Technische Beschreibung. Siemens AG,
  München.

Siemens (1981b).
  AMS-D7-A5, Technische Beschreibung. Siemens AG, München.

Siemens (1981c).
  AMS-D219-A1, Technische Beschreibung. Siemens AG, München.

Siemens (1983).
  *Realzeit-Multitasking-Betriebssystem SMP-RMOS1, Benutzer-
  handbuch*. Siemens AG, München.

Siemens (Teleperm M).
  Technische Beschreibungen und Firmenunterlagen. Siemens AG,
  München.

TÜV-Rheinland (1982).
  *Zuverlässige und sichere Rechensysteme, ein Aufgabengebiet
  des TÜV-Rheinland*. TÜV-Informationen 7/82, TÜV Rheinland
  e.V., Köln.

U.S. Department of Defense (1980).
  *Military Standardization Handbook, Reliability Prediction of
  Electronic Equipment*, (MIL-HDBK-217C).

VDI/VDE-Richtlinie 2180 (1984).
  *Sicherung von Anlagen der Verfahrenstechnik mit Mitteln der
  Meß-, Steuerungs- und Regelungstechnik* (Gründruck). VDI-
  Verlag, Düsseldorf.

VDI/VDE-Richtlinie 3541 (1984).
  *Steuerungseinrichtungen mit vereinbarter gesicherter
  Funktion*. VDI-Verlag, Düsseldorf.

VDI/VDE-Richtlinie 3542 (1986, Entwurf).
  Sicherheitstechnische Begriffe für Automatisierungssysteme.
  VDI-Verlag, Düsseldorf.

VDI/VDE-Richtlinie 3691 (1984).
  *Erfassung von Zuverlässigkeitswerten bei Prozeßrechnerein-
  sätzen*. VDI-Verlag, Düsseldorf.

Zilog (1980).
  Z8030 Serial Communications Controller. Zilog Corp.,
  Cupertino, Kalifornien.

Studien- und Diplomarbeiten

Bieniek, D. (1984).
  *Selbsttestprogramme für ein fehlertolerantes dezentrales
  Automatisierungssystem*. Studienarbeit I/1061 am Institut für
  Regelungstechnik, TH Darmstadt.

Eisel, K. (1983).
  *Programme zur Erfüllung hoher Sicherheitsanforderungen durch
  2-von-2-Vergleich in einem dezentralen Automatisierungssystem.*
  Diplomarbeit I/995 am Institut für Regelungstechnik, TH
  Darmstadt.

Grawunder, N. (1984).
  *Erstellung eines Laders und Rekonfigurators für ein fehler-
  tolerantes dezentrales Prozeßautomatisierungssystem.* Diplomarbeit I/1056 am Institut für Regelungstechnik, TH Darmstadt.

Güre, B. (1982).
  Entwicklung einer Monitorkarte mit lokaler Bedienkonsole.
  Studienarbeit I/986 am Institut für Regelungstechnik, TH
  Darmstadt.

Heß, W. (1982).
  Buskopplung für hohe Zuverlässigkeitsanforderungen. Studienarbeit I/999 am Institut für Regelungstechnik, TH Darmstadt.

Heß, W. (1983).
  *Realisierung eines Regelprogramms mit der Möglichkeit zu 2-
  von-3-Entscheidungen in einem dezentralen Automatisierungssystem.* Diplomarbeit I/1011 am Institut für Regelungstechnik,
  TH Darmstadt.

Hiller, B. (1984).
  *Implementierung regelungstechnischer Anwenderprogramme auf
  einem fehlertoleranten dezentralen Mikrorechnersystem.*
  Diplomarbeit I/1055 am Institut für Regelungstechnik, TH
  Darmstadt.

Johnson, A., Dzombic, R. (1984).
  *Erstellung und Integration eines Bedienprogramms für die
  dezentrale Prozeßlenkung; Programmierung einer intelligenten
  Bedienerschnittstelle für die dezentrale Prozeßlenkung.*
  Studienarbeit I/1062 am Institut für Regelungstechnik, TH
  Darmstadt.

Johnson, A. (1984).
  *Zustandsregler verschiedener Zuverlässigkeitsklassen für ein
  fehlertolerantes Mikrorechnersystem.* Diplomarbeit I/1082 am
  Institut für Regelungstechnik, TH Darmstadt.

Leidel, E. (1982).
  Programmbibliothek für einen 16-Bit-Mikrorechner. Studienarbeit I/959 am Institut für Regelungstechnik, TH Darmstadt.

Leidel, E. (1983).
  *Entwicklung, Programmierung und Implementierung eines paral-
  lelen adaptiven Mehrgrößenreglers für ein 16-Bit-Mehrprozes-
  sorsystem.* Diplomarbeit I/996 am Institut für Regelungstechnik, TH Darmstadt.

Mäncher, H. (1980)
  *Vergleich verschiedener Rekursionsalgorithmen für die Methode
  der kleinsten Quadrate.* Diplomarbeit I/820 am Institut für
  Regelungstechnik, TH Darmstadt.

Peter, K. (1984).
  *Erstellung des Exekutivteils eines Echtzeitbetriebssystems
  mit Multitasking und Multiprocessing.* Diplomarbeit I/1033 am
  Institut für Regelungstechnik, TH Darmstadt.

Speth, H. (1982).
  *Entwicklung einer Ananlog-Ein/Ausgabe-Baugruppe für ein Mehr-
  rechner-System.* Studienarbeit I/956 am Institut für Regelungstechnik, TH Darmstadt.

Waldschmidt, U. (1985a).
  *Realisierung und Vergleich von verschiedenen Kombinationen
  aus digitalen Reglern und Fehlertoleranzverfahren.* Studienarbeit I/1079 am Institut für Regelungstechnik, TH Darmstadt.

Weiß, W. (1982a).
  *Zuverlässigkeitsmodelle für verschiedene Multi-Mikrorechner-
  Strukturen.* Studienarbeit I/958 am Institut für Regelungs-
  technik, TH Darmstadt.

Weiß, W. (1982b).
  *Implementierung und Erweiterung eines Selbsttestprogramms für
  Mikrorechner.* Diplomarbeit I/990 am Institut für Regelungs-
  technik, TH Darmstadt.

<u>**A N H A N G**</u>

A.1   Verfügbarkeitsberechnung für die Fehler-
       toleranzklasse W

A.1 <u>Verfügbarkeitsberechnung für die Fehlertoleranzklasse W</u>

Für die Ermittlung der Verfügbarkeit einer vermaschten Systemstruktur wird von Schneeweiss (1980a) ein Arbeitsschema angegeben:

1. Aufstellen des Zuverlässigkeitsnetzes.

Das zur Reglertask der Fehlertoleranzklasse W aus Kap. 6.1.1.1
gehörende Zuverlässigkeitsnetz ist in Bild A.1.1 wiedergegeben.

2. Aufstellen der booleschen Gleichung für die Funktionsfähigkeit der Reglertask anhand des Zuverlässigkeitsnetzes.

X_i ist eine boolesche Variable mit der Aussage:
  X_i = 1 - betrachtete Einheit ist funktionsfähig,
  X_i = 0 - betrachtete Einheit ist ausgefallen.

Die seriell angeordneten Moduln werden UND-verknüpft ('·'), die
parallelen ODER-verknüpft ('+').

$$X = (X_{CI1} + X_{RBLS0}) \cdot (X_{MIC1} \cdot X_{M1} + X_{RBLS0}) \cdot X_{AIO1} \cdot X_{PS1} \cdot X_{LB1}$$

Die darin enthaltene Abkürzung

$$X_{RBLS0} = X_{CI0} \cdot X_{MIC0} \cdot X_{M0} \cdot X_{PS0} \cdot X_{LB0} \cdot X_{RBC0} \cdot X_{RB} \cdot X_{RBC1}$$

beschreibt dabei den "Umweg" über das zweite Lokalsystem. Der
ist hier für die Umgehung von CI1 und die Umgehung von MIC1-M1
gleich.

3. Reduzierung der booleschen Gleichung bis keine Potenzen einer
   Variablen X_i mehr enthalten sind.

Durch verschiedene Umformungen erhält man schließlich die Form

$$X = (X_{CI1} \cdot X_{MIC1} \cdot X_{M1} + X_{RBLS0}) \cdot X_{AIO1} \cdot X_{PS1} \cdot X_{LB1} \ \cdot$$

4. Ersetzen der booleschen Variablen X_i durch die Verfügbarkeiten V_i.

Dieser Austausch ist aufgrund der Beziehung

$$V_i = P \ (X_i = 1)$$

möglich, die besagt, daß die Wahrscheinlichkeit, eine Einheit im
intakten Zustand anzutreffen, gleich der Verfügbarkeit ist. Für
den Austausch verknüpfter Variablen gelten verschiedene Umform-
regeln, die z. B. aus einer Tabelle in Dal Cin (1979) zu ersehen
sind.

Es folgt die Gleichung zur numerischen Bestimmung der Verfügbarkeit

$$V_Z = (V_{CI1} V_{MIC1} V_{M1} + V_{RBLS0} - V_{CI1} V_{MIC1} V_{M1} V_{RBLS0}) \ V_{AIO1} V_{PS1} V_{LB1}$$

mit der Abkürzung

$$V_{RBLS0} = V_{CI0} \ V_{MIC0} \ V_{M0} \ V_{PS0} \ V_{LB0} \ V_{RBC0} \ V_{RB} \ V_{RBC1}$$

und den Verfügbarkeiten der einzelnen Moduln als Variablen.
Werden gleiche Verfügbarkeiten für gleiche Moduln in beiden
Lokalsystemen angenommen, kann bei der weiteren Rechnung die
Indizierung entfallen.

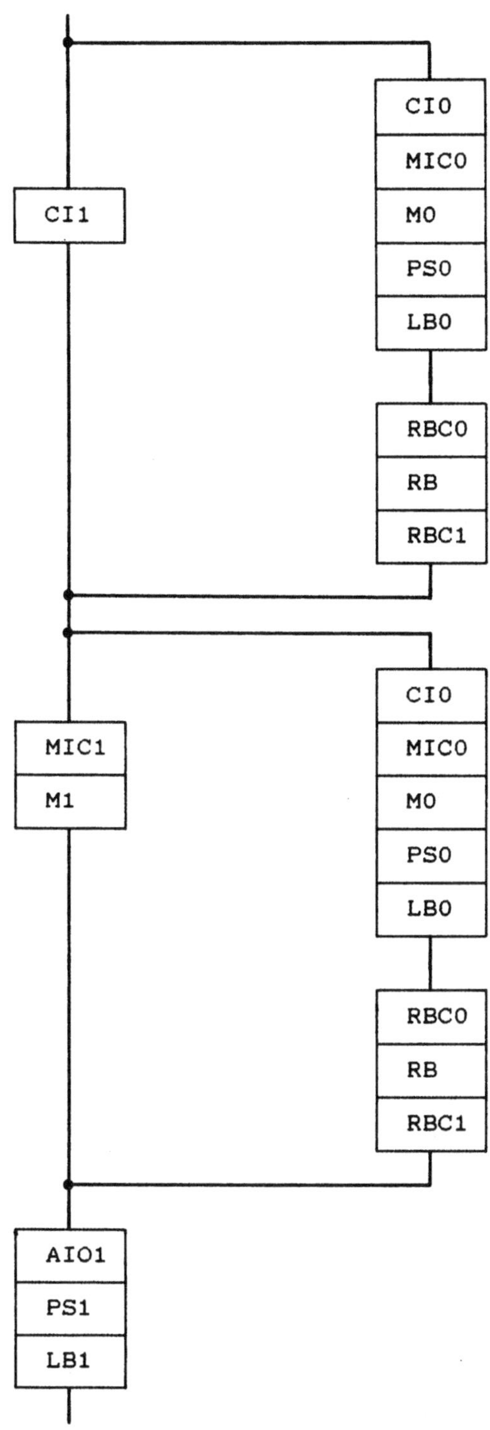

Bild A.1.1: Zuverlässigkeitsnetz der Regelprogramme in der Fehlertoleranzklasse W.